高职高专教育教学改革教材

高等数学

主　编　张建军

副主编　李水灿

主　审　栗广福

黄河水利出版社

·郑州·

内容提要

本书是高职高专教育教学改革教材，是根据教育部制定的《高职高专教育数学课程教学基本要求》和《高职高专人才培养目标及规格》，结合职业院校学生入学成绩差异，实施分层次、因材施教编写的．本书共分十章，内容包括：代数基础知识、初等函数Ⅰ、初等函数Ⅱ、初等函数Ⅲ、极限和连续、导数与微分、导数的应用、不定积分、定积分及其应用、微分方程简介等，书末附有初等数学基本公式、简明积分表，供学生学习时参考．

本书可供高职高专院校教学使用，也可供成人高校的师生和职业培训使用．

图书在版编目（CIP）数据

高等数学/张建军主编．—郑州：黄河水利出版社，2013．8

高职高专教育教学改革教材

ISBN 978-7-5509-0538-2

Ⅰ．①高… Ⅱ．①张… Ⅲ．①高等数学-高等职业教育-教材 Ⅳ．①O13

中国版本图书馆 CIP 数据核字（2013）第 206597 号

组稿编辑：王路平　　电话：0371-66022212　　E-mail:hhslwlp@163.com

出 版 社：黄河水利出版社

地址：河南省郑州市顺河路黄委会综合楼14层　　邮政编码：450003

发行单位：黄河水利出版社

发行部电话：0371－66026940、66020550、66028024、66022620（传真）

E-mail: hhslcbs@126.com

承印单位：河南地质彩色印刷厂

开本：787 mm×1 092 mm　1/16

印张：12.5

字数：290 千字　　印数：1—2 500

版次：2013 年 8 月第 1 版　　印次：2013 年 8 月第 1 次印刷

定价：26.00 元

前　言

高等数学是大学生学习专业课必备的知识,是大学生接受继续教育和进一步深造的基础,也是培养大学生科学思维、分析和解决问题能力的一门课程,是一门重要的公共必修课和工具课.

本书结合高等职业院校学生入学成绩的差异,实施分层次、因材施教而编写,所以贯彻适度够用的原则,按照"学有所用"精选内容,深入浅出,重点突出,精心选配了各章节的例题、习题和复习题,并备有答案,适宜"少讲多练,讲练结合"的教学模式,方便学生课后复习和自学,概念简明,浅显易懂.与同类教材相比,本书具有以下特点:

(1)在保证科学性的基础上,力求做到讲清概念,减少理论证明.

(2)在每章结束后附有本章小结,内容力求简洁,便于学生归纳.

(3)为了更好地与高中课程衔接,温故而知新,贯彻循序渐进的原则,加入了高中的一些数学内容(指数函数、对数函数、三角函数、反三角函数),并删减一些高等数学中的内容(多元函数微积分、空间解析几何、无穷级数等).

(4)注重对学生应用基本运算能力、分析能力和解决问题能力的培养.

书中各章节中标题前带"*"号者为选学内容。

本书由郑州城市职业学院承担编写工作,编写人员及编写分工如下:前言、第三章、第五章和附录Ⅱ由张建军编写,第一章、第十章由李水灿编写,第二章、第九章由翟帆编写,第四章、第八章和附录Ⅰ由雷玉琼编写,第六章、第七章由逯玲娜编写.另外,柴艳玲、李冬霞、李星星也参与了本书的编写工作.本书由张建军担任主编并负责全书统稿,由李水灿担任副主编,由栗广福担任主审.

本书在编写过程中,得到了郑州城市职业学院领导及诸多同志的大力支持与协作,在此谨致深切的谢意!

由于编者水平有限,不妥之处在所难免,敬请广大读者批评指正.

编　者

2013 年 5 月

目 录

第一章　代数基础知识

本章将介绍代数学的一些基础知识,它包括集合的概念和集合的基本运算、常见的不等式及其解法、函数的基本概念和基本性质.通过本章的学习,将对高中学过的有关知识进行系统复习和加深,为进一步学好高等数学打下良好基础.

第一节　集　合

一、集合的概念

(一)集合

集合就是指具有某种性质的事物的全体,或者是在某项研究中所讨论的对象的全体.集合常用大写英文字母 A,B,C,…表示.

例如:一个学校的全体学生、某图书馆图书、全体整数、全体实数等.

(二)元素

构成集合的事物或对象,称为集合的元素,集合中的元素用小写英文字母 $a,b,c,\cdots$ 表示.设 a 表示某一事物,A 表示一集合.

若 a 是集合 A 的元素,记为 $a \in A$,读作 a 属于 A.

若 a 不是集合 A 的元素,记为 $a \notin A$,读作 a 不属于 A.

例如:设集合 A 表示方程 $x^2-3x+2=0$ 根的集合,而数 1 和 2 都是方程 $x^2-3x+2=0$ 的根,则 $1 \in A$,$2 \in A$,而 $3 \notin A$.

集合有以下特征:

(1)确定性.对于一个给定的集合而言,集合中的元素是确定的.换句话说,任何一个事物,或者是某个给定集合的元素,或者不是这个集合的元素,二者必居其一.

(2)互异性.给定一个集合,集合中的元素是互异的,也就是说,集合中的任何两个元素都是不同的.相同的两个事物归入一个集合,只能算该集合的一个元素.

例如用 $A=\{1,2,3,2,5,7\}$ 来表示集合是不允许的,因为集合中的元素 2 是重复的,正确的记法为:$A=\{1,2,3,5,7\}$.

(3)无序性.集合中的元素没有顺序的限制,例如 $\{a,b,c,d,e\}$ 和 $\{a,d,e,b,c\}$ 表示同一个集合.

(三)集合的表示法

集合的表示方法有以下几种:

(1)列举法.就是把集合中的元素一一列举出来,写在大括号内即可,而集合中每个元素之间用逗号隔开.例如,三原色集合用{黄色,红色,蓝色}表示;自然数集合用 $\{0,1,$

2,3,…} 表示.

(2)描述法.就是把集合中元素的共同性质描述出来,写在大括号里.

例如,所有锐角的集合可表示为$\{\alpha \mid 0^\circ<\alpha<90^\circ\}$;平面直角坐标系中所有第一象限的点的集合为$\{(x,y) \mid x>0,y>0\}$.

(3)图示法.为了说明方便,有时也用封闭曲线所围成的图形表示集合,这种图形称为文氏图.这种表示方法常在讨论两集合的关系或说明集合的运算中使用.

集合按元素的多少可分为无限集和有限集.

无限集是指含有无限多个元素的集合.

有限集是指仅含有有限个元素的集合.记号$n(A)$表示集合A中含有元素的个数.在有限集中,仅含有一个元素的集合称为单元素集.为了讨论问题的方便,我们把不含任何元素的集合叫作空集,常用"$\varnothing$"表示.把至少含有一个元素的集合叫作非空集.

例如,集合$\{x \mid x^2+3x-4=0\}$是有限集,集合$\{x \mid 2\leqslant x\leqslant 5\}$和$\{1,3,5,\cdots\}$都是无限集,而集合$\{x \mid x^2+1=0,x\in \mathbf{R}\}$则是一个空集.

(四)常见的几种集合

1.数集与点集

常用的几个数集:自然数集$\mathbf{N}$,整数集$\mathbf{Z}$,正整数集$\mathbf{N}^+$,有理数集$\mathbf{Q}$,实数集$\mathbf{R}$.

为了方便起见,我们还分别用$\mathbf{R}^+$,$\mathbf{R}^-$表示正实数集和负实数集,其余类似.

区间也是一种常见的数集,是指介于两个实数之间的所有数的集合,这两个实数叫作区间的端点,区间右左两端点之差叫作区间的长度.

例如,闭区间$[a,b]$,开区间(a,b),半开半闭区间$[a,b)$、$(a,b]$.

由点组成的集合叫点集.由于数轴上的点与实数集的一一对应关系,我们可以用数轴上的点集来表示数集,也可以用数集来表示数轴上的点集.因此,我们可以把实数与数轴上的点不加区别.

例如,集合$\{x \mid -1\leqslant x<3\}$既可表示-1到3的所有实数(不包括数3),也表示数轴上点M到N的一条线段(不包括点N)(见图1-1).

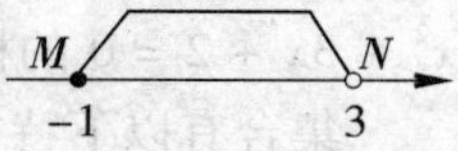

图1-1

2.解集

方程或不等式的解的集合称为解集.

例1 写出下列方程或不等式的解集.

(1) $x^2-5x-6=0$; (2) $\begin{cases}2x+5>0,\\ x-3\leqslant 0.\end{cases}$

解 (1)解方程$x^2-5x-6=0$得到$x_1=-1$,$x_2=6$,所以方程的解集为$\{-1,6\}$.

(2)由不等式$2x+5>0$可解得$x>-\dfrac{5}{2}$,再由不等式$x-3\leqslant 0$得到$x\leqslant 3$,取它们共同部分,该不等式组的解集为:$\left\{x \,\middle|\, -\dfrac{5}{2}<x\leqslant 3\right\}$,用区间表示即$\left(-\dfrac{5}{2},3\right]$.

二、集合的关系与运算

(一)集合的子集与相等

设集合 A 表示新华学校某班全体女生的集合,集合 B 表示该班全体学生的集合. 可以看出,集合 A 的所有元素都是集合 B 的元素.

如果集合 A 的任意一个元素都是集合 B 的元素,则称集合 A 是集合 B 的子集,记作

$$A \subseteq B\ (\text{或者 } B \supseteq A).$$

读作"A 含于 B"(或者"B 包含 A"). 用文氏图表示即图 1-2.

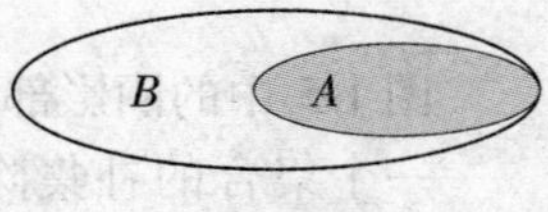

图 1-2

如果集合 A 是集合 B 的子集,并且集合 B 中至少有一个元素不属于 A,那么集合 A 称为集合 B 的真子集,记作

$$A \subset B\ (\text{或者 } B \supset A).$$

空集是任何集合的子集. 如果集合 A 是集合 B 的子集,且集合 B 也是集合 A 的子集,我们称集合 A 与集合 B 相等,记作

$$A = B.$$

(二)集合的运算

1. 并集

定义 1 由属于集合 A 或者属于集合 B 的所有元素组成的集合,叫作集合 A 与集合 B 的并集,记作

$$A \cup B = \{x \mid x \in A \text{ 或 } x \in B\}.$$

图 1-3 中阴影部分即 $A \cup B$.

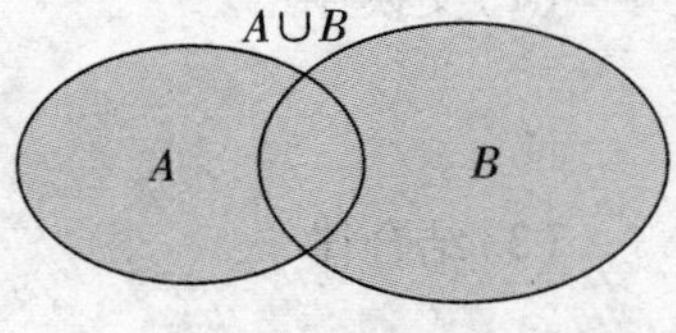

图 1-3

例 2 设 $A = \left\{x \left| -\dfrac{1}{2} < x \leqslant 5 \right.\right\}$, $B = \{x \mid -1 < x < 3\}$, 求 $A \cup B$.

解 $A \cup B = \{x \mid -1 < x \leqslant 5\}$.

例 3 设 $A = \{a, c, b, d, e\}$, $B = \{d, c, e, f, g, m\}$, 求 $A \cup B$.

解 $A \cup B = \{a, b, c, d, e, f, g, m\}$.

注意 求两个集合的并集时,这两个集合的公共元素在并集中只能出现一次.

2. 交集

定义 2 由属于集合 A 且属于集合 B 的所有元素组成的集合,叫作集合 A 与集合 B 的交集,记作

$A \cap B = \{x \mid x \in A \text{ 且 } x \in B\}$.

图 1-4 中阴影部分就是集合 A 与 B 的交集,即 $A \cap B$.

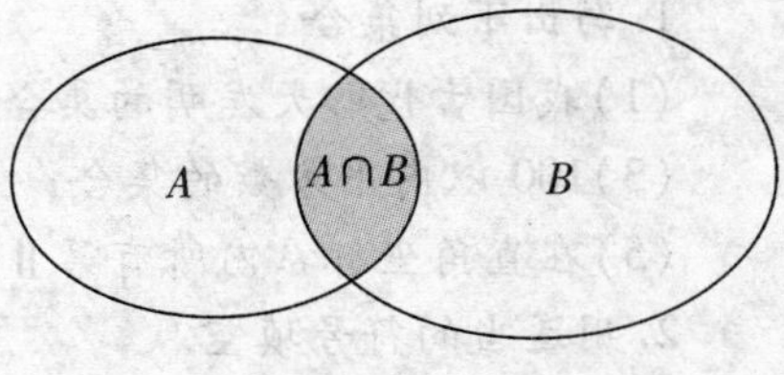

图 1-4

例 4 设 $A = \{$矩形$\}$, $B = \{$菱形$\}$, 求 $A \cap B$.

解 $A \cap B = \{$正方形$\}$.

例 5 设 $A = \left\{x \left| \dfrac{1}{2} \leqslant x \leqslant 5 \right.\right\}$, $B = \{x \mid -1 < x < 2\}$, 求 $A \cap B$.

解　$A \cap B = \left\{x \middle| \frac{1}{2} \leqslant x < 2\right\}$.

3. 补集

在研究某些问题时，我们经常需要确定研究对象的范围，我们讨论的集合都是这些对象的子集. 我们称这些对象的全体为全集，用 Ω 表示.

定义 3　设 Ω 为全集，集合 $A \subseteq \Omega$，由全集中不属于集合 A 的所有元素组成的集合叫作集合 A 对于全集 Ω 的补集，记作

$$C_\Omega A = \{x \mid x \in \Omega, x \notin A\}$$

图 1-5 中的阴影部分即为 $C_\Omega A$.

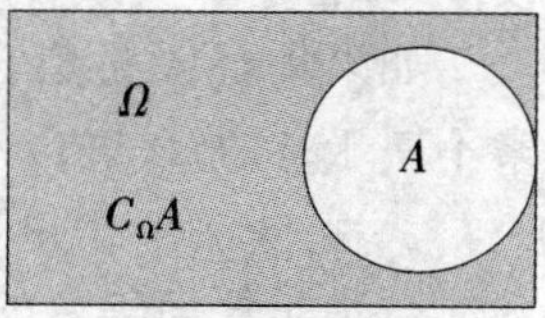

图 1-5

一个集合的补集除与集合 A 有关外，还与全集 Ω 有关. 因此，我们在讨论某个集合的补集时，一定要指明全集.

例 6　设 Ω=｛绝对值小于 10 的整数｝，$A=\{0,2,4,6,8,\}$，$B=\{-3,-5,-1,2,4,7,9\}$，试求 $C_\Omega A, C_\Omega B, C_\Omega A \cap C_\Omega B, C_\Omega(A \cup B)$.

解　$C_\Omega A=\{-9,-8,-7,-6,-5,-4,-3,-2,-1,1,3,5,7,9\}$，

$C_\Omega B=\{-9,-8,-7,-6,-4,-2,0,1,3,5,6,8\}$，

$C_\Omega B \cap C_\Omega A=\{-9,-8,-7,-6,-4,-2,1,3,5\}$，

因为　$A \cup B=\{-5,-3,-1,0,2,4,6,7,8,9\}$，

所以　$C_\Omega(A \cup B)=\{-9,-8,-7,-6,-4,-2,1,3,5\}$.

容易证明，集合的运算满足下列运算定律.

(1) 交换律

$$A \cup B=B \cup A,$$
$$A \cap B=B \cap A.$$

(2) 结合律

$$(A \cup B) \cup C=A \cup (B \cup C),$$
$$(A \cap B) \cap C=A \cap (B \cap C).$$

(3) 分配律

$$A \cup (B \cap C)=(A \cup B) \cap (A \cup C),$$
$$A \cap (B \cup C)=(A \cap B) \cup (A \cap C).$$

习题 1-1

1. 写出下列集合.

(1) 我国古代四大发明的集合；　　(2) 不超过 8 的自然数的集合；

(3) 100 以内平方数的集合；　　(4) 绝对值小于 10 的偶数的集合；

(5) 在直角坐标系内所有第Ⅱ象限点的集合.

2. 用适当的符号填空.

(1) a ______ $\{a,b,c,d,e\}$；　　(2) -1 ____ **N**;

(3) $\varnothing$ ____ $\{x \mid x^2 < 0\}$；　　(4) $\{0\}$ ____ $(-2,3)$；

(5) $\varnothing$ ____ $\{0\}$；

(6) $A=\{8$ 的约数$\}$，$B=\{x\mid x=2m,m\in\mathbf{N}^+\}$，则 A ____ B.

3. 写出集合 $A=\{a,e,c\}$ 的全部子集.

4. 试求满足 $\{-1,2,3\}\subseteq A\subseteq\{-1,0,1,2,3\}$ 的全部集合 A.

5. 设 $\Omega=\{1,2,3,4,5,6\}$，$A=\{1,3,4\}$，$B=\{1,2,6\}$. 试求 $A\cap B$、$C_\Omega A\cup B$、$C_\Omega(A\cup B)$ 和 $C_\Omega A\cap C_\Omega B$.

6. 求下列方程或不等式的解集.

(1) $\dfrac{x-2}{3}=\dfrac{3x+1}{2}-1$；　　(2) $3x^2+10x-8=0$；　　(3) $6-x<3x+2$.

第二节　不等式

在数学中，人们常用不等式来描述各种数量间的不等关系，因此不等式的研究是数学研究中的一个重要方面.

一、不等式的概念与性质

（一）不等式的概念

用不等号“<”、“>”或“ ≠ ”连接几个代数式所成的式子称为不等式.

例如，(1) $a+5>a$，(2) $2x-1\leqslant 3a$，(3) $x^2+1<0$ 等都是不等式.

若按不等式成立的条件来分，可分为绝对不等式、条件不等式、矛盾不等式三种. 如在不等式(1)中，对于任意实数 a 它都是成立的，这种不等式称为绝对不等式. 在不等式(3)中，对于任意实数 x 它都不可能成立，这种不等式称为矛盾不等式. 不等式(2)中只有当式中的字母取适当值时不等式才成立，这种不等式称为条件不等式.

比较两个实数的大小，常用它们的差的正负来确定，规则如下

$$a-b<0\Leftrightarrow a<b,$$
$$a-b=0\Leftrightarrow a=b,$$
$$a-b>0\Leftrightarrow a>b.$$

对于两个正数 a,b 而言，还可以用比值来比较大小，即

$$\frac{a}{b}>1\Leftrightarrow a>b,$$
$$\frac{a}{b}=1\Leftrightarrow a=b,$$
$$\frac{a}{b}<1\Leftrightarrow a<b.$$

例 1　比较 $(x+3)(x-4)$ 与 $(x+1)(x-2)$ 的大小.

解　因为　$(x+3)(x-4)-(x+1)(x-2)$

$$=(x^2-x-12)-(x^2-x-2)=-10<0,$$

所以　　$(x+3)(x-4)<(x+1)(x-2)$.

（二）基本不等式

设 $a,b\in\mathbf{R}$，由 $(a-b)^2\geqslant 0$，得到 $a^2-2ab+b^2\geqslant 0$，即 $a^2+b^2\geqslant 2ab$. 由此可得到不

等式

$$\frac{a^2+b^2}{2} \geqslant ab .$$

现在设 $a,b \in \mathbf{R}^+$,用 $\sqrt{a},\sqrt{b}$ 分别代替上式中的 a, b,则有

$$\frac{a+b}{2} \geqslant \sqrt{ab} .$$

该不等式叫作基本不等式或均值不等式.不等式的意义是:对任意两个正实数,它的算术平均值不小于它的几何平均值,当且仅当两数相等时,等号成立.

例2 设 x,y 是两个正实数,且 $x+y=k$(其中 k 为常数),试求 $x(1+y)+y(1+x)$ 的最大值.

分析 因为 $x(1+y)+y(1+x)=x+y+2xy=k+2xy$,其中 k 为常数,所以只需求出 xy 的最大值,即可得到 $x(1+y)+y(1+x)$ 的最大值.

解 因为 $x,y \in \mathbf{R}^+$,由基本不等式得

$$\sqrt{xy} \leqslant \frac{x+y}{2}=\frac{k}{2},$$

两边平方得

$$xy \leqslant \frac{k^2}{4}.$$

并且当 $x=y=\frac{k}{2}$ 时,等号成立,即当 $x=y=\frac{k}{2}$ 时,xy 取得最大值 $\frac{k^2}{4}$,$x(1+y)+y(1+x)$ 的最大值为 $k+\frac{k^2}{2}$.

基本不等式可以推广到 n 个正数的情况:设 $a_1,a_2,\cdots,a_n$ 是 n 个正实数,则

$$\frac{a_1+a_2+\cdots+a_n}{n} \geqslant \sqrt[n]{a_1a_2\cdots a_n} .$$

(三)不等式的性质

由两个实数大小关系的基本事实,可以得出不等式的一些基本性质.

性质1 如果 $a>b,b>c$,则 $a>c$.

性质2 如果 $a>b$, $c \geqslant d$,则 $a+c>b+d$.

推论1 如果 $a>b$, c 为任意实数,则有 $a \pm c > b \pm c$.

性质3 如果 $a>b,c>0$,则 $ac>bc$;如果 $a>b,c<0$,则 $ac<bc$.

推论2 如果 $a>b,c>d>0$,则 $ac>bd$.

性质4 如果 $a>b>0$, $n \in \mathbf{N}^+$, 则 $a^n>b^n,\sqrt[n]{a}>\sqrt[n]{b}$.

这里仅证明性质1 和性质3.

证明性质1:由 $a>b,b>c \Rightarrow a-b>0,b-c>0$

则有

$$a-c=(a-b)+(b-c)>0+0=0,$$

从而得出

$$a>c.$$

证明性质3:设 $a>b$, 当 $c>0$ 时, 则由 $a>b,c>0 \Rightarrow a-b>0,c>0$,从而得出 $ac-bc=(a-b)c>0$,则 $ac>bc$;当 $c<0$ 时,则由 $a>b,c<0 \Rightarrow a-b>0,c<0$,从而得

出 $ac-bc=(a-b)c<0$，则 $ac<bc$.

二、不等式和不等式组的解法

(一)一元一次不等式组的解法

我们已学过一元一次不等式的解法. 对于解由几个一元一次不等式组成的不等式组时，首先对每个不等式求解，然后取它们的共同部分即为不等式组的解.

例 3 解下列不等式组.

(1) $\begin{cases}10+2x<11+3x,\\7-2x>6-x;\end{cases}$　　(2) $\begin{cases}4-2x\geqslant 2+6x,\\1+3x>0.\end{cases}$

解 (1)分别解不等式 $10-2x<11+3x$ 和 $7-2x>6-x$，由 $10+2x<11+3x\Rightarrow x>-1$，再由 $7-2x>6-x\Rightarrow x<1$. 取它们的共同部分即为不等式组的解，所以不等式组的解集为 $\{x\mid -1<x<1\}$.

(2)由 $4-2x\geqslant 2+6x\Rightarrow -8x\geqslant -2\Rightarrow x\leqslant \frac{1}{4}$，再由 $1+3x>0\Rightarrow 3x>-1\Rightarrow x>-\frac{1}{3}$，取它们的共同部分得出不等式组的解集为 $\left\{x\,\middle|\,-\frac{1}{3}<x\leqslant\frac{1}{4}\right\}$.

(二)一元二次不等式及其解法

含有一个未知数，且未知数的最高次数是二次的不等式叫作一元二次不等式. 它的标准形式为

$$ax^2+bx+c>0 \text{ 或 } ax^2+bx+c<0\text{（其中 } a>0\text{）}.$$

一元二次不等式的解法：对任意两个实数 a,b，且 $a<b$ 时，

$$(x-a)(x-b)>0\Rightarrow\begin{cases}(x-a)<0\\(x-b)<0\end{cases}\text{或者}\begin{cases}(x-a)>0\\(x-b)>0\end{cases}$$

$$\Rightarrow x<a \text{ 或者 } x>b.$$

$$(x-a)(x-b)<0\Rightarrow\begin{cases}(x-a)>0\\(x-b)<0\end{cases}\Rightarrow a<x<b.$$

解一元二次不等式的步骤是，首先把一元二次不等式化为标准形式，并对左端进行因式分解，然后按上面的原则对一元二次不等式求解.

例 4 解下列一元二次不等式.

(1) $2x^2-3x+1>0$;　　(2) $x^2<5x-6$;

(3) $\frac{x-2}{x+3}\geqslant 2$.

解 (1)因 $2x^2-3x+1=2\left(x-\frac{1}{2}\right)(x-1)>0$ 或 $\left(x-\frac{1}{2}\right)(x-1)>0$，所以一元二次不等式 $2x^2-3x+1>0$ 的解集为：$x>1$ 或者 $x<\frac{1}{2}$.

(2)原不等式变为 $x^2-5x+6<0$，由于 $x^2-5x+6=(x-2)(x-3)$，且 $(x-2)(x-3)<0$，故一元二次不等式的解集为：$\{x\mid 2<x<3\}$.

(3)当 $x\neq-3$ 时,不等式移项,通分整理得 $\frac{x+8}{x+3}\leqslant 0$,因 $x\neq-3$,故原不等式 $\frac{x-2}{x+3}\geqslant 2$ 的解为:$\{x\mid -8\leqslant x<-3\}$.

(三)绝对值不等式

1.绝对值的概念与性质

设 $a\in\mathbf{R}$,根据绝对值的定义有

$$|a|=\begin{cases}-a, & a<0,\\ 0, & a=0,\\ a, & a>0.\end{cases}$$

绝对值满足下面的性质.

性质1 乘积的绝对值等于绝对值的乘积,即

$$|ab|=|a|\cdot|b|.$$

性质2 商的绝对值等于绝对值的商,即

$$\left|\frac{a}{b}\right|=\frac{|a|}{|b|},\ (b\neq 0).$$

性质3 一个数平方的算术平方根等于该数的绝对值,即

$$\sqrt{a^2}=|a|.$$

性质4 和或差的绝对值不大于绝对值的和,不小于绝对值的差,即

$$|a|-|b|\leqslant|a\pm b|\leqslant|a|+|b|$$

证明性质4:设 a、b 为两个实数.由于 $ab\leqslant|ab|$

$$\begin{aligned}|a\pm b|&=\sqrt{(a\pm b)^2}\\&=\sqrt{a^2\pm 2ab+b^2}\\&\leqslant\sqrt{|a|^2+2|a||b|+|b|^2}\\&=|a|+|b|,\end{aligned}$$

所以

$$|a\pm b|\leqslant|a|+|b|.$$

同理,我们还可以得到 $|a|-|b|\leqslant|a\pm b|$.

例5 化简 $\frac{1}{2a}\left[\sqrt{(a-b)^2}+\sqrt{(a+b)^2}\right]$,其中 $a<b<0$.

解 根据绝对值的性质有:

$$\begin{aligned}\text{原式}&=\frac{1}{2a}(|a-b|+|a+b|)\\&=\frac{1}{2a}[(b-a)-(a+b)]=-1.\end{aligned}$$

2.绝对值不等式及其解法

求解绝对值不等式,常用到下面的两个公式.

$$|x-a|<M\Leftrightarrow -M<x-a<M\Leftrightarrow a-M<x<a+M,$$

$$|x-a|>M\Leftrightarrow x-a<-M\ \text{或}\ x-a>M\Leftrightarrow x<a-M\ \text{或}\ x>a+M.$$

式中，M 为一正常数. 这两个公式的几何意义如图 1-6 和图 1-7 所示.

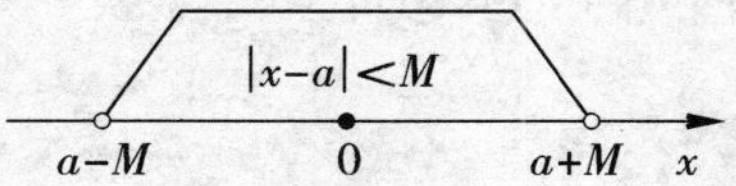

图 1-6

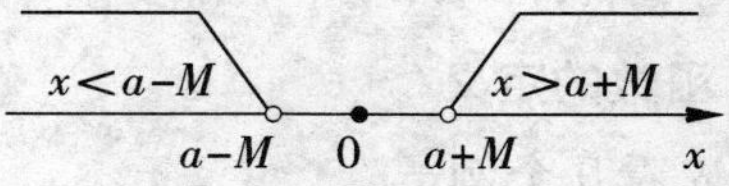

图 1-7

例 6 解下列不等式.

(1) $|2x-5|>1$； (2) $\left|\dfrac{2+x}{1-x}\right|\leqslant 1$.

解 (1)由 $|2x-5|>1$，得到：$2x-5>1$ 或 $2x-5<-1$，所以解集为$\{x|x>3$ 或 $x<2\}$.

(2)原不等式变为 $|2+x|\leqslant|1-x|$ 两边平方得 $(2+x)^2\leqslant(1-x)^2$，整理得 $6x\leqslant-3$，所以原不等式的解集为 $\left\{x\middle|x\leqslant-\dfrac{1}{2}\right\}$.

习题 1-2

1. 解下列不等式组.

(1) $\begin{cases}2-3x<x-5,\\x-2\geqslant 2x;\end{cases}$ (2) $\begin{cases}\dfrac{x+1}{2}-\dfrac{6x-1}{3}>0,\\1-(4x-3)<2;\end{cases}$ (3) $\begin{cases}x+y>1,\\3x-4\leqslant x.\end{cases}$

2. 解下列一元二次不等式.

(1) $x^2-3x-18>0$； (2) $(x-1)^2\leqslant x+1$；

(3) $6x^2+x-1\leqslant 0$； (4) $4x^2+4x+1\geqslant x$.

3. 解下列绝对值不等式.

(1) $|5x-7|\leqslant 3$； (2) $3x>|x-2|$；

(3) $|x-1|<|2-3x|$； (4) $\sqrt{9-6x+x^2}\geqslant|2x|$.

4. 已知 a、b、c 是三个正数，求证：

$$(a+b)(b+c)(c+a)\geqslant 8abc.$$

5. 设 $a>b>c\geqslant 1$，求证 $\dfrac{b-c}{a-c}<\dfrac{b}{a}<\dfrac{b+c}{a+c}$.

第三节　函　数

一、函数的概念

（一）常量与变量

在研究问题时，我们会遇到各种各样的量. 在研究过程中始终保持不变的量叫作常量，而在研究过程中经常变化的量则称为变量. 例如，在讨论圆的半径与圆的周长、面积的关系时,圆的半径、周长、面积都是变量,而周长与直径之比 π 是常量.

常用字母 $x,y,z,s,t,\cdots$ 表示变量,用字母 $a,b,c,d,\cdots$ 表示常量.

(二)函数的定义

我们先看几个例子.

例 1 一发炮弹发射后,经过 26 s 落到地面击中目标,炮弹在运行过程中距地面的高度 h(单位为 m)与时间 t(单位为 s)的关系为

$$h = 130t - 5t^2.$$

这里时间 t 的取值范围是 $D=\{t\mid 0\leqslant t\leqslant 26\}$,炮弹的高度的变化范围是 $W=\{h\mid 0\leqslant h\leqslant 845\}$. 可以看出,炮弹的高度随时间的变化而变化,并且对每个时间变量 $t\in D$,都有唯一确定的高度 h 与之对应.

例 2 设圆半径为 r,则圆面积 S 的计算公式为

$$S=\pi r^2.$$

这里圆的面积与圆的半径也有类似的关系,即对于每个圆半径 $r(r>0)$都有唯一确定的面积 S 与之对应.

定义 1 设 x, y 是两个变量, D 是一个非空数集,如果对于任意一个变量 $x\in D$. 按照确定的对应法则 f 都有唯一确定的实数 y 与之对应,则称变量 y 是定义在 D 上的变量 x 的函数,记作

$$y=f(x),\ x\in D.$$

这里 D 称为定义域,变量 x 称为自变量, y 称为因变量或函数. 当自变量 x 取定 D 中的值 x_0 时,对应值 $y_0=f(x_0)$ 称为函数 y 在 $x=x_0$ 时的函数值. 对应的函数值的集合

$$W=\{y\mid y=f(x),x\in D\}$$

称为函数的值域.

(三)函数的两个要素

定义域 D 和对应法则 f 是唯一确定函数 $y=f(x)$ 的两个重要元素,故称它们为函数的两要素. 如果函数的两个要素相同,则这两个函数就是相同的函数,否则它们就是不同的函数.

一般地,函数的对应法则常用 f, g, h, φ, F,$\cdots$来表示,对应的函数就记作 $f(x)$, $g(x)$, $h(x)$, $\varphi(x)$, $F(x)$, $\cdots$.

在实际问题中,函数的定义域是根据问题的实际意义来确定的. 如果不考虑实际意义,函数只是一个抽象的解析表达式,则函数的定义域就是能使解析式有意义的一切实数值,这种定义域是自然定义域.

求函数的自然定义域应注意以下几点:

(1)当函数是多项式时,定义域为全体实数;

(2)有理函数中的分母不能为零;

(3)偶次根式的被开方数不能为负数;

(4)注意其他函数定义域的特殊要求(这些函数我们后面会陆续学习到);

(5)如果表达式中有上面几种情况,则应取各部分定义域的交集.

例 3 判断下列各对函数是否为同一个函数.

(1) $f(x)=\sqrt{x^2}$ 和 $g(x)=|x|$；　　(2) $f(x)=\dfrac{x}{x}$ 和 $g(x)=1$；

(3) $\varphi(x)=x+1$ 和 $h(x)=\begin{cases}x+1, & x<0,\\ -x+1, & x\geqslant 0.\end{cases}$

解　(1)由于对任意的 $x\in\mathbf{R}$,都有 $\sqrt{x^2}=|x|$,所以 $f(x)=\sqrt{x^2}$ 和 $g(x)=|x|$ 的对应法则相同. 另外,它们的定义域都是实数集 $\mathbf{R}$,所以 $f(x)=\sqrt{x^2}$ 和 $g(x)=|x|$ 是同一个函数.

(2)当 $x\neq0$ 时,有 $\dfrac{x}{x}=1$,所以 $f(x)=\dfrac{x}{x}$ 和 $g(x)=1$ 的对应法则是一样的,但它们的定义域是不同的,前者定义域是 $\{x\,|\,x\neq0\}$,而后者定义域为 $\mathbf{R}$,所以它们是不同的两个函数.

(3)尽管 $\varphi(x)$ 和 $h(x)$ 的定义域都是 $\mathbf{R}$,但它们的对应法则显然是不同的. 故 $\varphi(x)$ 和 $h(x)$ 也不是同一个函数.

例 4　求下列函数的定义域.

(1) $y=\dfrac{x}{2x^2-x-1}$；　　(2) $y=\sqrt{1-x^2}+1$.

解　(1)这是一个有理函数,分母不能为零,即 $2x^2-x-1=(2x+1)(x-1)\neq0$,故 $x\neq-\dfrac{1}{2}$ 且 $x\neq1$. 所以, $y=\dfrac{x}{2x^2-x-1}$ 的定义域是 $\left\{x\,\middle|\,x\neq-\dfrac{1}{2}\text{ 且 }x\neq1\right\}$.

(2)函数中有开平方,根号里面应该是非负的,即 $1-x^2\geqslant0$,故 $-1\leqslant x\leqslant1$,所以函数的定义域是 $\{x\,|\,-1\leqslant x\leqslant1\}$.

例 5　某快递公司收取包裹费的规定如下:当包裹质量不超过 50 kg 时,按基本费用 a 元/kg 计算(这里 $a>0$,与运输距离有关),当质量超过 50 kg 时,超过部分按 $1.5a$ 元/kg收费. 试写出该公司包裹收费 y 与包裹质量 x 之间的函数关系,并求函数的定义域.

解　当 $x\in[0,50]$ 时, $y=ax$；当 $x>50$ 时, $y=50a+1.5(x-50)a$. 所以该函数的表达式为

$$y=\begin{cases}ax, & 0<x\leqslant50,\\ (1.5x-25)a, & x>50.\end{cases}$$

该函数按自变量的取值范围分两段表达,这类函数称为分段函数,它的定义域应该是各段定义域的并集,所以该函数的定义域为 $\{x\,|\,x>0\}$. 图 1-8 是当 $a=2$ 时该公司收取的包裹费 y(元)与包裹质量 x(kg)之间的关系图.

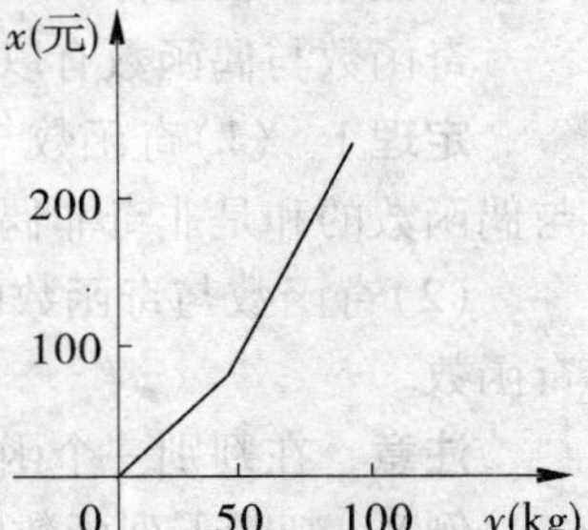

图 1-8

(四)函数的表示法和函数的图像

函数的表示方法有三种: 解析法、图示法和表格法.

函数的图像是平面上的一条曲线(可能被分成几段),并且该曲线与平行于 y 轴的直线至多一个交点.

例 6　绝对值函数 $y=|x|=\begin{cases}-x, & x<0\\ 0, & x=0\\ x, & x>0\end{cases}$ 的图像见图 1-9(a).

例 7 符号函数 $y=\operatorname{sgn}x=\begin{cases}-1, & x<0\\ 0, & x=0\\ 1, & x>0\end{cases}$ 的图像见图 1-9(b).

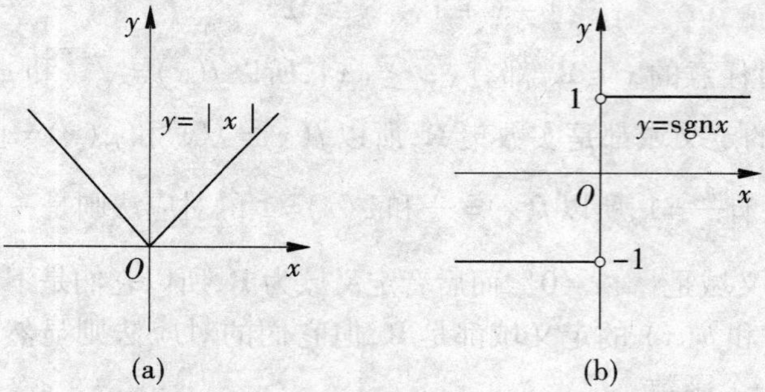

图 1-9

二、函数的几种性质

(一)奇偶性

定义 2 如果函数 $y=f(x)$,其定义域 D 关于原点对称,对于任意的 $x\in D$,

(1)若 $f(-x)=f(x)$,则称函数 $f(x)$ 为偶函数;

(2)若 $f(-x)=-f(x)$,则称函数 $f(x)$ 为奇函数.

例如,函数 $y=x$、$y=x^3$、$y=3x^5-x^3+5x$ 都是奇函数;函数 $y=x^2$、$y=x^4$、$y=|x|+2$ 都是偶函数.

奇函数的图形关于原点对称. 如果奇函数在点 $x=0$ 处有定义,则有 $f(0)=0$;偶函数的图像关于 y 轴对称.

奇函数与偶函数有以下性质.

定理 1 (1)奇函数与奇函数的和是奇函数;偶函数与偶函数的和是偶函数;奇函数与偶函数的和是非奇非偶函数.

(2)奇函数与奇函数的积、偶函数与偶函数的积都是偶函数;奇函数与偶函数的积是奇函数.

注意 在判别一个函数的奇偶性时,应先看定义域是否关于原点对称.

例 8 判断下列函数的奇偶性.

(1) $f(x)=x+\dfrac{1}{8x}$; (2) $f(x)=x^2-|x|+3$;

(3) $f(x)=\sqrt{x-1}$; (4) $f(x)=x^3-1$.

解 (1) $f(x)$ 的定义域是全体非零实数,关于原点对称.

因为
$$f(-x)=-x+\frac{1}{-8x}=-\left(x+\frac{1}{8x}\right)=-f(x),$$
所以它在定义域上是奇函数.

(2) $f(x)$ 的定义域是全体实数,关于原点对称.

因为
$$f(-x)=(-x)^2-|-x|+3=x^2-|x|+3=f(x),$$

所以它在定义域上是偶函数.

(3)它的定义域为 $[1,+\infty)$,定义域关于原点不对称,所以 $f(x)$ 是非奇非偶函数.

(4)因为 $y=x^3$ 是奇函数,而 $y=-1$ 是偶函数,$f(x)$是它们的和,故$f(x)$是非奇非偶函数.

(二)单调性

定义 3 函数 $y=f(x)$ 在区间 (a,b) 上有定义,如果对任意 $x_1,x_2\in(a,b)$,当$x_1<x_2$时,都有$f(x_1)<f(x_2)$(或者$f(x_1)>f(x_2)$),则称函数 $y=f(x)$ 在区间 (a,b) 内单调增加(单调减少),而区间 (a,b) 为单调增加区间(单调减少区间).

单调增加区间和单调减少区间统称为单调区间.在单调增加区间内,函数的图像随着 x 的增大而上升,如图 1-10 所示.在单调减少区间内,函数的图像随着 x 的增大而下降,如图 1-11 所示.

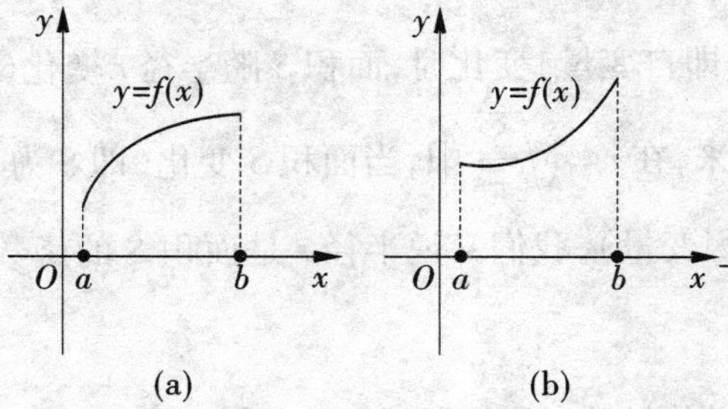

图 1-10

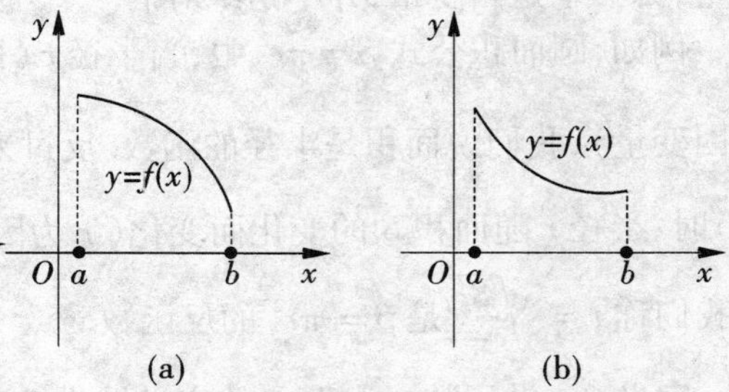

图 1-11

(三)有界性

定义 4 设函数 $y=f(x)$ 在数集 D 上有定义,$M>0$,如果对任意的 $x\in D$,都有 $|f(x)|\leqslant M$,则称函数 $y=f(x)$ 在 D 上有界,并称 M 为函数 $y=f(x)$ 在 D 上的一个界.

例如,函数 $y=\sin x$ 在 $(-\infty,+\infty)$ 内有界,因为对任意的实数 x,都有 $|\sin x|\leqslant 1$;函数 $y=\dfrac{1}{x}$ 在 $(0,1)$ 内无界,在 $[1,+\infty)$ 内有界.

例 9 证明函数 $y=\dfrac{1}{1+x^4}$ 是有界函数.

证明 函数 $y=\dfrac{1}{1+x^4}$ 的定义域为$(-\infty,+\infty)$,

$$|y|=\left|\frac{1}{1+x^4}\right|=\frac{1}{1+x^4}.$$

因为 $1+x^4\geqslant 1$,所以 $|y|=\dfrac{1}{1+x^4}\leqslant 1$,因而函数 $y=\dfrac{1}{1+x^4}$ 是有界函数.

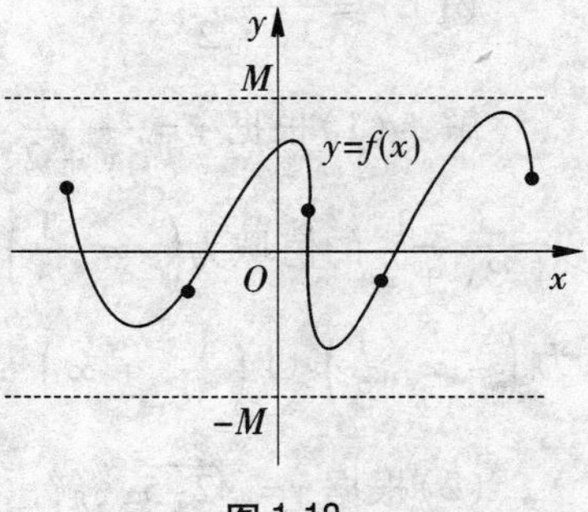

图 1-12

从图 1-12 上看,若函数 $y=f(x)$ 在 D 上有界,则函数 $y=f(x)$ 的图形必介于直线 $y=M$ 和 $y=-M$ 之间.

(四)周期性

定义 5 对于函数 $y=f(x)$,如果存在一个不为零的常数 T,使得

$$f(x+T)=f(x)$$

恒成立,则称此函数 $y=f(x)$ 为周期函数.满足这个等式的最小正数 T,称为函数的周期.

例如 $y=\sin x, y=\cos x, y=\tan x, y=\cot x$ 都是周期函数.

特别地,若函数 $y=f(x)$ 是以 $T(T>0)$ 为周期的周期函数,则函数 $y=f(ax),(a\neq 0)$ 是以 $\frac{T}{|a|}$ 为周期的周期函数.

三、反函数

(一)反函数的概念

在函数的定义中,有两个变量,其中一个是自变量,另一个是因变量.至于哪一个是自变量,哪一个是因变量,并不是绝对的.

例如,圆面积公式 $S=\pi r^2$ 中,当半径 r(即自变量)变化时,面积 S 随半径 r 变化(即 S 为因变量),我们说面积是半径的函数.反过来,在 $r=\sqrt{\frac{S}{\pi}}$ 中,当面积 S 变化(即 S 为自变量)时,半径 r 随面积 S 的变化而变化(r 为因变量),我们又说半径 r 是面积 S 的函数,这里我们称 $r=\sqrt{\frac{S}{\pi}}$ 是 $S=\pi r^2$ 的反函数.

定义 6 设函数 $y=f(x)$ 的定义域为 D,值域为 W.如果对任意 $y\in W$,通过关系式 $y=f(x)$,都有唯一确定的 $x\in D$ 与之对应,这样就确定了一个以 y 为自变量,以 x 为因变量的函数,称为函数 $y=f(x)$ 的反函数.记为 $x=f^{-1}(y)$,$y\in W$.

习惯上自变量用 x 表示,因变量用 y 表示,把 $y=f(x)$ 的反函数记为 $y=f^{-1}(x)$,$x\in W$,由反函数的定义可以看出,反函数是相互的.也就是说 $y=f^{-1}(x)$ 是 $y=f(x)$ 的反函数,同时 $y=f(x)$ 也是 $y=f^{-1}(x)$ 的反函数.

例 10 求下列函数的反函数,并写出反函数的定义域.

(1) $y=\frac{x-1}{3x+2}$; (2) $y=\sqrt{2-5x}$.

解 (1)根据 $y=\frac{x-1}{3x+2}$,解出 $x=\frac{1+2y}{1-3y}$,所以 $y=\frac{x-1}{3x+2}$ 的反函数为 $y=\frac{1+2x}{1-3x}$,因 $y=\frac{x-1}{3x+2}$ 的值域为 $\left(-\infty,\frac{1}{3}\right)\cup\left(\frac{1}{3},+\infty\right)$,所以 $y=\frac{x-1}{3x+2}$ 的反函数 $y=\frac{1+2x}{1-3x}$ 的定义域为 $\left(-\infty,\frac{1}{3}\right)\cup\left(\frac{1}{3},+\infty\right)$.

(2)根据 $y=\sqrt{2-5x}$,解出 $x=\frac{1}{5}(2-y^2)$,所以 $y=\sqrt{2-5x}$ 的反函数为 $y=\frac{1}{5}(2-x^2)$,因 $y=\sqrt{2-5x}$ 的值域为 $[0,+\infty)$,所以反函数 $y=\frac{1}{5}(2-x^2)$ 的定义域为 $[0,+\infty)$.

从上面例子可以看出,求函数 $y=f(x)$ 的反函数,只需从 $y=f(x)$ 中解出 $x=f^{-1}(y)$,然后再把 $x=f^{-1}(y)$ 中的 x 与 y 互换即 $y=f^{-1}(x)$.

有些函数,如 $y=x^2$,对任意的 $y\in[0,+\infty)$,通过 $y=x^2$ 不能唯一确定一个

$x \in (-\infty, +\infty)$,故 $y = x^2$ 在 $(-\infty, +\infty)$ 并不存在反函数. 但是,如果限制 x 的取值范围,则可以有反函数. 如限制 $x \geqslant 0$,则 $y = x^2$ 反函数为 $y = \sqrt{x}$, $x \geqslant 0$. 如限制 $x \leqslant 0$,则 $y = x^2$ 有反函数 $y = -\sqrt{x}$, $x \geqslant 0$.

(二)反函数的图像

图 1-13 是函数 $y = x^2$ ($x \geqslant 0$)和它的反函数 $y = \sqrt{x}$ 在同一个坐标系上的图像. 从图 1-13上我们不难看出,函数 $y = x^2$ ($x \geqslant 0$)和它的反函数 $y = \sqrt{x}$ 的图像关于直线 $y = x$ 对称.

函数 $y = f(x)$ 的图像与它的反函数 $y = f^{-1}(x)$ 的图像关于直线 $y = x$ 对称.

例 11 求函数 $y = 2x - 3$ 的反函数,并作出函数 $y = 2x - 3$ 与它的反函数的图像.

解 根据 $y = 2x - 3$,解出 $x = \frac{1}{2}(y+3)$,所以 $y = 2x - 3$ 的反函数为 $y = \frac{1}{2}(x + 3)$. 显然,函数与它的反函数的图像关于直线 $y = x$ 对称,只需作出图像,然后作它的对称图形即可. 它们的图像见图 1-14.

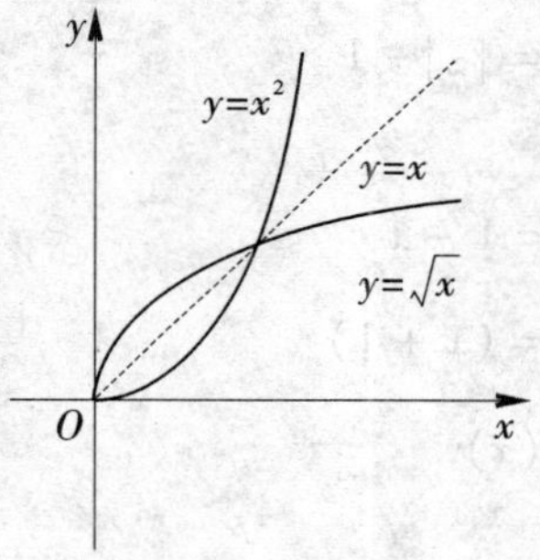

图 1-13

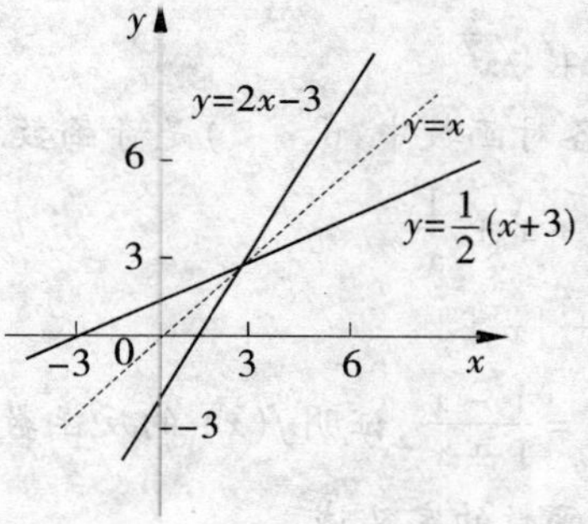

图 1-14

习题 1−3

1. 填空题.

(1) 函数 $f(x) = \sqrt{4 - x^2}$ 的定义域是________.

(2) 函数 $f(x) = \frac{x}{|x|}$ 的定义域是 ________.

(3) $f(x) = \begin{cases} 3x + 1, & x < 0, \\ -x^2, & x \geqslant 0, \end{cases}$ 则 $f(-1) =$ ______, $f[f(-1)] =$ ______.

(4) 设 $f(x) = \frac{1 - x}{x + 1}$,则 $f(3) =$ ________, $f(x + 1) =$ ________.

(5) 函数 $f(x) = (x + 2)^2 + 1$ 在______是单调增加函数,在______是单调减少函数.

(6) 函数 $f(x) = 1 - \frac{1}{x}$ 的单调增加区间是________,单调减少区间是________.

(7) 如果 $y = x^3 - x + m$ 是奇函数,则 $m =$ ______.

(8)如果 $y = x^4 + x^{2n+3} + 1$ 是偶函数,且 $n \in \mathbf{N}$,则 $n =$ ______.

2. 选择题.

(1)下列函数中,(　　)的定义域是 $(0,1]$.

A. $f(x) = \sqrt{1 - x^2} + x$　　B. $f(x) = \frac{1}{x} + \frac{1}{\sqrt{1 - x^2}}$

C. $f(x) = \frac{x}{1 - x^2} + \sqrt{x}$　　D. $f(x) = \sqrt{1 - x^2} + \frac{1}{\sqrt{x}}$

(2)下列函数中,(　　)是在指定的区域内是有界函数.

A. $f(x) = \frac{1}{x}$, $x \in (0,1)$　　B. $f(x) = \sqrt{x}$, $x \in (0, +\infty)$

C. $f(x) = \frac{1}{x+2}$, $x \in (0, +\infty)$　　D. $f(x) = 1 + x^2$, $(-\infty, 0]$

(3)下列各对函数中,(　　)不是偶函数.

A. $y = x^4 + x^3 - x^2$　　B. $y = x^2 - 2 + \frac{1}{x^2}$

C. $y = x^2 + \sqrt[3]{x^2}$　　D. $y = |x| + 1$

(4)下列各对函数中,(　　)是奇函数.

A. $y = x^3 + x + \frac{1}{x}$　　B. $y = 1 - x$

C. $y = x + |x^3|$　　D. $y = (x + 1)^3$

3. 设 $f(x) = \frac{1 - x}{1 + x}$,证明 $f(x)$ 的反函数仍是 $f(x)$.

4. 求下列函数的定义域.

(1) $f(x) = \frac{1}{x} + \sqrt{3 - x^2}$;　　(2) $f(x) = \frac{2 + 3x}{6x - 1}$;

(3) $f(x) = \sqrt[3]{x^2}$;　　(4) $f(x) = \begin{cases} x + 2, & x < 0, \\ 0, & x = 0, \\ x^2, & x > 0. \end{cases}$

5. 设 $f(x) = \begin{cases} x^3 - 1, & x < 0, \\ 1, & x = 0, \\ x^2, & x > 0, \end{cases}$ 求 $f(x)$ 的反函数 $f^{-1}(x)$,并求反函数 $f^{-1}(x)$ 的定义域.

6. 试举出一个函数存在反函数,并且它的定义域为 $(-\infty, 1]$,其反函数的定义域为全体实数 $\mathbf{R}$.

7. 设函数 $f(x)$ 是奇函数, $g(x)$ 是偶函数,试把图 1-15 中的图形补充完整.

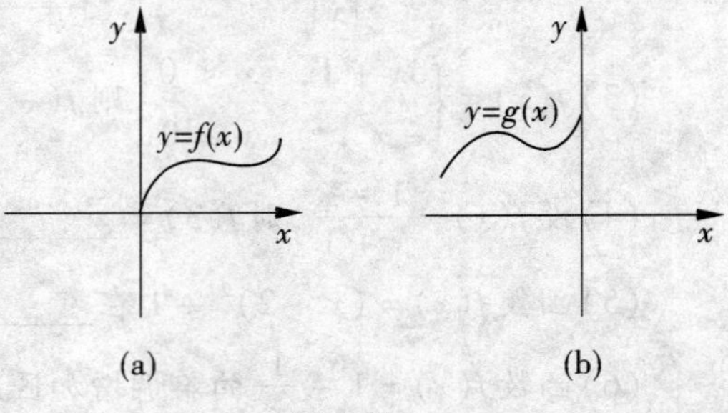

图 1-15

本章小结

一、主要内容

<table>
<tr><td rowspan="9">集合</td><td rowspan="3">集合</td><td colspan="2">集合的性质:1. 确定性;2. 唯一性;3. 无序性</td></tr>
<tr><td colspan="2">集合常用大写字母 $A,B,C,\cdots$ 表示;集合的元素常用小写字母 $a,b,c,\cdots$ 表示</td></tr>
<tr><td colspan="2">集合的表示法:1. 列举法;2. 描述法;3. 图示法</td></tr>
<tr><td rowspan="2">点集与数集</td><td colspan="2">常见数集:1. 实数集 $\mathbf{R}$;2. 有理数集 $\mathbf{Q}$;3. 整数集 $\mathbf{Z}$;4. 自然数集 $\mathbf{N}$</td></tr>
<tr><td colspan="2">实数集与数轴上的点集一一对应</td></tr>
<tr><td>区间</td><td colspan="2">有限区间:1. 开区间 (a,b);2. 闭区间 $[a,b]$;3. 半开区间 $[a,b)$ 和 $(a,b]$</td></tr>
<tr><td>集合的运算</td><td colspan="2">1. 交换律 $A\cup B=B\cup A$ 和 $A\cap B=B\cap A$;
2. 结合律 $A\cup(B\cup C)=(A\cup B)\cup C$ 和 $A\cap(B\cap C)=(A\cap B)\cap C$;
3. 分配律 $A\cup(B\cap C)=(A\cup B)\cap(A\cup C)$ 和 $A\cap(B\cup C)=(A\cap B)\cup(A\cap C)$</td></tr>
<tr><td rowspan="7">不等式</td><td rowspan="3">不等式的概念与性质</td><td colspan="2">不等式分类:1. 绝对不等式;2. 条件不等式;3. 矛盾不等式</td></tr>
<tr><td colspan="2">不等式性质:1. $a>b,b>c\Rightarrow a>c$;2. $a>b,c\in\mathbf{R}\Rightarrow a+c>b+c$;
3. $a>b,c>0(c<0)\Rightarrow ac>bc(ac<bc)$</td></tr>
<tr><td colspan="2">基本不等式:$a,b\in\mathbf{R}^+\Rightarrow\sqrt{ab}\leqslant\frac{a+b}{2}$,当且仅当 $a=b$ 时,等号成立</td></tr>
<tr><td>绝对值不等式</td><td colspan="2">性质:1. $|ab|=|a|\cdot|b|$;2. $\left|\frac{a}{b}\right|=\frac{|a|}{|b|},(b\neq0)$;3. $\sqrt{a^2}=|a|$;
4. $|a|-|b|\leqslant|a\pm b|\leqslant|a|+|b|$</td></tr>
<tr><td rowspan="3">不等式或不等式组的解法</td><td>$ax^2+bx+c>0$(或 <0),$a>0$</td><td>不等式解法:$a(x-x_1)(x-x_2)>0$(或 <0),$x_1>x_2$,得出解集:$\{x\mid x>x_1$ 或 $x>x_2\}$ (或 $\{x\mid x_1<x<x_2\}$)</td></tr>
<tr><td>不等式组</td><td>先分别解每个不等式,然后取其解集的公共部分即不等式组的解</td></tr>
<tr><td>绝对值不等式</td><td>1. 先去除绝对值: $|x|>a(a>0)\Leftrightarrow x<-a$ 或 $x>a$, $|x|<a(a>0)\Leftrightarrow -a<x<a$
得出一个不等式组;
2. 解这个不等式组</td></tr>
<tr><td rowspan="4">函数</td><td>函数的基本概念</td><td colspan="2">函数的表示法:1. 解析法;2. 图像法;3. 列表法
函数的两个要素:1. 定义域;2. 对应法则</td></tr>
<tr><td>函数的定义域</td><td colspan="2">注意事项:1. 分母不能为0;2. 负数不能开偶次方;3. 由几个基本函数的四则运算组成的函数,其定义域为几个函数的定义域的共同部分</td></tr>
<tr><td>函数的性质</td><td colspan="2">1. 有界性;2. 单调性;3. 奇偶性;4. 周期性</td></tr>
<tr><td>反函数</td><td colspan="2">反函数是相互的. 函数 $y=f(x)$ 与它的反函数 $y=f^{-1}(x)$ 的图像关于直线 $y=x$ 对称</td></tr>
</table>

二、注意的问题

(1)要注意元素与集合之间的关系和集合与集合之间的关系是不同的,集合的子集与真子集是有区别的,数 0、$\{0\}$ 、空集三者的含义是不一样的.

(2)要正确理解集合的并集与交集中的“或”、“且”这两个字的含义.特别是在解不等式或不等式组中要正确利用集合的并与交.

(3)在求函数的定义域时,首先要分清该函数是否为无实际意义的抽象函数,若是具有实际意义的函数,则应按实际意义确定其定义域,否则求函数的自然定义域即可.

求函数的自然定义域要特别注意以下几点:

若函数中有分母,则分母不能为 0;

若函数中有偶次方根,则根号下的表达式必须非负;

若函数是由几个函数经过四则运算构成的,其定义域应为几个函数的定义域的交集.

(4)求函数的反函数时,其反函数的表达式要以 x 为自变量,y 为因变量.并且要弄清:反函数的定义域就是原来函数的值域,反函数的值域就是原来函数的定义域.

(5)分段函数是常用的一类函数,其定义域应为各个部分自变量取值范围之并.

本章复习题

1. 选择题.

(1)设 $M=\{x \mid x<\sqrt{21}\}$, $a=4.5$,则(　　).

A. $a \subseteq M$　　B. $a \notin M$

C. $\{a\} \subset M$　　D. $\{a\} \subseteq M$

(2)设 Ω 表示某班全体同学,E 表示该班全体女同学,H 表示该班所有戴眼镜的同学,则下面(　　)表示该班所有戴眼镜的男同学.

A. $E \cap H$　　B. $C_{\Omega} \cup H$

C. $C_{\Omega}(E \cup H)$　　D. $C_{\Omega}(E \cup C_{\Omega}H)$

(3)下面结论正确的是(　　).

A. $a>b>c>0 \Rightarrow \frac{a}{b}>\frac{a}{c}$　　B. $a>b>c \Rightarrow ac>bc$

C. $a^3<b^3 \Rightarrow a<b$　　D. $a^2>b^2 \Rightarrow a>b$

(4)不等式 $1<|x-1|<3$ 的解集是(　　).

A. $(-2,4)$　　B. $(-\infty,0) \cup (2,+\infty)$

C. $(0,2)$　　D. $(-2,0) \cup (2,4)$

(5) $3x^2-x-2<0$ 一元二次不等式的解集是(　　).

A. $\left(-\frac{2}{3},1\right)$　　B. $\left(-\infty,-\frac{2}{3}\right) \cup (1,+\infty)$

C. $\left(-1,\frac{2}{3}\right)$　　D. $(-\infty,-1) \cup \left(\frac{2}{3},+\infty\right)$

(6)设函数$f(x)=\sqrt{1+x}-1+x$，则它的反函数的值域是(　　).

A. $[-1,0]$　　　　B. $[-1,+\infty)$

C. $[0,1]$　　　　D. $[1,+\infty)$

(7)设$f(x)=\dfrac{x}{1+x^2}$，则该函数为(　　).

A. 奇函数且有界函数　　　　B. 奇函数且无界函数

C. 偶函数且有界函数　　　　D. 偶函数且单调函数

(8)设$f(x)=\dfrac{1-x}{1+x}$，则下列正确的是(　　).

A. $f(x)+f\left(\dfrac{1}{x}\right)=0$　　　　B. $f(x)-f\left(\dfrac{1}{x}\right)=0$

C. $f(x)+f\left(\dfrac{1}{x}\right)=2$　　　　D. $f(x)-f\left(\dfrac{1}{x}\right)=2$

2. 填空题.

(1)设全集$\Omega=\mathbf{R}$，$\mathbf{Q}$表示有理数集，则$C_{\Omega}A\cup\mathbf{Q}$表示________集合；$C_{\Omega}(A\cap\mathbf{Q})$表示____________集合.

(2)不等式$|x|\leqslant|x-1|$的解集为____________.

(3)设$a,b\in\mathbf{R}^{+}$，且$a+b=10$，$\sqrt{ab}$的最大值为____________.

(4)函数$y=\sqrt[3]{x^2}+1$的反函数为____________；反函数的定义域是____________.

(5)设$y=\dfrac{1}{x}$，$z=2x-1$，当$y>z$时，则x的取值范围是____________.

(6)设函数$f(x)$的定义域为$(0,1)$，函数$f(\sqrt{4-x^2})$的定义域为____________.

3. 计算题.

(1)解不等式：$\dfrac{3}{2x-1}<\dfrac{1}{x+1}$；

(2)设函数$f(x)=\begin{cases}1+x^2, & x<0,\\ \dfrac{1}{2x+1}, & x\geqslant 0,\end{cases}$求$f(x)$的反函数$f^{-1}(x)$；

(3)化简：$\dfrac{1}{2}(\sqrt{a^2+6a+9}-\sqrt{a^2-4a+4})$.

4. 证明：$\dfrac{a+b}{2}\leqslant\sqrt{\dfrac{a^2+b^2}{2}}$，$\forall a,b\in\mathbf{R}$.

第二章　初等函数Ⅰ

初等函数是高等数学的主要研究对象，也是应用数学和其他科学技术必不可少的基础.本章在前章函数概念和相关的一些基础知识的基础上，进一步深入讨论应用较为广泛的幂函数、指数函数和对数函数.

第一节　幂函数

我们学习过正比例函数 $y=kx(k\neq 0)$、反比例函数 $y=\frac{k}{x}(k\neq 0,x\neq 0)$、一次函数 $y=kx+b(k\neq 0)$、二次函数 $y=ax^2+bx+c(a\neq 0)$ 和常数函数 $y=C$.这其中包含了函数 $y=x$、$y=x^2$ 和 $y=x^{-1}$.除此之外，我们对函数 $y=x^{\frac{1}{2}}$ 和 $y=x^3$ 也有所了解，对于这种底数是变量，指数是常量，自变量 x 前的系数为1，而且只有一项的函数，我们称为幂函数.

一、幂函数的定义

定义1　形如 $y=x^\alpha$ 的函数叫作幂函数，其中 x 为自变量，指数 α 为常数.

例1　判断下列函数是否为幂函数.

(1) $y=x^4$；　　(2) $y=\frac{1}{x^2}$；

(3) $y=-x^2$；　　(4) $y=\frac{1}{\sqrt{x}}$；

(5) $y=2^x$　　(6) $y=x^3+3$.

解　(1) $y=x^4$，(2) $y=\frac{1}{x^2}=x^{-2}$，(4) $y=\frac{1}{\sqrt{x}}=x^{-\frac{1}{2}}$ 均为底数是变量，指数是常量，自变量 x 前的系数为1，而且只有一项的函数，所以(1)，(2)，(4)都是幂函数.而 $y=-x^2$ 自变量 x 前的系数为 -1，$y=2^x$ 底数是常量，指数为变量，$y=x^3+3$ 含有两项，所以(3)，(5)，(6)均不是幂函数.

注意　幂函数是指形如 $y=x^\alpha$（α 为常数）的函数，它的形式非常严格，必须完全具备这种形式的函数才是幂函数.有时候，如果函数以根式或分式的形式给出，则要注意对根式和分式进行化简整理，再对照幂函数的定义进行判断.

二、幂函数的定义域

幂函数的定义域是使 $y=x^\alpha$ 有意义的实数集.幂函数的定义域不固定，与 α 的值有关，当 α 为负数或分数时，应把函数的负指数式变为分式，把分数指数式变为根式后再求定义域.五个常见幂函数的定义域和值域见表2-1.

表 2-1

幂函数	$y=x$	$y=x^2$	$y=x^3$	$y=x^{\frac{1}{2}}$	$y=x^{-1}$
定义域	**R**	**R**	**R**	$[0,+\infty)$	$\{x\mid x\neq 0\}$
值域	**R**	$[0,+\infty)$	**R**	$[0,+\infty)$	$\{y\mid y\neq 0\}$

例 2 求下列函数的定义域.

(1) $y=x^{\frac{1}{3}}$; (2) $y=x^{-2}$;

(3) $y=x^{-\frac{1}{2}}$; (4) $y=x^{-\frac{1}{3}}$;

(5) $y=(4x+1)^{-\frac{1}{2}}+(2-x)^{\frac{1}{2}}$; (6) $y=\left(\frac{2x-1}{x-2}\right)^{-\frac{1}{2}}$.

解 (1) $y=x^{\frac{1}{3}}$ 改写成 $y=\sqrt[3]{x}$,其定义域是 $(-\infty,+\infty)$.

(2) $y=x^{-2}$ 改写成 $y=\frac{1}{x^2}$,其定义域是 $(-\infty,0)\cup(0,+\infty)$.

(3) $y=x^{-\frac{1}{2}}$ 改写成 $y=\frac{1}{\sqrt{x}}$,其定义域是 $(0,+\infty)$.

(4) $y=x^{-\frac{1}{3}}$ 改写成 $y=\frac{1}{\sqrt[3]{x}}$,其定义域是 $(-\infty,0)\cup(0,+\infty)$.

(5) $y=(4x+1)^{-\frac{1}{2}}+(2-x)^{\frac{1}{2}}=\frac{1}{\sqrt{4x+1}}+\sqrt{2-x}$.

由 $\begin{cases}4x+1>0,\\2-x\geqslant 0,\end{cases}$ 得 $\begin{cases}x>-\frac{1}{4},\\x\leqslant 2,\end{cases}$ 所以函数 $y=(4x+1)^{-\frac{1}{2}}+(2-x)^{\frac{1}{2}}$ 的定义域是 $\left(-\frac{1}{4},2\right]$.

(6) $y=\left(\frac{2x-1}{x-2}\right)^{-\frac{1}{2}}=\sqrt{\frac{x-2}{2x-1}}$.

由 $\begin{cases}\frac{x-2}{2x-1}\geqslant 0,\\2x-1\neq 0,\end{cases}$ 得 $\begin{cases}x\geqslant 2\text{ 或 }x\leqslant\frac{1}{2},\\x\neq\frac{1}{2},\end{cases}$ 所以函数 $y=\left(\frac{2x-1}{x-2}\right)^{-\frac{1}{2}}$ 的定义域是 $\left(-\infty,\frac{1}{2}\right)\cup[2,+\infty)$.

三、幂函数的图像和性质

幂函数 $y=x^{\alpha}$ 的图像和性质随指数 α 的取值不同而不同,下面我们通过分析五个常见幂函数的图像和性质,得出幂函数的共同性质,见表 2-2.

表 2-2

函数	$y=x$	$y=x^2$	$y=x^3$	$y=x^{\frac{1}{2}}$	$y=x^{-1}$
图像	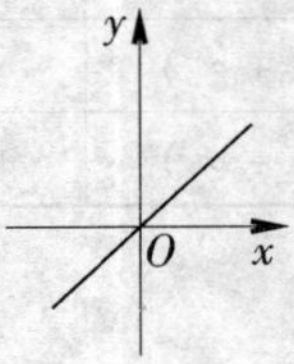	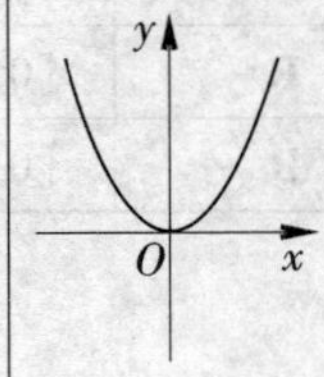	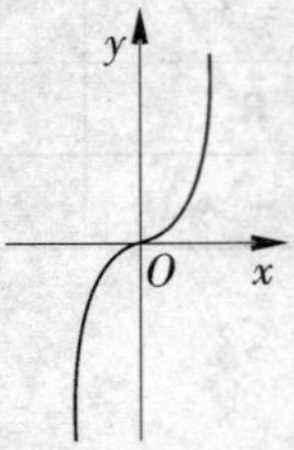	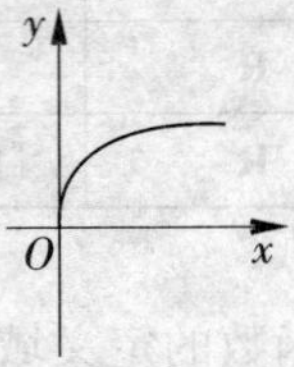	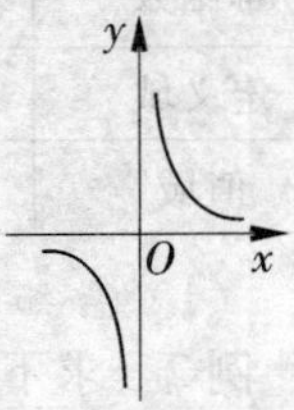
奇偶性	奇函数	偶函数	奇函数	非奇非偶	奇函数
单调性	增函数	$(-\infty,0)$ 减 $(0,+\infty)$ 增	增函数	增函数	$(-\infty,0)$ 减 $(0,+\infty)$ 减
公共点	函数图像都通过点 $(1,1)$				

由表 2-2 可以看出幂函数 $y=x^{\alpha}$ 有下列共同性质：

(1)所有幂函数在$(0,+\infty)$都有定义,并且函数图像都通过$(1,1)$.

(2)α 为奇数时,幂函数为奇函数；α 为偶数时,幂函数为偶函数.

(3)在第一象限内,当 $\alpha>0$ 时,则幂函数的图像过点$(0,0)$、$(1,1)$,并在$(0,+\infty)$上为增函数;当 $\alpha<0$ 时,则幂函数的图像过点$(1,1)$,并在$(0,+\infty)$上为减函数.

例 3 比较下列各组数的大小.

(1) $5.1^{0.8}$ 和 $5.2^{0.8}$；　　(2) $0.3^{-0.5}$ 和 $0.6^{-0.5}$；

(3) $0.2^{0.5}$ 和 $0.4^{-0.5}$.

解 (1) $y=x^{0.8}$ 在 $(0,+\infty)$ 内是增函数,因为 $5.1<5.2$, 所以 $5.1^{0.8}<5.2^{0.8}$.

(2) $y=x^{-0.5}$ 在 $(0,+\infty)$ 内是减函数,因为 $0.3<0.6$, 所以 $0.3^{-0.5}>0.6^{-0.5}$.

(3) $0.4^{-0.5}=\left(\frac{1}{0.4}\right)^{0.5}=2.5^{0.5}$, $y=x^{0.5}$ 在 $(0,+\infty)$ 内是增函数,因为 $0.2<2.5$, 所以 $0.2^{0.5}<0.4^{-0.5}$.

例 4 若 $(m+4)^{-\frac{1}{2}}<(3-2m)^{-\frac{1}{2}}$,求 m 的取值范围.

解 因为幂函数 $y=x^{-\frac{1}{2}}$ 的定义域是 $(0,+\infty)$,且在定义域内是减函数,所以 $m+4>3-2m>0$,即 $-\frac{1}{3}<m<\frac{3}{2}$.

习题 2-1

1. 选择题.

(1)函数 $y=x^{\frac{1}{3}}$ 与 $y=x^3$ 的图像(　　).

A. 关于原点对称　　B. 关于 x 轴对称

C. 关于 y 轴对称　　D. 关于直线 $y=x$ 对称

(2) $a=1.2^{\frac{1}{2}}, b=0.9^{-\frac{1}{2}}, c=1.1^{\frac{1}{2}}$ 的大小关系是(　　).

A. $c<a<b$　　B. $a<c<b$

C. $b<a<c$　　D. $c<b<a$

(3)函数 $y=\sqrt{x-1}$ 的图像可以看成由幂函数 $y=x^{\frac{1}{2}}$ 的图像(　　)得到的.

A. 向左平移 1 个单位　　B. 向右平移 1 个单位

C. 向上平移 1 个单位　　D. 向下平移 1 个单位

2. 填空题.

(1)已知幂函数 $y=(m^2-9m+19)x^{2m^2-7m-9}$ 的图像不过原点，则 m 的值为__________.

(2)当 $x\in(1,+\infty)$ 时，函数 $y=x^{\alpha}$ 的图像恒在 $y=x$ 的下方，则 α 的取值范围是__________.

(3)函数 $y=\sqrt{-x^2+6x-5}$ 的减区间是__________.

3. 利用单调性判断下列各值的大小.

(1) $1.3^{0.5}$ 与 $1.5^{0.5}$；　　(2) 5.1^{-2} 与 5.09^{-2}；

(3) $-1.79^{\frac{1}{4}}$ 与 $-1.81^{\frac{1}{4}}$.

第二节　指数与指数函数

一、指数及其运算性质

(一)有理指数幂的有关概念

(1)正整数指数幂：$a^n=\underbrace{a\cdot a\cdot\cdots\cdot a}_{n}(n\in\mathbf{N}^+)$；

(2)零指数幂：$a^0=1(a\neq0)$；

(3)负整数指数幂：$a^{-p}=\dfrac{1}{a^p}(a\neq0,p\in\mathbf{N}^+)$；

(4)正分数指数幂：$a^{\frac{m}{n}}=\sqrt[n]{a^m}(a>0,m,n\in\mathbf{N}^+$，且 $n>1)$；

(5)负分数指数幂：$a^{-\frac{m}{n}}=\dfrac{1}{a^{\frac{m}{n}}}=\dfrac{1}{\sqrt[n]{a^m}}(a>0,m,n\in\mathbf{N}^+$，且 $n>1)$；

(6)0 的正分数指数幂等于 0，0 的负分数指数幂没有意义.

例 1　计算：

(1) $8^{\frac{2}{3}}$；　　(2) $25^{-\frac{1}{2}}$；

(3) $\left(\dfrac{1}{2}\right)^{-5}$；　　(4) $\left(\dfrac{16}{81}\right)^{-\frac{3}{4}}$.

解　(1) $8^{\frac{2}{3}}=\sqrt[3]{8^2}=(\sqrt[3]{8})^2=2^2=4$；(2) $25^{-\frac{1}{2}}=\dfrac{1}{\sqrt{25}}=\dfrac{1}{5}$；

(3) $\left(\dfrac{1}{2}\right)^{-5}=2^5=32$；

(4) $\left(\frac{16}{81}\right)^{-\frac{3}{4}}=\left(\frac{81}{16}\right)^{\frac{3}{4}}=\left(\sqrt[4]{\frac{81}{16}}\right)^{3}=\left(\frac{3}{2}\right)^{3}=\frac{27}{8}$.

注意　指数还可以推广到实数范围.

(二)运算性质(当下列实指数幂有意义时)

(1) $a^{s}\cdot a^{r}=a^{s+r}$;　　(2) $a^{s-r}=\frac{a^{s}}{a^{r}}=a^{s}\div a^{r}$;

(3) $(a^{s})^{r}=a^{sr}$;　　(4) $(ab)^{s}=a^{s}b^{s}$;

(5) $\left(\frac{a}{b}\right)^{s}=\frac{a^{s}}{b^{s}}=a^{s}\cdot b^{-s}$.

例 2　计算.

(1) $a^{2}\cdot\sqrt[3]{a^{2}}\cdot\sqrt{a^{3}\sqrt{a}}$;

(2) $[2a^{-4}\cdot b^{3}\div(2^{-1}a^{2}b^{-3})]^{-2}\cdot(-4a^{-6})^{2}$;

(3) $\sqrt[3]{a^{\frac{7}{2}}\sqrt{a^{-3}}}\div\sqrt{\sqrt[3]{a^{-8}}\sqrt[3]{a^{15}}}\div\sqrt[3]{\sqrt{a^{-3}}\sqrt{a^{-1}}}$.

解　(1)原式 $=a^{2}\cdot a^{\frac{2}{3}}\cdot\sqrt{a^{3}\cdot a^{\frac{1}{2}}}$

$=a^{2}\cdot a^{\frac{2}{3}}\cdot\sqrt{a^{\frac{7}{2}}}=a^{2}\cdot a^{\frac{2}{3}}\cdot a^{\frac{7}{4}}$

$=a^{2+\frac{2}{3}+\frac{7}{4}}=a^{\frac{53}{12}}$.

(2)原式 $=(2\div2^{-1})^{-2}\cdot(-4)^{2}(a^{-4}\div a^{2})^{-2}\cdot a^{-12}\cdot(b^{3}\div b^{-3})^{-2}$

$=a^{12}\cdot a^{-12}\cdot b^{-12}$

$=b^{-12}$.

(3)原式 $=\sqrt[3]{a^{\frac{7}{2}}a^{-\frac{3}{2}}}\div\sqrt{a^{-\frac{8}{3}}a^{\frac{15}{3}}}\div\sqrt[3]{a^{-\frac{3}{2}}a^{-\frac{1}{2}}}$

$=\sqrt[3]{a^{2}}\div\sqrt{a^{\frac{7}{3}}}\div\sqrt[3]{a^{-2}}=a^{\frac{2}{3}}\div a^{\frac{7}{6}}\div a^{-\frac{2}{3}}$

$=a^{\frac{2}{3}-\frac{7}{6}+\frac{2}{3}}=a^{\frac{1}{6}}$.

二、指数函数

(一)指数函数的定义

引例 1　一根 1 m 长的绳子从中间剪一次剩下 $\frac{1}{2}$ m,再从中间剪一次剩下 $\frac{1}{4}$ m,若这条绳子剪 x 次剩下 y m,则 y 与 x 的函数关系是: $y=\left(\frac{1}{2}\right)^{x}, x\in\mathbf{N}^{+}$.

引例 2　某产品原来的年产量是 1 万 t,计划从今年开始,年产量平均每年增加 15%,那么 x 年后的年产量 y(单位:万 t), $y=(1+15\%)^{x}$,即

$$y=1.15^{x}, x\in\mathbf{N}^{+}.$$

在 $y=\left(\frac{1}{2}\right)^{x}$ 和 $y=1.15^{x}$ 中指数 x 是自变量,底数是一个大于 0 且不等于 1 的常量.

我们把这种自变量在指数位置上而底数是一个大于 0 且不等于 1 的常量的函数叫作

指数函数.

定义1　函数 $y=a^x(a>0,a\neq 1)$ 称为指数函数. 其中 x 是自变量, y 是因变量. 它的定义域是 $x\in\mathbf{R}$.

注意　$a>0$ 且 $a\neq 1$,因为

(1)若 $a=0$,则当 $x>0$ 时, $a^x=0$,当 $x\leqslant 0$ 时, a^x 无意义;

(2)若 $a<0$,这时对于 $x=\frac{1}{2},x=\frac{1}{4},x=\frac{1}{6},\cdots$ 时, a^x 无意义;

(3)若 $a=1$,则对于任何 $x\in\mathbf{R}$, $a^x=1$ 是一个常量.

特别地,指数函数的解析式 $y=a^x$ 中, a^x 的系数是1,如 $y=2\cdot 3^x$ 不是指数函数.

有些函数形如指数函数,例如 $y=a^x+k(a>0$ 且 $a\neq 1,k\in\mathbf{Z})$ 不是指数函数,而函数 $y=a^{-x}(a>0$ 且 $a\neq 1)$ 可以转化为: $y=\left(\frac{1}{a}\right)^x\left(\frac{1}{a}>0\text{ 且 }\frac{1}{a}\neq 1\right)$,所以此函数是指数函数.

(二)指数函数的图像和性质

画出函数 $y=2^x$ 、$y=\left(\frac{1}{2}\right)^x$ 的图像. 首先列表如表2-3所示.

表2-3

x	…	−3	−2	−1	−0.5	0	0.5	1	2	3	…
2^x	…	0.13	0.25	0.5	0.71	1	1.4	2	4	8	…
$\left(\frac{1}{2}\right)^x$	…	8	4	2	1.4	1	0.71	0.5	0.25	0.13	…

然后根据表2-3描点画图得图2-1和图2-2.

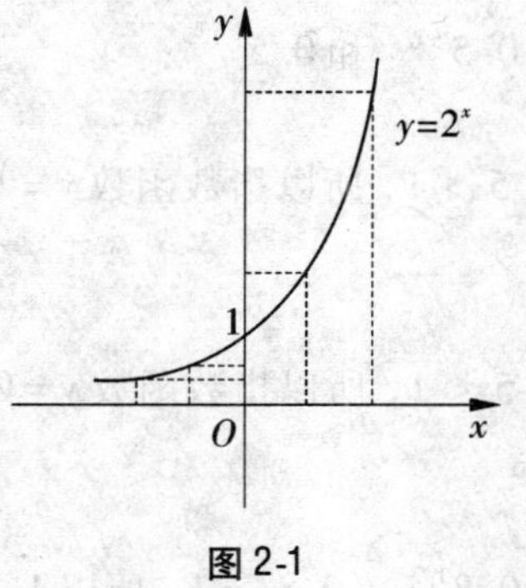

图2-1

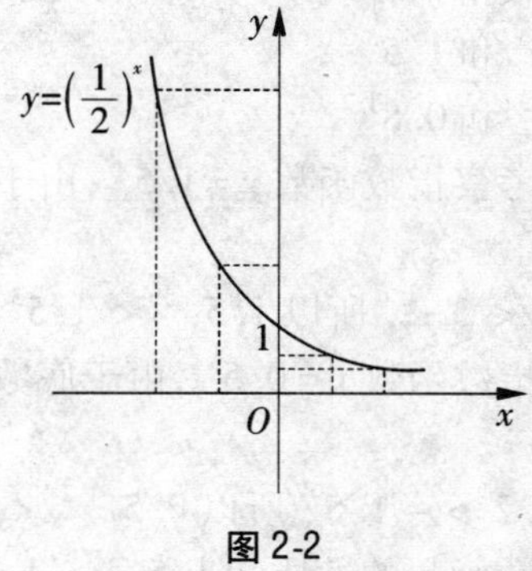

图2-2

由图2-1及图2-2可以看出指数函数的图像有以下特点:

(1)图像都在 x 轴上方;

(2)图像恒过(0,1)点;

(3)函数 $y=2^x$ 的图像在定义域 $\mathbf{R}$ 上单调递增,函数 $y=\left(\frac{1}{2}\right)^x$ 的图像在定义域 $\mathbf{R}$ 上

单调递减；

(4)函数 $y=2^x$ 的图像的右端向上无限伸展，左端向下无限接近 x 轴，但与 x 轴永远不相交；函数 $y=\left(\frac{1}{2}\right)^x$ 的图像的左端向上无限伸展，右端向下无限接近 x 轴，但与 x 轴永远不相交.

一般地，指数函数的 $y=a^x(a>0,a\neq1)$ 的图像和性质如表 2-4 所示.

表 2-4

	$a>1$	$0<a<1$
图像	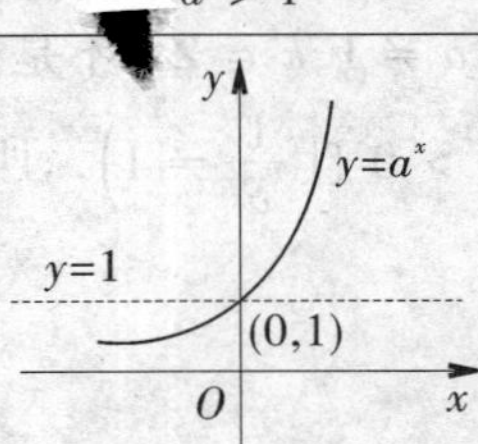	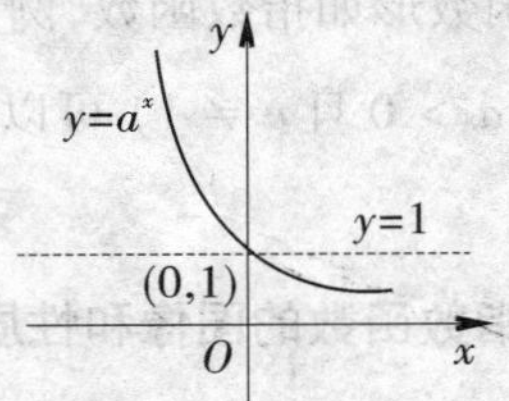
性质	1. 定义域为 **R**，值域为 $(0,+\infty)$	
	2. 过点 $(0,1)$，即 $x=0$ 时，$y=1$	
	3. 在 **R** 上是增函数，且与 x 的左半轴无限靠近，但不相交	3. 在 **R** 上是减函数，且与 x 轴的右半轴无限靠近，但不相交
	4. 当 $x>0$ 时，$y>1$；当 $x<0$ 时，$0<y<1$	4. 当 $x>0$ 时，$0<y<1$；当 $x<0$ 时，$y>1$
	5. 既不是奇函数也不是偶函数	

例 3 比较下列各组中两个值的大小.

(1) $1.5^{2.5}$ 和 $1.5^{3.2}$；　　(2) $0.5^{-1.2}$ 和 $0.5^{-1.5}$；

(3) $1.5^{0.3}$ 和 $0.8^{1.2}$.

解 (1)考察指数函数 $y=1.5^x$，由于底数 $1.5>1$，所以指数函数 $y=1.5^x$ 在 **R** 上是增函数.

因为 $2.5<3.2$，所以 $1.5^{2.5}<1.5^{3.2}$.

(2)考察指数函数 $y=0.5^x$，由于底数 $0<0.5<1$，所以指数函数 $y=0.5^x$ 在 **R** 上是减函数.

因为 $-1.2>-1.5$，所以 $0.5^{-1.2}<0.5^{-1.5}$.

(3)由指数函数的性质知 $1.5^{0.3}>1.5^0=1$，$0.8^{1.2}<0.8^0=1$，所以 $1.5^{0.3}>0.8^{1.2}$.

例 4 求下列函数的定义域和值域.

(1) $y=\sqrt{1-6^{x-2}}$；　　(2) $y=\sqrt{\left(\frac{1}{2}\right)^{2x-1}-\frac{1}{16}}$.

解 (1)由 $1-6^{x-2}\geqslant0$ 知 $6^{x-2}\leqslant1=6^0$，由指数函数的性质知 $x-2\leqslant0$，即 $x\leqslant2$，所以函数 $y=\sqrt{1-6^{x-2}}$ 的定义域为 $(-\infty,2]$.

由指数函数的性质知$6^{x-2}>0$,即$1-6^{x-2}<1$,所以$0\leqslant y=\sqrt{1-6^{x-2}}<1$,即函数$y=\sqrt{1-6^{x-2}}$的值域为$[0,1)$.

(2)由$\left(\frac{1}{2}\right)^{2x-1}-\frac{1}{16}\geqslant 0$知$\left(\frac{1}{2}\right)^{2x-1}\geqslant\frac{1}{16}=\left(\frac{1}{2}\right)^{4}$,由指数函数的性质知$2x-1\leqslant 4$,即$x\leqslant\frac{5}{2}$,所以函数$y=\sqrt{\left(\frac{1}{2}\right)^{2x-1}-\frac{1}{16}}$的定义域为$\left(-\infty,\frac{5}{2}\right]$.

由指数函数和根式的性质知,$y=\sqrt{\left(\frac{1}{2}\right)^{2x-1}-\frac{1}{16}}$的值域为$[0,+\infty)$.

习题 2-2

1.选择题.

(1)某种细菌在培养过程中,每 20 min 分裂一次(一个分裂为两个).经过 3 h,这种细菌由 1 个可繁殖成(　　).

A. 511 个　　B. 512 个

C. 1 023 个　　D. 1 024 个

(2)在统一平面直角坐标系中,函数$f(x)=ax$与$g(x)=a^x$的图像可能是(　　).

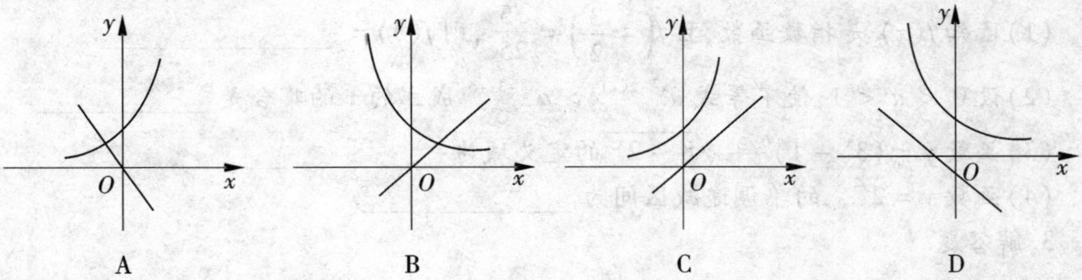

(3)设a,b,c,d都是不等于 1 的正数,$y=a^x,y=b^x,y=c^x,y=d^x$在同一坐标系中的图像如图 2-3 所示,则a,b,c,d的大小顺序是(　　).

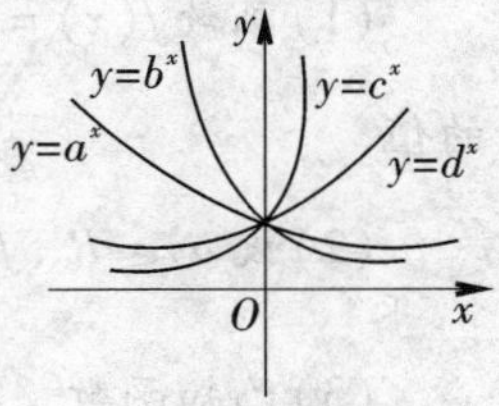

图 2-3

A. $a<b<c<d$

B. $a<b<d<c$

C. $b<a<d<c$

D. $b<a<c<d$

(4)若$-1<x<0$,那么下列各不等式成立的是(　　).

A. $2^{-x}<2^x<0.2^x$　　B. $2^x<0.2^x<2^{-x}$

C. $0.2^x<2^{-x}<2^x$　　D. $2^x<2^{-x}<0.2^x$

(5)函数$f(x)=(a^2-1)^x$在$\mathbf{R}$上是减函数,则a的取值范围是(　　).

A. $|a|>1$　　B. $|a|<2$

C. $a<\sqrt{2}$　　D. $1<|a|<\sqrt{2}$

(6) 函数 $y=\dfrac{1}{2^x-1}$ 的值域是(　　).

A. $(-\infty,1)$　　B. $(-\infty,0)\cup(0,+\infty)$

C. $(-1,+\infty)$　　D. $(-\infty,-1)\cup(0,+\infty)$

(7) 当 $a>1$ 时,函数 $y=\dfrac{a^x+1}{a^x-1}$ 是(　　).

A. 奇函数　　B. 偶函数

C. 既奇又偶函数　　D. 非奇非偶函数

(8) 函数 $y=a^{x-2}+1(a>0$ 且 $a\neq 1)$ 的图像必经过点(　　).

A. $(0,1)$　　B. $(1,1)$

C. $(2,0)$　　D. $(2,2)$

(9) 某厂 1998 年的产值为 a 万元,预计产值每年以 $n\%$ 递增,则该厂到 2010 年的产值(单位:万元)是(　　).

A. $a(1+n\%)^{13}$　　B. $a(1+n\%)^{12}$

C. $a(1+n\%)^{11}$　　D. $\dfrac{10}{9}(1-n\%)^{12}$

2. 填空题.

(1) 已知 $f(x)$ 是指数函数,且 $f\left(-\dfrac{3}{2}\right)=\dfrac{\sqrt{5}}{25}$,则 $f(3)=$ ________.

(2) 设 $0<a<1$,使不等式 $a^{x^2-2x+1}>a^{x^2-3x+5}$ 成立的 x 的集合是________.

(3) 函数 $y=(3^x-1)^0+\sqrt{8-2^x}$ 的定义域为________.

(4) 函数 $y=2^{x^2-x}$ 的单调递减区间为________.

3. 解答题.

(1) 函数 $f(x)=a^x(a>0$ 且 $a\neq 1)$ 在区间 $[1,2]$ 上的最大值比最小值大 $\dfrac{a}{2}$,求 a 的值.

(2) 设 $a\in R$,$f(x)=\dfrac{a\cdot 2^x+a-2}{2^x+1}$,$(x\in \mathbf{R})$ 试确定 a 的值,使 $f(x)$ 为奇函数.

(3) 已知函数 $y=\left(\dfrac{1}{2}\right)^{x^2-6x+17}$,①求函数的定义域及值域;②确定函数的单调区间.

第三节　对数与对数函数

一、对数的概念及性质

(一)对数概念

定义 1　若 $a^b=N(a>0$,且 $a\neq 1)$,那么数 b 叫作以 a 为底 N 的对数,记作 $b=\log_a N$,其中 a 叫作底数,N 叫作真数且 $N>0$.

例 1　把下列指数式写成对数式.

(1) $2^5=32$；　　(2) $5^{-2}=\frac{1}{25}$；

(3) $2^1=2$；　　(4) $a^0=1$.

解　(1) $\log_2 32=5$；　　(2) $\log_5\frac{1}{25}=-2$；

(3) $\log_2 2=1$；　　(4) $\log_a 1=0$.

(二)常用对数与自然对数的定义

(1)以 10 为底的对数叫作常用对数. 为了方便，N 的常用对数 $\log_{10}N$，简记为 $\lg N$.

(2)以 e 为底的对数叫作自然对数. 为了方便，N 的自然对数 $\log_e N$，简记为 $\ln N$ (e=2.718 28…).

(三)对数的性质

(1) $\log_a a=1$；　　(2) $\log_a 1=0$；

(3) $\log_a a^n=n(n\in\mathbf{R})$；　　(4) $a^{\log_a N}=N(N>0)$；

(5) $\log_a N=\frac{\log_b N}{\log_b a}$；　　(6) $\log_a b\cdot\log_b a=1$.

例 2　计算.

(1) $\log_2 256$；　　(2) $10^{\lg 7}$；

(3) $e^{\ln 2}$；　　(4) $\log_2 9\times\log_3 2$.

解　(1) $\log_2 256=\log_2 2^8=8$；　　(2) $10^{\lg 7}=7$；

(3) $e^{\ln 2}=2$；　　(4) $\log_2 9\times\log_3 2=\frac{\log_3 9}{\log_3 2}\cdot\log_3 2=\log_3 3^2=2$.

(四)对数的运算性质

(1) $\log_a(MN)=\log_a M+\log_a N$；　　(2) $\log_a\frac{M}{N}=\log_a M-\log_a N$；

(3) $\log_a M^n=n\log_a M$；　　(4) $\log_a\sqrt[n]{M}=\frac{1}{n}\log_a M$；

(5) $\log_{a^n}M^m=\frac{m}{n}\log_a M$.

例 3　计算.

(1) $\log_2 6-\log_2 3$；　　(2) $\log_5 3+\log_5\frac{1}{3}$；

(3) $\log_8 9\times\log_3 32$；　　(4) $\frac{2\log_5 2+\log_5 3}{\log_5 10+\frac{1}{2}\log_5 0.36+\frac{1}{3}\log_5 8}$.

解　(1) $\log_2 6-\log_2 3=\log_2\frac{6}{3}=\log_2 2=1$；

(2) $\log_5 3+\log_5\frac{1}{3}=\log_5\left(3\cdot\frac{1}{3}\right)=\log_5 1=0$；

(3) $\log_8 9 \times \log_3 32 = \log_{2^3} 3^2 \times \log_3 2^5 = \frac{2}{3}\log_2 3 \times 5\log_3 2 = \frac{10}{3}$;

(4) 原式 $= \dfrac{\log_5 2^2 + \log_5 3}{\log_5 10 + \log_5 0.36^{\frac{1}{2}} + \log_5 8^{\frac{1}{3}}}$

$= \dfrac{\log_5 12}{\log_5 10 \cdot 0.6 \cdot 2} = \dfrac{\log_5 12}{\log_5 12} = 1.$

二、对数函数

(一) 对数函数的定义

由指数函数 $y = a^x (a > 0, 且 a \neq 1)$ 可求出其反函数 $x = \log_a y (a > 0, 且 a \neq 1)$，因为习惯上常用 x 表示自变量，y 表示因变量，因此指数函数的反函数通常写成 $y = \log_a x (a > 0 且 a \neq 1)$.

定义 2 函数 $y = \log_a x (a > 0, 且 a \neq 1)$ 称为对数函数. 其中 x 是自变量，y 是因变量，它的定义域是 $x \in (0, +\infty)$，值域是 $y \in \mathbf{R}$.

注意 (1) 对数函数定义的严格形式；

(2) 对数函数对底数的限制条件：$a > 0$，且 $a \neq 1$.

例如 $y = \log_2 x$，$y = \log_{\frac{1}{3}} x$，$y = \lg x$，$y = \ln x$ 都是对数函数，而 $y = \log_{(-4)} x$，$y = \log_1 x$ 不是对数函数.

(二) 对数函数的图像和性质

画出函数 $y = \log_2 x$，$y = \log_{\frac{1}{2}} x$ 的图像. 先列表如表 2-5 所示.

表 2-5

x	…	$\frac{1}{4}$	$\frac{1}{2}$	1	2	4	…
$\log_2 x$	…	−2	−1	0	1	2	…
$\log_{\frac{1}{2}} x$	…	2	1	0	−1	−2	…

根据表 2-5 描点画图得图 2-4 和图 2-5.

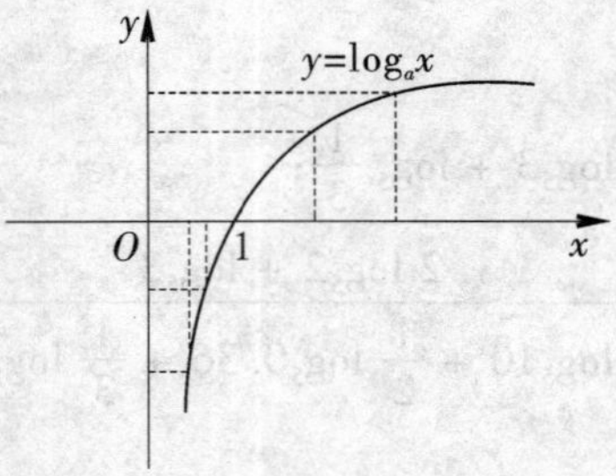

图 2-4

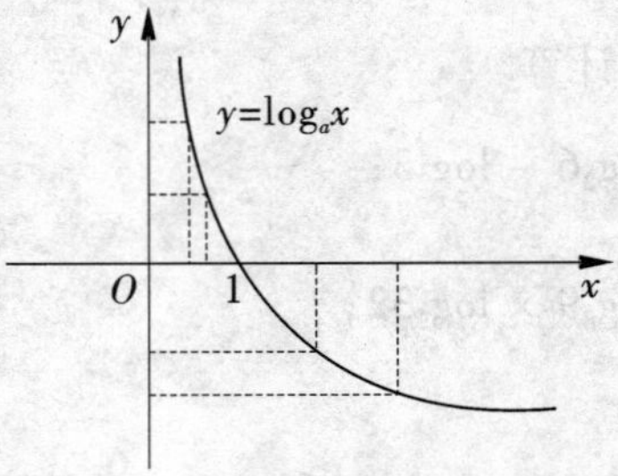

图 2-5

图 2-4 和图 2-5 分别为 $a = 2$，$a = \frac{1}{2}$ 时的图像，由图 2-4 和图 2-5 可以看出对数函数

的图像有下列特点：

(1)图像都在 y 轴右方；

(2)图像恒过(1,0)点；

(3)函数 $y=\log_2 x$ 的图像在定义域 $(0,+\infty)$ 上单调递增，函数 $y=\log_{\frac{1}{2}}x$ 的图像在定义域 $(0,+\infty)$ 上单调递减；

(4)函数 $y=\log_2 x$ 的图像的右端向上无限伸展，左端向下无限接近 y 轴，但与 y 轴永远不相交；函数 $y=\log_{\frac{1}{2}}x$ 的图像右端向下无限伸展，左端向上无限接近 y 轴，但与 y 轴永远不相交.

一般地，对数函数 $y=\log_a x(a>0,a\neq 1)$ 的图像和性质如表 2-6 所示.

表 2-6

	$a>1$	$0<a<1$
图像	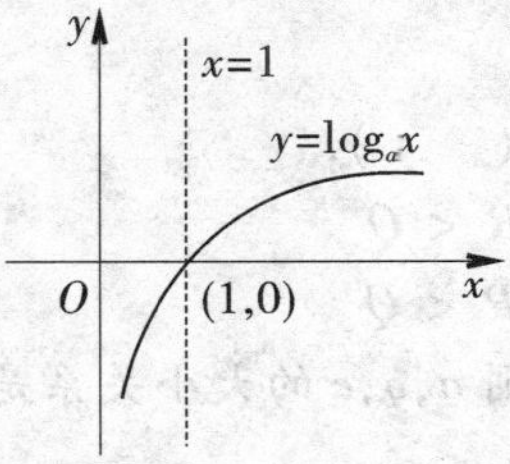	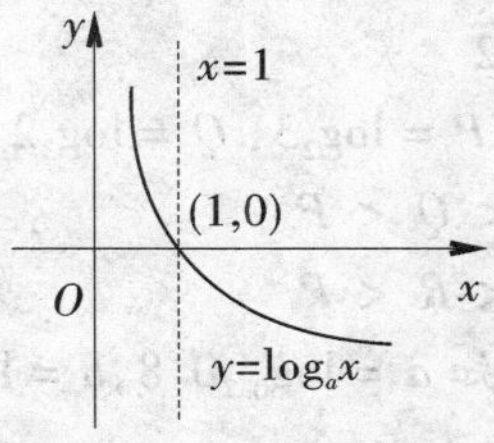
性质	1. 定义域为 $(0,+\infty)$，值域为 **R**	
	2. 过点 $(1,0)$ 即 $x=1$ 时，$y=0$	
	3. 在 **R** 上是增函数，且与 y 的下半轴无限靠近，但不相交	3. 在 **R** 上是减函数，且与 y 轴的上半轴无限靠近，但不相交
	4. 当 $x>1$ 时，$y>0$；当 $0<x<1$ 时，$y<0$	4. 当 $x>1$ 时，$y<0$；当 $0<x<1$ 时，$y>0$
	5. 既不是奇函数也不是偶函数	

例 4 比较下列各组中两个值的大小.

(1) $\log_2 3$ 和 $\log_2 3.5$；　　(2) $\log_{0.7}1.6$ 和 $\log_{0.7}1.8$；

(3) $\log_3 0.6$ 和 $\log_{0.5}0.4$；　　(4) $\log_5 6$ 和 $\log_6 5$.

解 (1)考察函数 $y=\log_2 x$，由于底数 $2>1$，所以对数函数 $y=\log_2 x$ 在 $(0,+\infty)$ 上单调递增，因为 $3<3.5$，所以 $\log_2 3<\log_2 3.5$.

(2)考察函数 $y=\log_{0.7}x$，由于底数 $0.7<1$，所以对数函数 $y=\log_{0.7}x$ 在 $(0,+\infty)$ 上单调递减，因为 $1.6<1.8$，所以 $\log_{0.7}1.6>\log_{0.7}1.8$.

(3)由对数函数的性质知 $\log_3 0.6<0$，$\log_{0.5}0.4>0$，所以 $\log_3 0.6<\log_{0.5}0.4$.

(4)由对数函数的性质知 $\log_5 6>\log_5 5=1$，$\log_6 5<\log_5 5=1$，所以 $\log_5 6>\log_6 5$.

例 5 求下列函数定义域.

(1) $y=\log_a(x^2-1)(a>0,a\neq 0)$；　(2) $y=\sqrt{\log_{0.4}\frac{1}{x}}$.

解 (1)由对数函数的性质知 $x^2-1>0$，得 $x>1$ 或 $x<-1$，所以函数 $y=\log_a(x^2-1)$ 的

定义域为 $(-\infty,-1)\cup(1,+\infty)$.

(2)解不等式组 $\begin{cases}\log_{0.4}x^{-1}\geqslant 0,\\ \dfrac{1}{x}>0,\\ x\neq 0,\end{cases}$ 即 $\begin{cases}0<\dfrac{1}{x}\leqslant 1,\\ x\neq 0,\end{cases}$

解得 $x\geqslant 1$. 所以函数 $y=\sqrt{\log_{0.4}\dfrac{1}{x}}$ 的定义域为 $[1,+\infty)$.

习题 2-3

1. 选择题.

(1)下列四个数中最大的是(　　).

A. $(\ln 2)^2$　　B. $\ln(\ln 2)$

C. $\ln\sqrt{2}$　　D. $\ln 2$

(2)设 $P=\log_2 3$, $Q=\log_3 2$, $R=\log_2(\log_3 2)$, 则(　　).

A. $R<Q<P$　　B. $P<R<Q$

C. $Q<R<P$　　D. $R<P<Q$

(3)已知 $a=\log_{0.7}0.8$, $b=\log_{1.1}0.8$, $c=1.1^{0.7}$, 则 a,b,c 的大小关系是(　　).

A. $a<b<c$　　B. $b<a<c$

C. $c<a<b$　　D. $b<c<a$

(4)函数 $y=\log_{\frac{1}{2}}(2-\log_2 x)$ 的定义域是(　　).

A. $(0,2)$　　B. $(2,4)$

C. $(0,4)$　　D. $(0,1)$

2. 填空题.

设 $g(x)=\begin{cases}e^x, & x\leqslant 0,\\ \ln x, & x>0,\end{cases}$ 则 $g\left[g\left(\dfrac{1}{2}\right)\right]=$ ________.

3. 计算.

(1) $\log_3 18-\log_3 2$;　　(2) $2\log_5 10+\log_5 0.25$;

(3) $\log_2(\log_2 16)$.

4. 已知 $\lg 2=a$, $\lg 3=b$, 求下列各值.

(1) $\lg 6$;　　(2) $\log_2 12$;

(3) $\lg\dfrac{3}{2}$.

5. 比较下列各组数中两个值的大小.

(1) $\log_2 3.4$　$\log_2 8.5$;　　(2) $\log_{0.3}1.8$　$\log_{0.3}2.7$;

(3) $\log_a 5.1$　$\log_a 5.9$　$(a>0$, 且 $a\neq 1)$.

6. 求下列函数的定义域.

(1) $y=\sqrt{\log_2 x}$;　　(2) $y=\sqrt{\log_{0.5}(4x-2)}$.

7. 解不等式: $\log_2(x^2-x)>\log_2(x+3)$.

本章小结

一、主要内容

1. 幂函数. 几个简单幂函数的概念、图像及其性质见下表:

函数	$y = x$	$y = x^2$	$y = x^3$	$y = x^{\frac{1}{2}}$	$y = x^{-1}$
图像	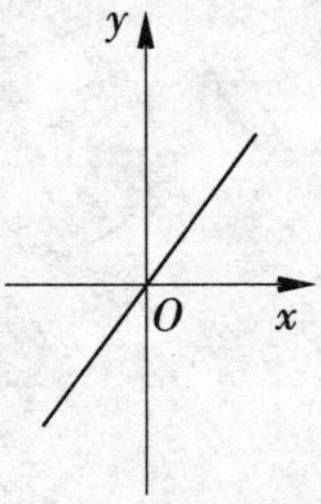	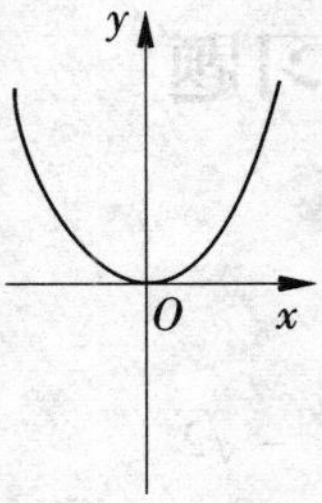	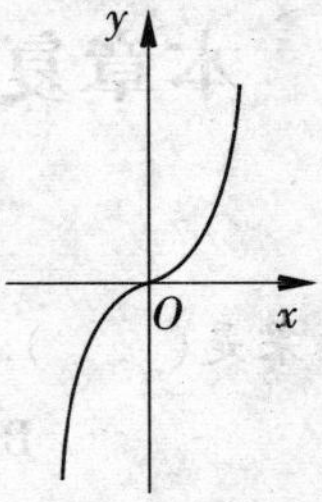	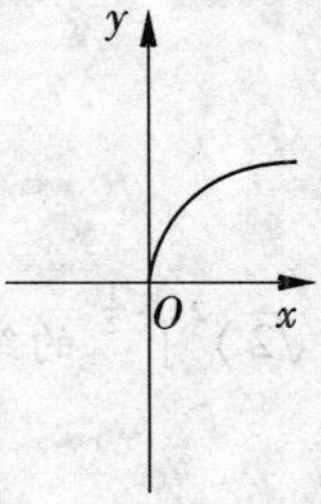	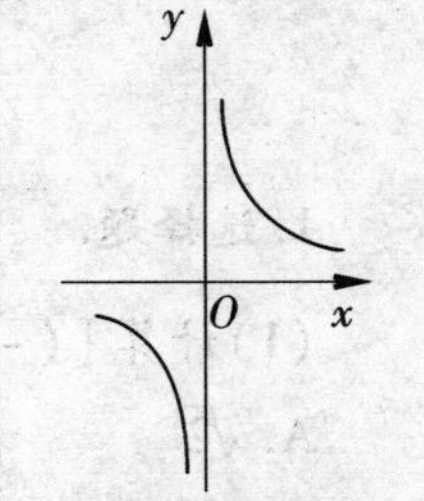
定义域	**R**	**R**	**R**	$[0, +\infty)$	$\{x \mid x \neq 0\}$
值域	**R**	$[0, +\infty)$	**R**	$[0, +\infty)$	$\{y \mid y \neq 0\}$
奇偶性	奇函数	偶函数	奇函数	非奇非偶	奇函数
单调性	增函数	$(-\infty, 0)$ 减 $(0, +\infty)$ 增	增函数	增函数	$(-\infty, 0)$ 减 $(0, +\infty)$ 减
公共点	五个函数图像都通过点 $(1,1)$				

2. 指数及指数幂的运算.

3. 对数的概念及其运算性质.

4. 指数函数及对数函数的概念.

5. 指数、对数的运算及换算关系.

6. 指数及对数函数的图像及其性质见下表:

函数	$y = a^x (a > 0, a \neq 1)$		$y = \log_a x (a > 0, a \neq 1)$	
	$a > 1$	$0 < a < 1$	$a > 1$	$0 < a < 1$
图像	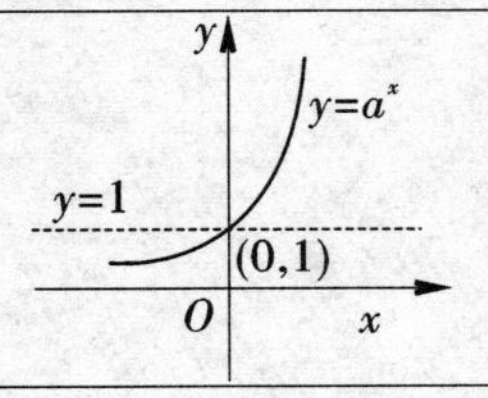	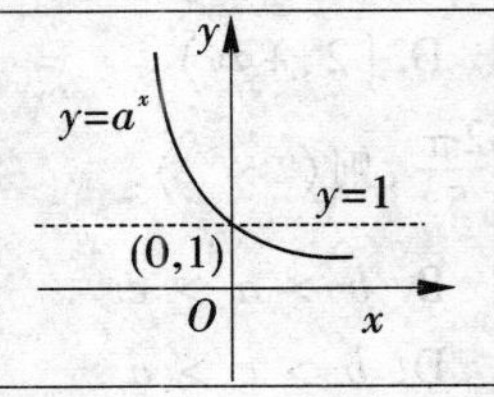	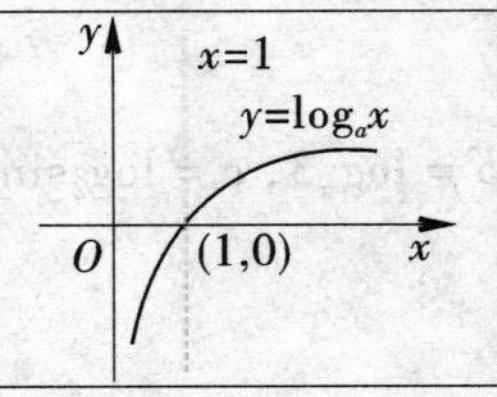	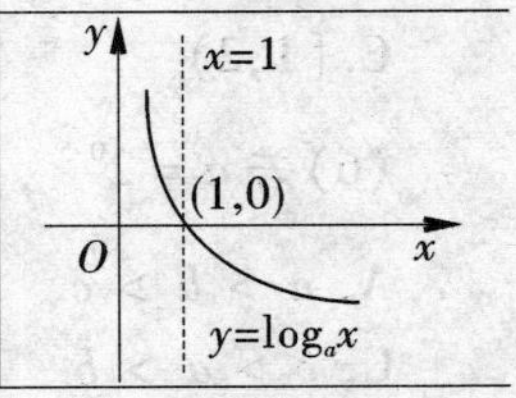
性质	定义域 **R**		定义域 $(0, +\infty)$	
	值域 $(0, +\infty)$		值域 **R**	
	定点 $(0,1)$		定点 $(1,0)$	
	在 **R** 上单调递增	在 **R** 上单调递减	在 $(0,+\infty)$ 上单调递增	在 $(0,+\infty)$ 上单调递减

二、主要方法

求定义域的主要方法：

(1)分式中分母不为零；

(2)偶次方根根号内表达式必须大于等于零；

(3)对数的真数必须大于零；

(4)由几个函数经过四则运算构成的函数，其定义域是各个函数式的定义域的交集.

本章复习题

1.选择题.

(1)计算 $[(-\sqrt{2})^2]^{-\frac{1}{2}}$ 的结果是(　　).

A. $\sqrt{2}$　　B. $-\sqrt{2}$

C. $\frac{\sqrt{2}}{2}$　　D. $-\frac{\sqrt{2}}{2}$

(2) $\log_5 3 = a, \log_5 4 = b$，则 $\log_{25} 12$ 的值是(　　).

A. $a+b$　　B. $\frac{1}{2}(a+b)$

C. ab　　D. $\frac{1}{2}ab$

(3)函数 $y = x^{-\frac{3}{2}}$ 的图像在(　　).

A.第二象限　　B.第一和第二象限

C.第一象限　　D.第一和第三象限

(4)已知函数 $f(x) = a^x (0 < a < 1)$，则下列关系中正确的是(　　).

A.当 $x < 0$ 时，$f(x) < 0$　　B.当 $x_1 < x_2$ 时，$f(x_1) < f(x_2)$

C.当 $x > 0$ 时，$f(x) < 0$　　D.当 $x_1 < x_2$ 时，$f(x_1) > f(x_2)$

(5)函数 $y = \sqrt{\log_{0.5}(2-x)}$ 的定义域是(　　).

A. $(-\infty, 1]$　　B. $(-\infty, 2]$

C. $[1, 2)$　　D. $[2, +\infty)$

(6)若 $a = 2^{0.5}$，$b = \log_\pi 3$，$c = \log_2 \sin\frac{2\pi}{5}$，则(　　).

A. $a > b > c$　　B. $b > a > c$

C. $c > a > b$　　D. $b > c > a$

(7) $\log_{27} 16 \cdot \log_4 3$ 的值是(　　).

A. 1　　B. $\frac{2}{3}$

C. $\frac{3}{2}$　　D. 2

2. 填空题.

(1) 用根式的形式表示下列各式 ($a>0$).

① $a^{\frac{1}{7}}=$________; ② $a^{\frac{5}{6}}=$________; ③ $a^{-\frac{2}{3}}=$________; ④ $a^{-\frac{5}{4}}=$________.

(2) 用分数指数幂的形式表示下列各式:

① $\sqrt{x^6y^3}=$________; ② $\frac{\sqrt[4]{m^3}}{\sqrt{m}}=$____ ($m>0$);

③ $\sqrt[3]{a}\sqrt[4]{a}=$________; ④ $\sqrt{a\sqrt{a\sqrt{a}}}=$________.

(3) 幂函数 $y=x^{-3}$ 在 $(-\infty,+\infty)$ 内是单调________.

(4) 计算: $\sqrt{(2-\pi)^2}=$________.

(5) 计算: $\left(\frac{4}{9}\right)^{\frac{1}{2}}+\left(3\frac{3}{8}\right)^{-\frac{2}{3}}-(0.001)^0=$____.

(6) 函数 $y=\sqrt{\log_{\frac{1}{2}}(2x-x^2)}$ 的定义域为________.

(7) 函数 $y=\sqrt{\left(\frac{1}{4}\right)^x-1}$ 的定义域为________.

(8) 已知 $\left(\frac{1}{3}\right)^m>\left(\frac{1}{3}\right)^n$, 则 m ____ n.

(9) 把指数式 $5^3=125$ 改成对数式为________.

(10) $e^{\ln 3}=$________.

(11) $\log_3 2\cdot\log_2 9=$________.

(12) 若 $\log_2[\log_{0.5}(\log_2 x)]=0$, 则 x 等于________.

3. 计算.

(1) $\log_a 1-2\log_a a+2\log_5 10+\log_5 0.25$ ($a>0$ 且 $a\neq 1$);

(2) $(2a^{\frac{2}{3}}b^{\frac{1}{2}})\cdot\left(-\frac{1}{2}a^{\frac{1}{2}}b^{-\frac{1}{3}}\right)\div(-a^{\frac{1}{6}}b^{\frac{7}{6}})$ ($a>0$, $b>0$);

(3) $(\sqrt{a-1})^2+\sqrt{(1-a)^2}+\sqrt[3]{(1-a)^3}$;

(4) $\lg 500+\lg\frac{8}{5}-\frac{1}{2}\lg 64+10(\lg 2+\lg 5)^2$.

4. 画出函数 $y=|\log_2 x|$ 的图像, 并根据图像写出函数的定义域、值域和单调区间.

5. 已知指数函数 $f(x)=a^x$ 的图像过点 $\left(2,\frac{1}{16}\right)$, 求 (1) a; (2) $f(-1)$.

6. 求函数定义域.

(1) $y=\sqrt{\left(\frac{1}{2}\right)^x-4}$; (2) $y=\sqrt{\log_2(x^2-3)}$.

7. 某集团公司今年产值 20 亿元, 如果平均年增长 8%, 问多少年后能够达到 40 亿元? ($\lg 1.08\approx 0.0334$, $\lg 2\approx 0.301$)

第三章　初等函数Ⅱ

现实世界中的许多运动、变化都有着循环往复、周而复始的现象，这种变化规律称为周期性. 例如，地球自转引起的昼夜交替变化和公转引起的四季交替. 如何用数学的方法来刻画这种变化规律？我们知道，函数是刻画客观世界变化规律的数学模型. 在第二章中，我们学习了幂函数、指数函数、对数函数等，知道这些函数可以用来刻画现实问题中某些类型的变化规律. 那么，在数学中又如何刻画客观世界中的周期性变化规律呢？

本章要学习的三角函数就是刻画这种变化规律的数学模型；并探讨任意角的三角函数、同角三角函数间的关系、诱导公式，以及三角函数的图像和性质.

第一节　角的概念的推广、弧度制

一、角的概念的推广

(一)任意角

在平面内，角可以看作是由一条射线绕着它的端点旋转而成的. 如图 3-1 所示，射线的端点 O 称为角 α 的顶点，起始位置 OA 称为角 α 的始边，终止位置 OB 称为角 α 的终边.

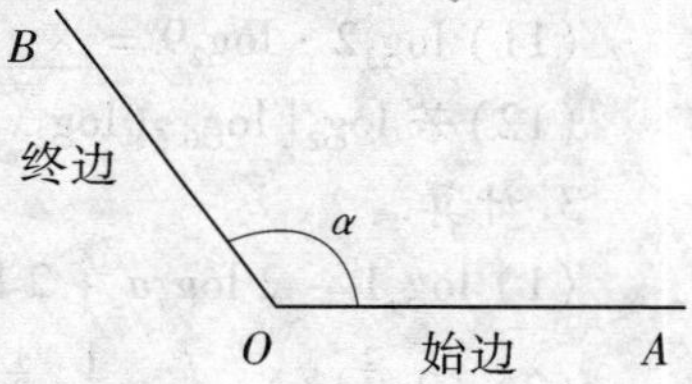

图 3-1

一条射线绕着它的端点在平面内旋转有两个相反的转向. 习惯上，按逆时针方向旋转形成的角称为正角；按顺时针方向旋转形成的角称为负角；当射线没有旋转时，也把它看成一个角，称为零角.

角的概念经过这样推广以后，它包括任意大小的正角、负角和零角，统称为任意角.

例 1　时钟的分针经过下列时间所转成的角是多少度？

(1)10 分钟；　(2)1 小时 35 分.

解　时钟的分针每经过 1 分钟所转成的角是 $-\dfrac{360^\circ}{60}=-6^\circ$.

(1)分针走 10 分钟所转的角是 $-6^\circ\times10=-60^\circ$；

(2)分针走 1 小时 35 分钟所转的角是 $-6^\circ\times95=-570^\circ$.

(二)象限角

我们常在直角坐标系内研究角. 使角的顶点与坐标原点，角的始边与 x 轴的正半轴重合，角的终边在第几象限，就称这个角是第几象限角. 如果角的终边在坐标轴上，就认为这个角不属于任何象限，称为界限角.

例如：角 -260°，490°，120° 都是第Ⅱ象限角.

(三)终边相同的角

具有相同的始边和终边的角,称为终边相同的角.如果角 α 的终边绕其顶点任意旋转 n 圈时,就变成了 $2n\,360^\circ+\alpha$ 或 $-2n\,360^\circ+\alpha$ 的角,这些角都与角 α 有相同的终边,因此所有与角 α 终边相同的角,连同角 α 在内,可构成一个集合:

$$S=\{\beta\mid\beta=k\cdot 360^\circ+\alpha, k\in\mathbf{Z}\}$$

即任一与角 α 终边相同的角,都可以表示成角 α 与整数个周角的和.

例 2 在 $0^\circ\sim360^\circ$之间,找出与下列各角终边相同的角,并判定是哪个象限的角.

(1) -150°; (2) 640°; (3) $-1\,650^\circ$.

解 (1) 因为 $-150^\circ=-360^\circ+210^\circ$,

所以 角 -150° 与角 210° 的终边相同,它是第Ⅲ象限角.

(2) 因为 $640^\circ=360^\circ+280^\circ$

所以 角 640° 与角 280° 的终边相同,它是第Ⅳ象限角.

(3) 因为 $-1\,650^\circ=(-5)\times360^\circ+150^\circ$,

所以 角 $-1\,650^\circ$ 与角 150° 的终边相同,它是第Ⅱ象限角.

例 3 写出与角 -25° 终边相同的角的集合 S,以及 S 中在 $-360^\circ\sim720^\circ$ 间的角.

解 $S=\{\beta\mid\beta=k\cdot360^\circ-25^\circ, k\in\mathbf{Z}\}$,$S$ 中在 $-360^\circ\sim720^\circ$ 间的角是

$0\times360^\circ-25^\circ=-25^\circ$; $1\times360^\circ-25^\circ=335^\circ$; $2\times360^\circ-25^\circ=695^\circ$.

二、弧度制

(一)角度制与弧度制

用一个圆周角的"1 度的角"作为单位来度量角的单位制称为角度制.在科学研究与实际应用中,还常用到另一种以弧度为单位的度量制——弧度制.

把长度等于半径长的弧所对的圆心角称为 1 弧度的角,记作 1 rad.

如图 3-2 所示,圆 O 的半径为 1,$\overset{\frown}{AB}$ 的长等于 1,$\angle AOB$ 就是 1 弧度的角,即

$$\angle AOB=1\text{ rad}$$

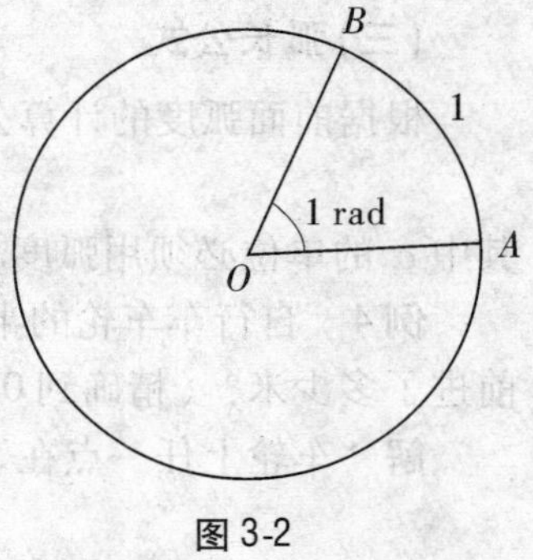

图 3-2

一般地,如果圆半径为 r,圆弧长为 l,那么该弧所对的圆心角 α 的弧度值的绝对值为

$$|\alpha|=\frac{l}{r}$$

例如,由于圆周长 $S=2\pi r$,因此圆周的弧度数为

$$\frac{S}{r}=\frac{2\pi r}{r}=2\pi\text{ rad}.$$

(二)角度与弧度的换算

上面指出,圆周的弧度数是 2π,而在角度制里它是 360°,因此$360^\circ=2\pi$ rad,从而有:$130^\circ=\pi$ rad.

由此还可得到

$$1° = \frac{\pi}{180} \text{rad} \approx 0.01744 \text{ rad};$$

$$1 \text{ rad} = \frac{180°}{\pi} \approx 57.3° = 57°18'.$$

用弧度为单位表示角时，弧度或 rad 通常省略不写. 如 $\angle AOB = 2$ rad 就写成 $\angle AOB = 2$.

一些常用的特殊角的度数与弧度数的换算见表 3-1.

表 3-1

$n°$	0°	30°	45°	60°	90°	180°	270°	360°
rad	0	$\frac{\pi}{6}$	$\frac{\pi}{4}$	$\frac{\pi}{3}$	$\frac{\pi}{2}$	π	$\frac{3\pi}{2}$	2π

度数与弧度数的换算，可用上述公式进行换算，也可以直接查《数学用表》.

例 3 用弧度表示终边在 y 轴上的集合.

解 终边在 y 轴上的正半轴上的所有角是

$$k \cdot 2\pi + \frac{\pi}{2} = 2k\pi + \frac{\pi}{2}, k \in \mathbf{Z}.$$

终边在 y 轴上的负半轴上的所有角是

$$k \cdot 2\pi + \frac{3\pi}{2} = (2k+1)\pi + \frac{\pi}{2}, k \in \mathbf{Z}.$$

合并所有角，则终边在 y 轴上的所有角的集合是

$$\left\{\beta \mid \beta = k\pi + \frac{\pi}{2}, k \in \mathbf{Z}\right\}.$$

(三) 弧长公式

根据前面弧度的计算公式，弧长公式为

$$l = |\alpha| \cdot r,$$

其中 α 的单位必须用弧度.

例 4 自行车车轮的半径为 0.33 m，车轮行驶时每秒转动 1.5 圈，问自行车在 5 s 内前进了多少米？（精确到 0.1 m）

解 车轮上任一点在 5 s 内转过的角为

$$|\alpha| = 1.5 \times 5 \times 2\pi = 15\pi.$$

由弧长公式得

$$l = |\alpha| \cdot r = 15\pi \times 0.33 \approx 15.5 (\text{m}),$$

自行车在 5 s 内前进了 15.5 m.

习题 3-1

1. 在 0° ~ 360° 范围内，找出与下列各角终边相同的角，并指出它们是哪个象限的角.

(1) $-265°$;　　　　　　　　　　(2) $-1\ 000°$;

(3) $845°$;　　　　　　　　　　　(4) $3\ 900°$.

2. 写出终边在 x 轴上的角的集合.

3. 把下列各角度化成弧度.

(1) $36°$;　　　　　　　　　　　(2) $-150°$;

(3) $1\ 095°$;　　　　　　　　　(4) $1\ 440°$.

4. 已知扇形的半径是 40 cm, 圆心角是 $120°$, 求扇形面积.

第二节　任意角的三角函数

一、任意角三角函数的定义

在初中,我们已学过锐角三角形,即如果 α 是直角三角形的一个锐角(见图 3-3),则

$$\sin\alpha=\frac{a}{c},\ \cos\alpha=\frac{b}{c},\ \tan\alpha=\frac{a}{b},\ \cot\alpha=\frac{b}{a}.$$

下面我们来定义任意角的三角函数.

如图 3-4 所示,设 α 为 Ox 到 OP 的任意角, $P(x,y)$ 是 α 终边上不与原点重合的任意一点,它到原点的距离 $|OP|=r=\sqrt{x^2+y^2}>0$,则三个量 x,y,r 中每两者之比 $\frac{y}{r}$, $\frac{x}{r}$, $\frac{y}{x}$, $\frac{x}{y}$, $\frac{r}{x}$, $\frac{r}{y}$ 分别称为角的正弦、余弦、正切、余切、正割、余割,即

$$\sin\alpha=\frac{y}{r},\quad \cos\alpha=\frac{x}{r},\quad \tan\alpha=\frac{y}{x},$$

$$\cot\alpha=\frac{x}{y},\quad \sec\alpha=\frac{r}{x},\quad \csc\alpha=\frac{r}{y}.$$

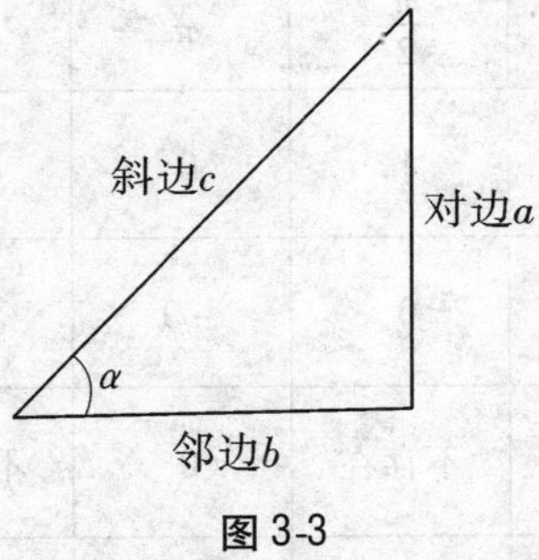

图 3-3

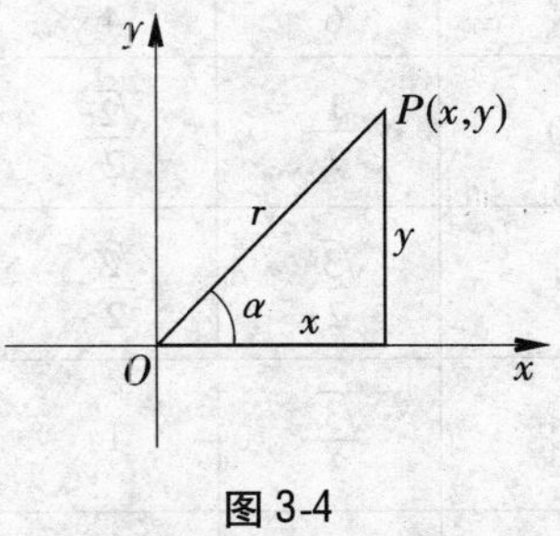

图 3-4

根据相似三角形的性质可知:这六个比值只与角 α 的终边位置有关,而与点 P 在 α 终边上的位置无关.

当角 α 的终边落在 x 轴上,即 $\alpha=k\pi(k\in\mathbf{Z})$ 时, $\cot\alpha=\frac{x}{y}$ 和 $\csc\alpha=\frac{r}{y}$ 没有意义(因为 $y=0$);当角 α 的终边落在 y 轴上,即 $\alpha=k\pi+\frac{\pi}{2}(k\in\mathbf{Z})$ 时, $\tan\alpha=\frac{y}{x}$ 和 $\sec\alpha=\frac{r}{x}$ 没

有意义(因为 $x=0$). 除去上述无意义的情况外,对于角 α 的每一个确定的值,上面的六个比值都是唯一确定的. 所以, $\sin\alpha$ 、$\cos\alpha$ 、$\tan\alpha$ 、$\cot\alpha$ 、$\sec\alpha$ 、$\csc\alpha$ 都是以角为自变量,以比值为函数值的函数,它们统称为三角函数.

当采用弧度制来度量角时,由于角的集合与实数集之间可以建立一一对应的关系,因此三角函数可以看成以实数为自变量的函数,其定义域归纳如表 3-2 所示。

表 3-2

三角函数	定义域
$\sin\alpha$ 、$\cos\alpha$	$\{\alpha \mid \alpha\in\mathbf{R}\}$
$\tan\alpha$ 、$\sec\alpha$	$\{\alpha \mid \alpha\in\mathbf{R},\alpha\neq k\pi+\frac{\pi}{2},k\in\mathbf{Z}\}$
$\cot\alpha$ 、$\csc\alpha$	$\{\alpha \mid \alpha\in\mathbf{R},\alpha\neq k\pi,k\in\mathbf{Z}\}$

例 1 已知角 α 终边上的一点 $P(4,-3)$,求 α 的六个三角函数(见图 3-5).

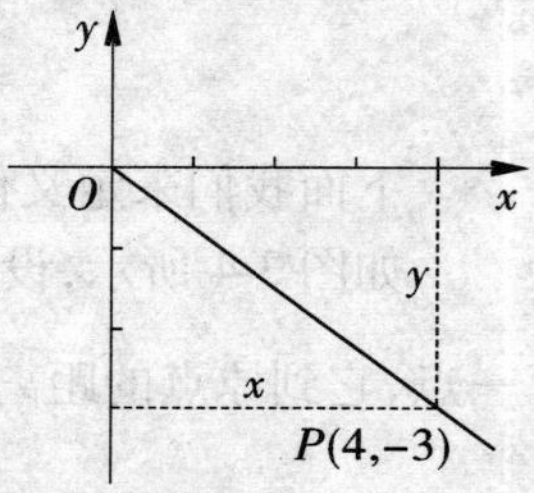

图 3-5

解 因为 $x=4,y=-3$, 所以 $r=\sqrt{4^2+(-3)^2}=5$,得

$$\sin\alpha=\frac{y}{r}=\frac{-3}{5},\ \cos\alpha=\frac{x}{r}=\frac{4}{5},\ \tan\alpha=\frac{y}{x}=\frac{-3}{4},$$

$$\cot\alpha=\frac{x}{y}=\frac{4}{-3},\ \sec\alpha=\frac{r}{x}=\frac{5}{4},\ \csc\alpha=\frac{r}{y}=\frac{5}{-3}.$$

一些常用特殊角的三角函数值列表如下(见表 3-3).

表 3-3

函数	α							
	0	$\frac{\pi}{6}$	$\frac{\pi}{4}$	$\frac{\pi}{3}$	$\frac{\pi}{2}$	π	$\frac{3\pi}{2}$	2π
$\sin\alpha$	0	$\frac{1}{2}$	$\frac{\sqrt{2}}{2}$	$\frac{\sqrt{3}}{2}$	1	0	-1	0
$\cos\alpha$	1	$\frac{\sqrt{3}}{2}$	$\frac{\sqrt{2}}{2}$	$\frac{1}{2}$	0	-1	0	1
$\tan\alpha$	0	$\frac{\sqrt{3}}{3}$	1	$\sqrt{3}$	不存在	0	不存在	0
$\cot\alpha$	不存在	$\sqrt{3}$	1	$\frac{\sqrt{3}}{3}$	0	不存在	0	不存在

例 2 计算 $2\cos\frac{\pi}{2}-10\sin\frac{\pi}{2}+5\sin\frac{3\pi}{2}+4\tan0+10\csc\frac{\pi}{2}$ 的值.

解 原式 $=2\times0-10\times1+5\times(-1)+4\times0+10\times1=-5$.

二、象限角的三角函数值的符号

根据三角函数的定义可知，三角函数值的符号由各象限内点的坐标符号（见图 3-6）唯一确定. 由此得到三角函数值在各象限的符号，如图 3-7 所示.

概括为：正弦、余割一、二象限正；余弦、正割一、四象限正；正切、余切一、三象限正.

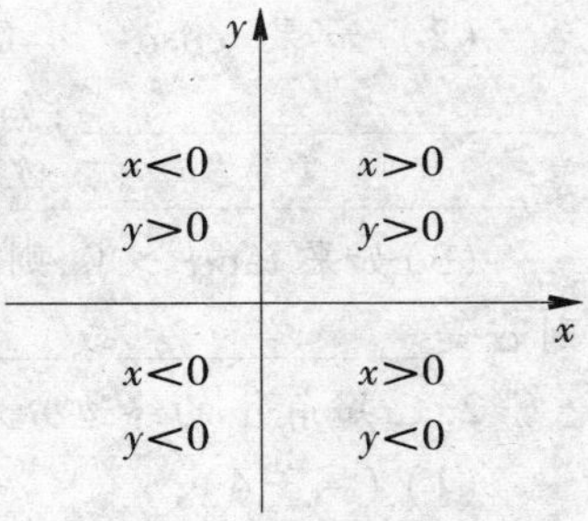

图 3-6

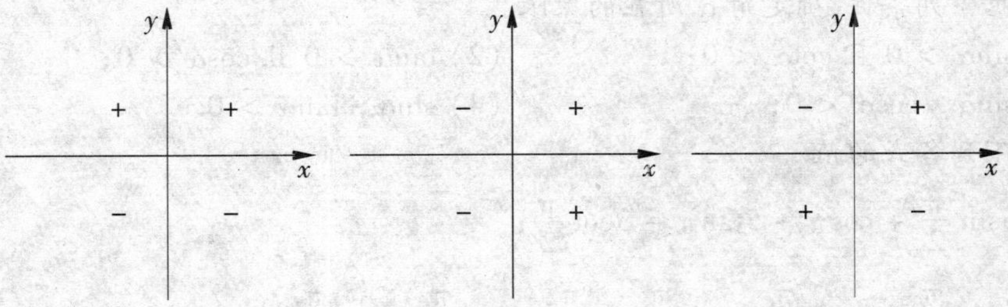

(a) $\sin\alpha,\csc\alpha$　　(b) $\cos\alpha,\sec\alpha$　　(c) $\tan\alpha,\cot\alpha$

图 3-7

例 3　确定下列三角函数值的符号.

（1）$\sin 850°$；　　　　（2）$\tan\dfrac{11}{3}\pi$.

解　（1）因为 $850° = 2\times360° + 130°$，是第Ⅱ象限的角，所以 $\sin 850° > 0$.

（2）因为 $\dfrac{11}{3}\pi = 2\pi + \dfrac{5}{3}\pi$，是第Ⅳ象限的角，所以 $\tan\dfrac{11}{5}\pi < 0$.

例 4　根据下列条件，确定角 α 所在的象限.

（1）$\sin\alpha < 0$ 且 $\cot\alpha > 0$；　　　　（2）$\tan\alpha\cdot\cos\alpha < 0$.

解　（1）由 $\sin\alpha < 0$ 可知 α 是第Ⅲ或第Ⅳ象限的角，或终边在 y 轴的负半轴上；由 $\cot\alpha > 0$ 可知 α 是第Ⅰ或第Ⅲ象限的角. 因此，同时符合上述条件的角 α 是第Ⅲ象限的角.

（2）若 $\begin{cases}\tan\alpha > 0,\\ \cos\alpha < 0,\end{cases}$ 则 α 是第Ⅲ象限的角；若 $\begin{cases}\tan\alpha < 0,\\ \cos\alpha > 0,\end{cases}$ 则 α 是第Ⅳ象限的角. 所以，符合条件的角 α 是第Ⅲ或第Ⅳ象限的角.

习题 3-2

1. 填空.

（1）如果 $\sin\alpha > 0$，则 α 是______或______象限的角或是______；如果 $\sin\alpha < 0$，则 α 是______或______象限的角或是______.

(2) 如果 $\cos\alpha > 0$，则 α 是__________或__________象限的角或是________________；如果 $\cos\alpha < 0$，则 α 是__________或__________象限的角或是________________.

(3) 如果 $\tan\alpha > 0$，则 α 是__________或__________象限的角；如果 $\tan\alpha < 0$，则 α 是__________或__________象限的角.

2. 已知角 α 的终边分别经过下列各点，求 α 的六个三角函数值.

(1) $(-3,4)$；　　(2) $(-2,-1)$；

(3) $(\sqrt{3},-1)$；　　(4) $(0,-1)$.

3. 根据下列条件，确定角 α 所在的象限.

(1) $\sin\alpha > 0$ 且 $\cot\alpha < 0$；　　(2) $\tan\alpha > 0$ 且 $\cos\alpha > 0$；

(3) $\sin\alpha \cdot \cos\alpha < 0$；　　(4) $\sin\alpha \cdot \tan\alpha > 0$.

4. 求下列各式的值.

(1) $6\sin\frac{\pi}{2} + \cos\pi + 5\tan\pi - 3\cot\frac{\pi}{2}$；

(2) $3\cos\frac{\pi}{2} + 2\tan\frac{\pi}{4} - \sin\frac{\pi}{4}\cos\frac{\pi}{4} - \cos\frac{\pi}{6} + \sin\frac{\pi}{3}$.

5. 根据下列条件求函数

$$f(x) = \sin\left(x + \frac{\pi}{2}\right) - 3\sin\left(x - \frac{\pi}{4}\right) + 4\cos 2x + 2\cos\left(x - \frac{\pi}{4}\right)$$

的两个值.

(1) $x = \frac{\pi}{4}$；　　(2) $x = \frac{3\pi}{4}$.

第三节　三角函数的图像和性质

一、正弦函数 $y = \sin x$ 的图像和性质

(一) 图像

利用描点法作出 $y = \sin x$ 在区间 $[0,2\pi]$ 上的图像.

取自变量 x 从 0 到 2π 的一些值，求出函数 y 的对应值，如表 3-4 所示.

表 3-4

x	0	$\frac{\pi}{6}$	$\frac{\pi}{3}$	$\frac{\pi}{2}$	$\frac{2\pi}{3}$	$\frac{5\pi}{6}$	π	$\frac{7\pi}{6}$	$\frac{4\pi}{3}$	$\frac{3\pi}{2}$	$\frac{5\pi}{3}$	$\frac{11\pi}{6}$	2π
y	0	0.5	0.87	1	0.87	0.5	0	−0.5	−0.87	−1	−0.87	−0.5	0

把表内 x,y 的每一组对应值作为点的坐标，在直角坐标系内作出对应的点，然后用光滑曲线把这些点连接起来，就得到 $y = \sin x, x \in [0,2\pi]$ 的图像(见图 3-8).

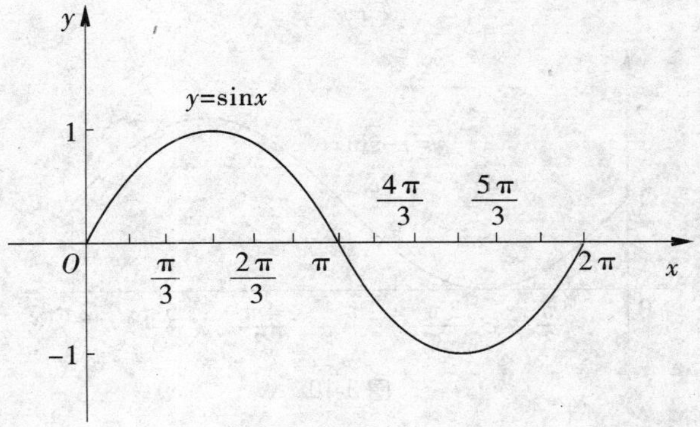

图 3-8

因为终边相同的角的三角函数值相等，即 $\sin(2k\pi + x) = \sin x, k \in \mathbf{Z}$，所以把 $y = \sin x$ 在区间 $[0,2\pi]$ 上的图像分别向左、向右平移 $2\pi, 4\pi, 6\pi, \cdots$ 个的单位就得到 $y = \sin x$，$x \in \mathbf{R}$ 的图像(见图 3-9).

正弦函数 $y = \sin x$，$x \in \mathbf{R}$ 的图像称为正弦曲线.

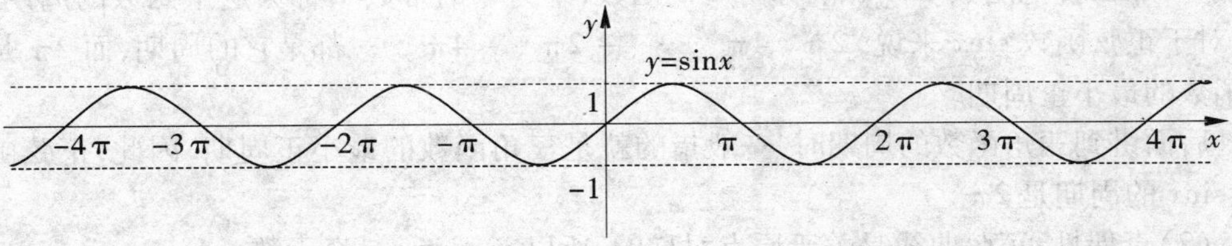

图 3-9

由图 3-8 可以看出，函数 $y = \sin x$ 在 $[0,2\pi]$ 上的图像有下面五个关键点，它们是：$(0,0)$，$\left(\frac{\pi}{2},1\right)$，$(\pi,0)$，$\left(\frac{3\pi}{2},-1\right)$，$(2\pi,0)$.

在精度要求不高时，可以采用"五点法"作图，即先作出五个关键点，然后依次连结成光滑的曲线，就是函数 $y = \sin x$ 在 $[0,2\pi]$ 上的图像.

例 1 用"五点法"作出函数 $y = 1 - \sin x$ 在 $[0,2\pi]$ 上的图像.

解 列表(见表 3-5).

表 3-5

x	0	$\frac{\pi}{2}$	π	$\frac{3\pi}{2}$	2π
$y = \sin x$	0	1	0	-1	0
$y = 1 - \sin x$	1	0	1	2	1

描点作图(见图3-10).

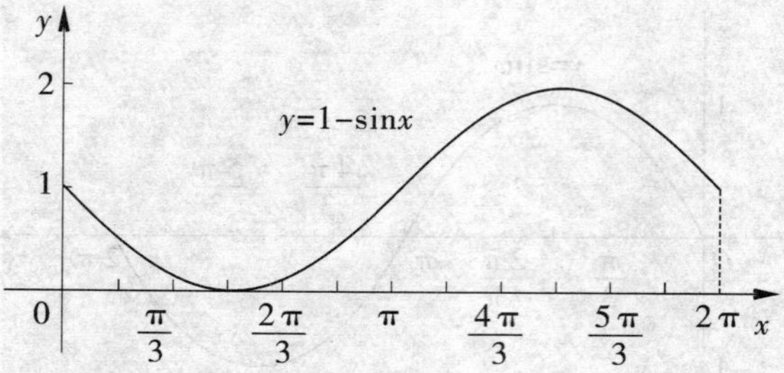

图3-10

(二)主要性质

(1)周期性:由三角函数 $y = \sin x$ 的图像可知,正弦函数的值是按照一定的规律不断重复出现的,这是正弦函数的一个重要性质,称为周期性.

一般地,对于函数 $y = f(x)$,如果存在一个不为零的常数 T ,使得当 x 取定义域内的每一个值时,下式

$$f(x + T) = f(x)$$

都成立,那么就把函数 $y = f(x)$ 称为周期函数,不为零的常数 T 称为这个函数的周期. 因此,对于正弦函数 $\sin x$ 来说, 2π 、4π 、… 、-2π 、-4π 、… 都是它的周期,而 2π 是这个函数的最小正周期.

后面讲到三角函数的周期时,一般指的就是三角函数的最小正周期. 因此,正弦函数 $y = \sin x$ 的周期是 2π .

(2)奇偶性:正弦曲线是关于原点对称的,所以 $y = \sin x$ 是奇函数.

(3)单调性:由正弦曲线(见图3-9)可以看出,函数在 $\left[-\frac{\pi}{2},\frac{3\pi}{2}\right]$ 的一个周期内的变化情况如表3-6所示.

表3-6

x	$-\frac{\pi}{2}$	$\left(-\frac{\pi}{2},0\right)$	0	$\left(0,\frac{\pi}{2}\right)$	$\frac{\pi}{2}$	$\left(\frac{\pi}{2},\pi\right)$	π	$\left(\pi,\frac{3\pi}{2}\right)$	$\frac{3\pi}{2}$
$\sin x$	-1	单增	0	单增	1	单减	0	单减	-1

根据正弦函数的周期性可知, $y = \sin x$ 在区间 $\left(-\frac{\pi}{2} + 2k\pi,\frac{\pi}{2} + 2k\pi\right)$ 内单调递增,在区间 $\left(\frac{\pi}{2} + 2k\pi,\frac{3\pi}{2} + 2k\pi\right)$ 内单调递减,其中 $k \in \mathbf{Z}$.

(4)有界性:一般地,对于函数 $y = f(x)$,如果存在一个正数 M ,使得对于函数定义域中所有 x 的值都有 $|f(x)| \leqslant M$,那么称 $y = f(x)$ 是有界的. 反之,称为无界的.

因为 $|\sin x| \leqslant 1$,所以函数 $y = \sin x$ 是有界的.

当 $x = \frac{\pi}{2} + 2k\pi(k \in \mathbf{Z})$ 时, $y_{\max} = 1$;当 $x = -\frac{\pi}{2} + 2k\pi(k \in \mathbf{Z})$ 时, $y_{\min} = -1$.

例2 已知 $2\sin x = 4 - a$,求 a 的取值范围.

解 因为 $|\sin x| \leqslant 1$,所以

$$\left|\frac{4-a}{2}\right| \leqslant 1 .$$

解不等式,得 $2 \leqslant a \leqslant 6$. 即 a 的取值范围是 $\{a \mid 2 \leqslant a \leqslant 6\}$.

例 3 求函数 $f(x)=\sin 2x$ 的周期.

解 问题是要找到一个最小正数 T,对于 x 的一切值能使

$$\sin 2(x+T)=\sin 2x$$

成立. 因为正弦函数的周期是 2π ,于是有

$$f(x)=\sin 2x=\sin(2x+2\pi)=\sin 2(x+\pi)=f(x+\pi).$$

所以,当自变量由 x 增加到 $x+\pi$ 时,函数值重复出现,因此 $y=\sin 2x$ 的周期是 π .

二、余弦函数 $y=\cos x$ 的图像和性质

(一)图像

利用描点法作出 $y=\cos x$ 在区间 $[0,2\pi]$ 上的图像.

列表(见表 3-7).

表 3-7

x	0	$\frac{\pi}{6}$	$\frac{\pi}{3}$	$\frac{\pi}{2}$	$\frac{2\pi}{3}$	$\frac{5\pi}{6}$	π	$\frac{7\pi}{6}$	$\frac{4\pi}{3}$	$\frac{3\pi}{2}$	$\frac{5\pi}{3}$	$\frac{11\pi}{6}$	2π
y	1	0.87	0.5	0	-0.5	-0.87	-1	-0.87	-0.5	0	0.5	0.87	1

描点作图,得到 $y=\cos x, x \in[0,2\pi]$ 的图像(见图 3-11).

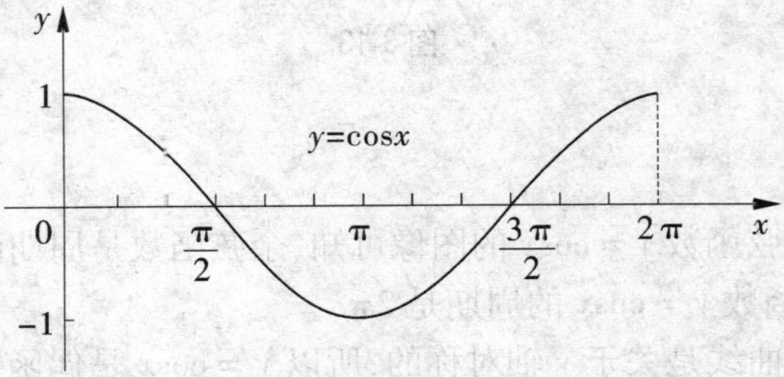

图 3-11

与正弦函数相似,把 $y=\cos x$ 在区间 $[0,2\pi]$ 上的图像分别向左、向右平移 $2\pi, 4\pi$, $6\pi, \cdots$ 个单位就得到 $y=\cos x$, $x \in \mathbf{R}$ 的图像(见图 3-12).

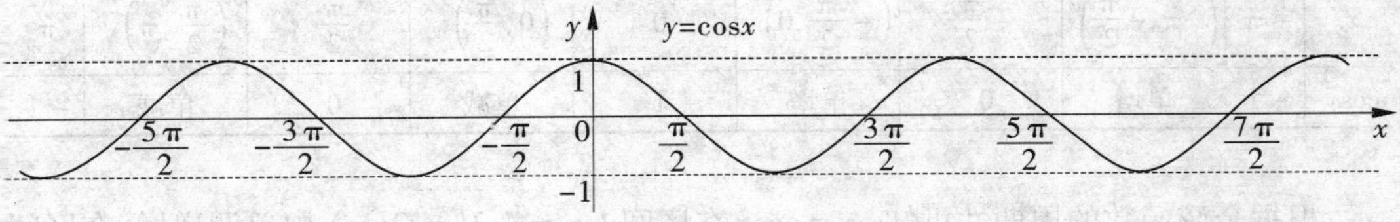

图 3-12

余弦函数 $y = \cos x$ ，$x \in \mathbf{R}$ 的图像称为余弦曲线.

余弦函数 $y = \cos x$ 在 $[0,2\pi]$ 上的图像也可以采用“五点法”作出，即先作出五个关键点 $(0,1)$ ，$\left(\frac{\pi}{2},0\right)$ ，$(\pi, -1)$ ，$\left(\frac{3\pi}{2},0\right)$ ，$(2\pi,1)$ ，然后依次连接成光滑的曲线.

例 4　用“五点法”作出函数 $y =- \cos x$ 在 $[0,2\pi]$ 上的图像.

解　列表(见表 3-8).

表 3-8

x	0	$\frac{\pi}{2}$	π	$\frac{3\pi}{2}$	2π
$y = \cos x$	1	0	-1	0	1
$y = -\cos x$	-1	0	1	0	-1

描点作图(见图 3-13).

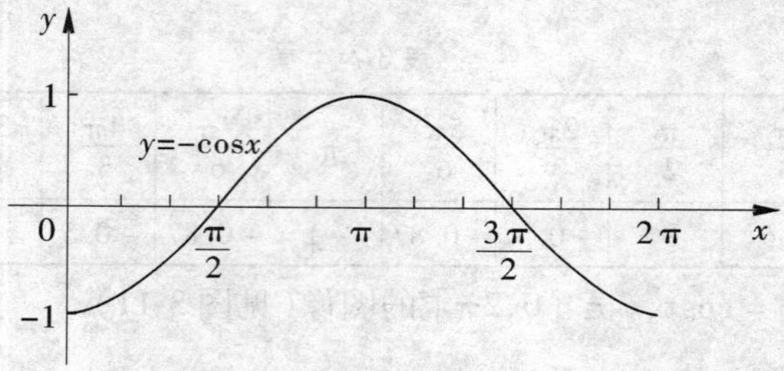

图 3-13

(二)主要性质

(1)周期性：由余弦函数 $y = \cos x$ 的图像可知，余弦函数是周期函数，且它的最小正周期是 2π . 因此，余弦函数 $y = \cos x$ 的周期是 2π .

(2)奇偶性：余弦曲线是关于 y 轴对称的，所以 $y = \cos x$ 是偶函数.

(3)单调性：由余弦曲线(见图 3-12)可以看出，函数在 $[-\pi,\pi]$ 的一个周期内的变化情况如表 3-9 所示.

表 3-9

x	$-\pi$	$\left(-\pi,-\frac{\pi}{2}\right)$	$-\frac{\pi}{2}$	$\left(-\frac{\pi}{2},0\right)$	0	$\left(0,\frac{\pi}{2}\right)$	$\frac{\pi}{2}$	$\left(\frac{\pi}{2},\pi\right)$	π
$\cos x$	-1	单增	0	单增	1	单减	0	单减	-1

根据余弦函数的周期性可知，$y = \cos x$ 在区间 $(-\pi + 2k\pi, 2k\pi)$ 内单调递增，在区间 $(2k\pi, \pi + 2k\pi)$ 内单调递减，其中 $k \in \mathbf{Z}$.

(4)有界性：因为 $|\cos x| \leqslant 1$，所以函数 $y=\cos x$ 是有界的.

当 $x=2k\pi(k\in\mathbf{Z})$ 时，$y_{\max}=1$；当 $x=\pi+2k\pi(k\in\mathbf{Z})$ 时，$y_{\min}=-1$.

例 5 不通过求值，比较 $\cos\left(-\dfrac{23}{5}\pi\right)$ 与 $\cos\left(-\dfrac{17}{4}\pi\right)$ 的大小.

解 由余弦函数的性质知：

$$\cos\left(-\frac{23}{5}\pi\right)=\cos\frac{23}{5}\pi=\cos\frac{3}{5}\pi,\ \cos\left(-\frac{17}{4}\pi\right)=\cos\frac{17}{4}\pi=\cos\frac{1}{4}\pi,$$

因为 $0<\dfrac{1}{4}\pi<\dfrac{3}{5}\pi<\pi$，且 $y=\cos x$ 在区间 $[0,\pi]$ 内单调递减，所以 $\cos\dfrac{3}{5}\pi<\cos\dfrac{1}{4}\pi$，即 $\cos\left(-\dfrac{23}{5}\pi\right)<\cos\left(-\dfrac{17}{4}\pi\right)$.

三、正切函数 $y=\tan x$ 的图像和性质

正切函数 $y=\tan x$ 的定义域是 $\left\{x\,\middle|\,x\in\mathbf{R},x\neq k\pi+\dfrac{\pi}{2},k\in\mathbf{Z}\right\}$，用描点法先作出它在区间 $\left(-\dfrac{\pi}{2},\dfrac{\pi}{2}\right)$ 内的图像.

列表(见表 3-10).

表 3-10

x	$-\frac{5\pi}{12}$	$-\frac{\pi}{3}$	$-\frac{\pi}{4}$	$-\frac{\pi}{6}$	$-\frac{\pi}{12}$	0	$\frac{\pi}{12}$	$\frac{\pi}{6}$	$\frac{\pi}{4}$	$\frac{\pi}{3}$	$\frac{5\pi}{12}$
y	-3.7	-1.7	-1	-0.58	-0.27	0	0.27	0.58	1	1.7	3.7

描点作图(见图 3-14).

由任意角的三角函数定义，能得到 $y=\tan x$ 的定义域为 $\left\{x\,\middle|\,x\in\mathbf{R},x\neq k\pi+\dfrac{\pi}{2},k\in\mathbf{Z}\right\}$，而 $y=\tan x$ 在定义域内的图像称为正切曲线(见图 3-15). 可以看出，正切曲线是由相互平行的直线隔开的无穷多个形状相同的曲线所组成的.

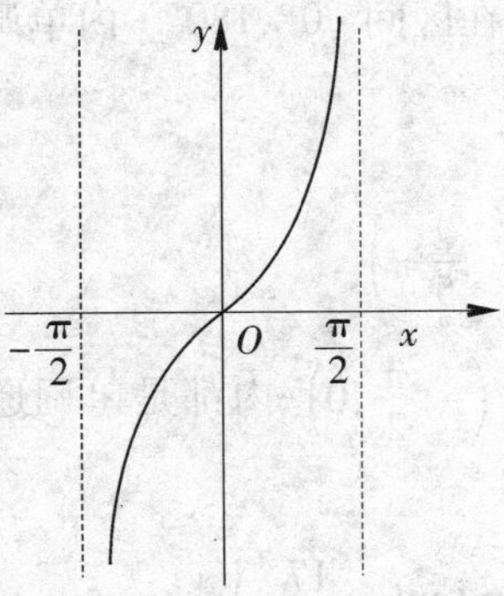

图 3-14

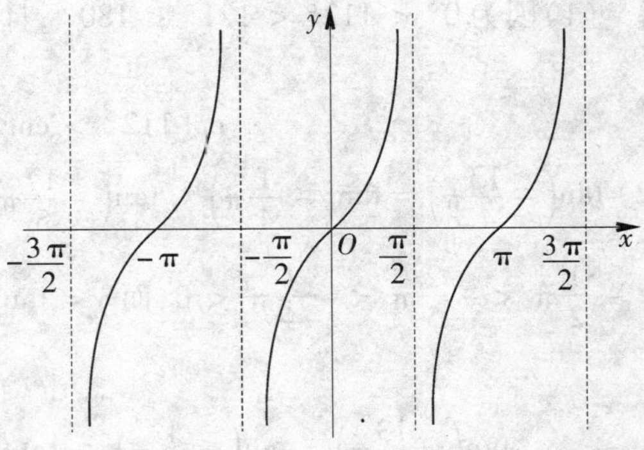

图 3-15

正切函数 $y = \tan x$ 有以下主要性质：

(1)周期性：正切函数 $y = \tan x$ 的周期是 π.

(2)奇偶性：正切函数 $y = \tan x$ 是奇函数，它的图像关于原点对称.

(3)单调性：正切函数 $y = \tan x$ 在每一个开区间 $\left(k\pi - \frac{\pi}{2}, k\pi + \frac{\pi}{2}\right)$ $(k \in \mathbf{Z})$ 内都是单调递增的.

从图 3-15 看出，在开区间 $\left(k\pi - \frac{\pi}{2}, k\pi + \frac{\pi}{2}\right)$ $(k \in \mathbf{Z})$ 内，正切函数可取得一切实数值，即 $\tan x$ 的值域为实数集 $\mathbf{R}$，且当 $x < \frac{\pi}{2} + k\pi (k \in \mathbf{Z})$ 而无限接近于 $\frac{\pi}{2} + k\pi$ 时，$\tan x \to +\infty$；且当 $x > -\frac{\pi}{2} + k\pi (k \in \mathbf{Z})$ 而无限接近于 $-\frac{\pi}{2} + k\pi$ 时，$\tan x \to -\infty$；因此 $y = \tan x$ 是无界的.

四、余切函数 $y = \cot x$ 的图像和性质

用类似方法，可以作出余切函数 $y = \cot x$ 在定义域 $\{x \mid x \in \mathbf{R}, x \neq k\pi, k \in \mathbf{Z}\}$ 内的图像，即余切曲线（见图 3-16）.

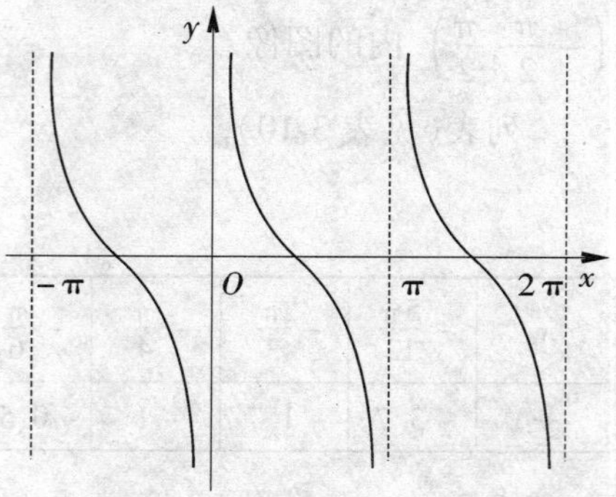

图 3-16

余切函数 $y = \cot x$ 有以下主要性质：

(1)周期性：余切函数 $y = \cot x$ 的周期是 π.

(2)奇偶性：余切函数 $y = \cot x$ 是奇函数，它的图像关于原点对称.

(3)单调性：余切函数 $y = \cot x$ 在每一个开区间 $(k\pi, k\pi + \pi)$ $(k \in \mathbf{Z})$ 内都是单调递减的.

余切函数 $y = \cot x$ 的值域为实数集 $\mathbf{R}$，因此 $y = \cot x$ 也是无界的.

例 6 利用正切、余切函数的性质，比较下列各组三角函数值的大小.

(1) $\cot 112°$ 与 $\cot 121°$；　　(2) $\tan\left(-\frac{13}{4}\pi\right)$ 与 $\tan\left(-\frac{17}{5}\pi\right)$.

解 (1)因为 $0° < 112° < 121° < 180°$，且 $y = \cot x$ 在区间 $(0°, 180°)$ 内单调递减，所以

$$\cot 112° > \cot 121°.$$

(2) $\tan\left(-\frac{13}{4}\pi\right) = \tan\left(-\frac{1}{4}\pi\right)$，$\tan\left(-\frac{17}{5}\pi\right) = \tan\left(-\frac{2}{5}\pi\right)$，

又因为 $-\frac{1}{2}\pi < -\frac{2}{5}\pi < -\frac{1}{4}\pi < 0$，而 $y = \tan x$ 在区间 $\left(-\frac{\pi}{2}, 0\right)$ 内都是单调递增的，所以

$$\tan\left(-\frac{13}{4}\pi\right) = \tan\left(-\frac{1}{4}\pi\right) > \tan\left(-\frac{2}{5}\pi\right) = \tan\left(-\frac{17}{5}\pi\right).$$

例 7 求函数 $y=\tan\left(x+\dfrac{\pi}{3}\right)$ 的定义域.

解 令 $x+\dfrac{\pi}{3}=z$,则函数 $y=\tan z$ 的定义域为

$$\left\{z\,\middle|\,z\in\mathbf{R},z\neq k\pi+\frac{\pi}{2},k\in\mathbf{Z}\right\},$$

由 $x+\dfrac{\pi}{3}=z\neq k\pi+\dfrac{\pi}{2}$,得 $x\neq k\pi+\dfrac{\pi}{6}$,

所以函数 $y=\tan\left(x+\dfrac{\pi}{3}\right)$ 的定义域是 $\left\{x\,\middle|\,x\in\mathbf{R},x\neq k\pi+\dfrac{\pi}{6},k\in\mathbf{Z}\right\}$.

习题 3-3

1. 利用正弦函数、余弦函数、正切函数、余切函数的性质,比较下列各组三角函数值的大小.

(1) $\sin 250°$ 与 $\sin 260°$;　　(2) $\cos 515°$ 与 $\cos 530°$;

(3) $\cot 1\ 992°$ 与 $\cot 1\ 280°$;　　(4) $\tan\left(-\dfrac{1}{5}\pi\right)$ 与 $\tan\left(-\dfrac{3}{7}\pi\right)$.

2. 求下列函数的周期.

(1) $y=2\sin 3x$;　　(2) $y=\dfrac{1}{2}\cos\dfrac{x}{3}$;

(3) $y=2\sin\left(\dfrac{3}{2}x-\dfrac{\pi}{6}\right)$;　　(4) $y=\tan\left(x-\dfrac{\pi}{4}\right)$.

3. 写出下列函数满足条件的自变量 x 的区间.

(1) $\sin x>0$, $\sin x<\dfrac{1}{2}$;　　(2) $\cos x<0$, $\cos x\neq-\dfrac{1}{2}$;

(3) $\tan x>1$;　　(4) $\cot x\neq\sqrt{3}$.

第四节　三角函数的基本公式

一、同角三角函数间的关系

根据三角函数的定义,同角三角函数间有如下关系式:

(1)倒数关系

$$\sin\alpha\cdot\csc\alpha=1,$$
$$\cos\alpha\cdot\sec\alpha=1,$$
$$\tan\alpha\cdot\cot\alpha=1.$$

(2)商数关系

$$\frac{\sin\alpha}{\cos\alpha}=\tan\alpha,$$

$$\frac{\cos\alpha}{\sin\alpha}=\cot\alpha .$$

(3)平方关系

$$\sin^2\alpha+\cos^2\alpha=1 ,$$
$$1+\tan^2\alpha=\sec^2\alpha ,$$
$$1+\cot^2\alpha=\csc^2\alpha .$$

下面只证明同角三角函数平方关系公式中的第一个等式,其余公式请读者证明.

证明 由任意角三角函数定义,得

$$左边=\sin^2\alpha+\cos^2\alpha=\left(\frac{y}{r}\right)^2+\left(\frac{x}{r}\right)^2=\frac{y^2+x^2}{r^2}=\frac{r^2}{r^2}=1=右边,$$

所以等式成立.

例 1 化简 $\sin^2\alpha\cdot\tan\alpha+\cos^2\alpha\cdot\cot\alpha+2\sin\alpha\cdot\cos\alpha$.

解 原式 $=\dfrac{\sin^2\alpha\cdot\sin\alpha}{\cos\alpha}+\dfrac{\cos^2\alpha\cdot\cos\alpha}{\sin\alpha}+2\sin\alpha\cdot\cos\alpha$

$=\dfrac{\sin^4\alpha+\cos^4\alpha+2\sin^2\alpha\cos^2\alpha}{\cos\alpha\cdot\sin\alpha}$

$=\dfrac{(\sin^2\alpha+\cos^2\alpha)^2}{\cos\alpha\cdot\sin\alpha}$

$=\dfrac{1}{\cos\alpha\cdot\sin\alpha}=\sec\alpha\cdot\csc\alpha .$

例 2 证明恒等式: $\dfrac{\sin\alpha+\cot\alpha}{\tan\alpha+\csc\alpha}=\cos\alpha$.

证明 左边 $=\dfrac{\sin\alpha+\dfrac{\cos\alpha}{\sin\alpha}}{\dfrac{\sin\alpha}{\cos\alpha}+\dfrac{1}{\sin\alpha}}=\dfrac{\dfrac{\sin^2\alpha+\cos\alpha}{\sin\alpha}}{\dfrac{\sin^2\alpha+\cos\alpha}{\cos\alpha\cdot\sin\alpha}}=\cos\alpha=$ 右边.

例 3 证明恒等式: $\dfrac{\cos\alpha}{1-\sin\alpha}=\dfrac{1+\sin\alpha}{\cos\alpha}$.

证明 左边 $=\dfrac{\cos^2\alpha}{(1-\sin\alpha)\cos\alpha}=\dfrac{1-\sin^2\alpha}{(1-\sin\alpha)\cos\alpha}=\dfrac{1+\sin\alpha}{\cos\alpha}=$ 右边.

二、诱导公式

(一)单位圆

在直角坐标系中,以原点为圆心,1 个单位长度为半径的圆称为单位圆.

由任意角三角函数的定义,可得

$$\sin\alpha=\frac{y}{r}=\frac{y}{1}=y ,\ \cos\alpha=\frac{x}{r}=\frac{x}{1}=x.$$

(二) $k\cdot 2\pi+\alpha(k\in\mathbf{Z})$ 与 α 的三角函数的关系

因为 $k\cdot 2\pi+\alpha(k\in\mathbf{Z})$ 与 α 角的终边相同,根据任意角三角函数的定义,它们的三角函数值相等,即

$$\left.\begin{aligned}\sin(2k\pi+\alpha)&=\sin\alpha,\\ \cos(2k\pi+\alpha)&=\cos\alpha,\\ \tan(2k\pi+\alpha)&=\tan\alpha,\\ \cot(2k\pi+\alpha)&=\cot\alpha.\end{aligned}\right.\quad(k\in\mathbf{Z})$$

(三) $-\alpha$ 与 α 的三角函数的关系

设 α 为一任意角，它的终边与单位圆相交于点 $M(x,y)$，角 $-\alpha$ 的终边与单位圆相交于点 M_1，因为点 M 和点 M_1 都关于 x 轴对称，所以点 M_1 的坐标是 $(x,-y)$.

根据正弦、余弦在单位圆上的表示法，可得

$$\sin(-\alpha)=-y=-\sin\alpha \qquad \cos(-\alpha)=x=\cos\alpha$$

于是：

$$\tan(-\alpha)=\frac{\sin(-\alpha)}{\cos(-\alpha)}=\frac{-\sin\alpha}{\cos\alpha}=-\tan\alpha$$

$$\cot(-\alpha)=\frac{\cos(-\alpha)}{\sin(-\alpha)}=\frac{\cos\alpha}{-\sin\alpha}=-\cot\alpha$$

这样，得到 $-\alpha$ 与 α 的三角函数的关系式：

$$\begin{aligned}\sin(-\alpha)&=-\sin\alpha,\\ \cos(-\alpha)&=\cos\alpha,\\ \tan(-\alpha)&=-\tan\alpha,\\ \cot(-\alpha)&=-\cot\alpha.\end{aligned}$$

(四) $\pi+\alpha$ 与 α 的三角函数的关系

设 α 为一任意角，它的终边与单位圆相交于点 $M(x,y)$，角 $\pi+\alpha$ 的终边与单位圆相交于点 M_1，因为点 M 和点 M_1 都关于原点对称，所以点 M_1 的坐标是 $(-x,-y)$.

根据正弦、余弦在单位圆上的表示法，可得

$$\sin(\pi+\alpha)=-y=-\sin\alpha \qquad \cos(\pi+\alpha)=-x=-\cos\alpha$$

于是：

$$\tan(\pi+\alpha)=\tan\alpha \qquad \cot(\pi+\alpha)=\cot\alpha$$

这样，得到 $\pi+\alpha$ 与 α 的三角函数的关系式：

$$\begin{aligned}\sin(\pi+\alpha)&=-\sin\alpha,\\ \cos(\pi+\alpha)&=-\cos\alpha,\\ \tan(\pi+\alpha)&=\tan\alpha,\\ \cot(\pi+\alpha)&=\cot\alpha.\end{aligned}$$

例4 化简：$\dfrac{\sin(180°+\alpha)\cdot\cos(360°+\alpha)}{\cot(-\alpha-180°)\cdot\sin(-180°-\alpha)}$.

解 原式 $=\dfrac{(-\sin\alpha)\cdot\cos\alpha}{-\cot(\alpha+180°)\cdot[-\sin(180°+\alpha)]}$

$$=\frac{-\sin\alpha\cdot\cos\alpha}{-\cot\alpha\cdot\sin\alpha}=\frac{\cos\alpha}{\cot\alpha}=\sin\alpha.$$

(五) $\pi-\alpha$，$2\pi-\alpha$ 与 α 的三角函数的关系

因为 $\pi-\alpha=\pi+(-\alpha)$，所以由上面的三角函数关系式可推得 $\pi-\alpha$ 与 α 的三角函

数的关系：

$$\sin(\pi-\alpha)=\sin\alpha,$$
$$\cos(\pi-\alpha)=-\cos\alpha,$$
$$\tan(\pi-\alpha)=-\tan\alpha,$$
$$\cot(\pi-\alpha)=-\cot\alpha.$$

因为$2\pi-\alpha$与$-\alpha$角的终边相同,因此可得到$2\pi-\alpha$与α的三角函数的关系：

$$\sin(2\pi-\alpha)=-\sin\alpha,$$
$$\cos(2\pi-\alpha)=\cos\alpha,$$
$$\tan(2\pi-\alpha)=-\tan\alpha,$$
$$\cot(2\pi-\alpha)=-\cot\alpha.$$

我们把上面的五组公式都称为诱导公式,其中角α是使公式有意义的任意角.它们的共同特点概括是:符号看象限,函数名不变.

例5 求下列三角函数值.

(1) $\sin\left(-\dfrac{17}{3}\pi\right)$； (2) $\cos(-1\,200°)$；

(3) $\tan\left(-\dfrac{53}{6}\pi\right)$； (4) $\cot(-1\,665°)$.

解 (1) $\sin\left(-\dfrac{17}{3}\pi\right)=\sin\left(-3\times2\pi+\dfrac{1}{3}\pi\right)=\sin\dfrac{\pi}{3}=\dfrac{\sqrt{3}}{2}$.

(2) $\cos(-1\,200°)=\cos(1\,200°)=\cos(3\times360°+120°)=\cos120°$

$=\cos(180°-60°)=-\cos60°=-\dfrac{1}{2}$.

(3) $\tan\left(-\dfrac{53}{6}\pi\right)=-\tan\left(\dfrac{53}{6}\pi\right)=-\tan\left(8\times\pi+\dfrac{5}{6}\pi\right)=-\tan\dfrac{5}{6}\pi$

$=-\tan\left(\pi-\dfrac{1}{6}\pi\right)=\tan\dfrac{\pi}{6}=\dfrac{\sqrt{3}}{3}$.

(4) $\cot(-1\,665°)=-\cot1\,665°=-\cot(9\times180°+45°)=-\cot45°=-1$.

例6 证明：$\dfrac{\sin(2\pi-\alpha)\cdot\tan(\pi+\alpha)\cdot\cot(-\alpha-\pi)}{\cos(\pi-\alpha)\cdot\tan(3\pi-\alpha)}=1$.

证明 左边 $=\dfrac{(-\sin\alpha)\cdot\tan\alpha\cdot[-\cot(\alpha+\pi)]}{(-\cos\alpha)\cdot\tan[2\pi+(\pi-\alpha)]}=\dfrac{(-\sin\alpha)\cdot\tan\alpha\cdot(-\cot\alpha)}{(-\cos\alpha)\cdot(-\tan\alpha)}$

$=\tan\alpha\cdot\cot\alpha=1=$ 右边.

例7 计算 $\tan\left(-\dfrac{11}{3}\pi\right)\cdot\cot\dfrac{5}{3}\pi-2\cos\left(-\dfrac{17}{4}\pi\right)\cdot\sin\left(-\dfrac{11}{4}\pi\right)$.

解 原式 $=\tan\left(\dfrac{1}{3}\pi-4\pi\right)\cdot\cot\left(2\pi-\dfrac{1}{3}\pi\right)-2\cos\left(4\pi+\dfrac{1}{4}\pi\right)\cdot\left[-\sin\left(2\pi+\dfrac{3}{4}\pi\right)\right]$

$=\tan\dfrac{1}{3}\pi\cdot\left(-\cot\dfrac{1}{3}\pi\right)+2\cos\dfrac{1}{4}\pi\cdot\sin\dfrac{3}{4}\pi=-1+2\cdot\dfrac{\sqrt{2}}{2}\cdot\dfrac{\sqrt{2}}{2}=0$.

三、加法定理

加法定理就是利用任意角 α,β 的三角函数来表示 $\alpha+\beta$ 或 $\alpha-\beta$ 的三角函数.

正弦的加法定理

$$\sin(\alpha+\beta)=\sin\alpha\cos\beta+\cos\alpha\sin\beta,$$
$$\sin(\alpha-\beta)=\sin\alpha\cos\beta-\cos\alpha\sin\beta.$$

余弦的加法定理

$$\cos(\alpha+\beta)=\cos\alpha\cos\beta-\sin\alpha\sin\beta,$$
$$\cos(\alpha-\beta)=\cos\alpha\cos\beta+\sin\alpha\sin\beta.$$

下面证明 $\sin(\alpha+\beta)$ 的公式.

证明 如图 3-17 所示,作 $AD\perp BC$,使 $\angle BAD=\alpha$, $\angle CAD=\beta$ (α,β 都是锐角).

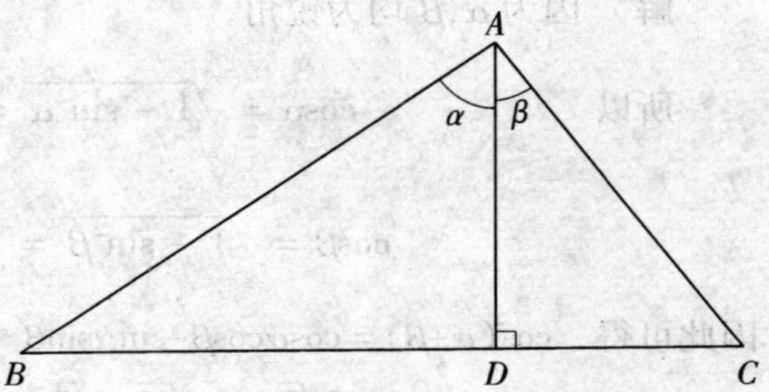

图 3-17

由三角形面积公式,得

$$S_{\triangle ABC}=\frac{1}{2}AC\cdot AB\sin(\alpha+\beta),$$

$$S_{\triangle ABD}=\frac{1}{2}AB\cdot AD\sin\alpha,$$

$$S_{\triangle ADC}=\frac{1}{2}AC\cdot AD\sin\beta.$$

因为 $S_{\triangle ABC}=S_{\triangle ABD}+S_{\triangle ADC}$,

所以 $$\frac{1}{2}AC\cdot AB\sin(\alpha+\beta)=\frac{1}{2}AB\cdot AD\sin\alpha+\frac{1}{2}AC\cdot AD\sin\beta.$$

两边同时除以 $\frac{1}{2}AC\cdot AB$,得

$$\sin(\alpha+\beta)=\frac{AD}{AC}\sin\alpha+\frac{AD}{AB}\sin\beta.$$

又 因为$\frac{AD}{AC}=\cos\beta$, $\frac{AD}{AB}=\cos\alpha$,

所以 $$\sin(\alpha+\beta)=\sin\alpha\cos\beta+\cos\alpha\sin\beta.$$

这个公式对任意角 α 和 β 都成立,其余公式均可由此公式推得.

当角 $\alpha,\beta,\alpha+\beta$ 或 $\alpha-\beta$ 都不等于 $k\pi+\frac{\pi}{2}(k\in\mathbf{Z})$ 时,可进一步推出正切的加法定理为:

$$\tan(\alpha+\beta)=\frac{\tan\alpha+\tan\beta}{1-\tan\alpha\cdot\tan\beta},$$

$$\tan(\alpha-\beta)=\frac{\tan\alpha-\tan\beta}{1+\tan\alpha\cdot\tan\beta}.$$

例 8 用加法定理求 $\sin 75°$ 和 $\tan 15°$ 的值.

解 $\sin 75°=\sin(30°+45°)$

$=\sin 30°\cos 45°+\cos 30°\sin 45°$

$$=\frac{1}{2}\cdot\frac{\sqrt{2}}{2}+\frac{\sqrt{3}}{2}\cdot\frac{\sqrt{2}}{2}=\frac{\sqrt{2}+\sqrt{6}}{4}.$$

$$\tan 15°=\tan(45°-30°)=\frac{\tan 45°-\tan 30°}{1+\tan 45°\tan 30°}$$

$$=\frac{1-\frac{\sqrt{3}}{3}}{1+\frac{\sqrt{3}}{3}}=\frac{3-\sqrt{3}}{3+\sqrt{3}}=2-\sqrt{3}.$$

例 9 已知 $\sin\alpha=\frac{\sqrt{5}}{5}$，$\sin\beta=\frac{\sqrt{10}}{10}$，且 α,β 均为锐角，求 $\alpha+\beta$ 之值.

解 因为 α,β 均为锐角，

所以
$$\cos\alpha=\sqrt{1-\sin^2\alpha}=\sqrt{1-\left(\frac{\sqrt{5}}{5}\right)^2}=\frac{2\sqrt{5}}{5},$$

$$\cos\beta=\sqrt{1-\sin^2\beta}=\sqrt{1-\left(\frac{\sqrt{10}}{10}\right)^2}=\frac{3\sqrt{10}}{10}.$$

因此可得 $\cos(\alpha+\beta)=\cos\alpha\cos\beta-\sin\alpha\sin\beta$

$$=\frac{2\sqrt{5}}{5}\cdot\frac{3\sqrt{10}}{10}-\frac{\sqrt{5}}{5}\cdot\frac{\sqrt{10}}{10}=\frac{5\sqrt{50}}{50}=\frac{\sqrt{2}}{2}.$$

因为 $0<\alpha+\beta<\pi$，且 $\cos(\alpha+\beta)>0$

所以
$$\alpha+\beta=\frac{\pi}{4}.$$

例 10 试用加法定理，推出 $\sin\left(\frac{\pi}{2}\pm\alpha\right)$，$\cos\left(\frac{\pi}{2}\pm\alpha\right)$ 的诱导公式.

解 $\sin\left(\frac{\pi}{2}+\alpha\right)=\sin\frac{\pi}{2}\cos\alpha+\cos\frac{\pi}{2}\sin\alpha=\cos\alpha$；

$\sin\left(\frac{\pi}{2}-\alpha\right)=\sin\frac{\pi}{2}\cos\alpha-\cos\frac{\pi}{2}\sin\alpha=\cos\alpha$；

$\cos\left(\frac{\pi}{2}+\alpha\right)=\cos\frac{\pi}{2}\cos\alpha-\sin\frac{\pi}{2}\sin\alpha=-\sin\alpha$；

$\cos\left(\frac{\pi}{2}-\alpha\right)=\cos\frac{\pi}{2}\cos\alpha+\sin\frac{\pi}{2}\sin\alpha=\sin\alpha$.

四、二倍角公式

在正弦、余弦和正切的加法定理中，令 $\alpha=\beta$，可得出二倍角的三角函数公式为

$$\sin2\alpha=2\sin\alpha\cos\alpha;$$
$$\cos2\alpha=\cos^2\alpha-\sin^2\alpha;$$
$$\tan2\alpha=\frac{2\tan\alpha}{1-\tan^2\alpha}.$$

因为 $\cos^2\alpha+\sin^2\alpha=1$，所以又有

$$\cos 2\alpha = 2\cos^2\alpha - 1 = 1 - 2\sin^2\alpha.$$

例 11 用 $\sin\alpha$ 表示 $\sin 3\alpha$.

解 $\sin 3\alpha = \sin(2\alpha + \alpha)$

$$\begin{aligned}
&= \sin 2\alpha\cos\alpha + \cos 2\alpha\sin\alpha \\
&= 2\sin\alpha\cos^2\alpha + (1 - 2\sin^2\alpha)\sin\alpha \\
&= 2\sin\alpha(1 - \sin^2\alpha) + \sin\alpha - 2\sin^3\alpha \\
&= 3\sin\alpha - 4\sin^3\alpha.
\end{aligned}$$

五、半角公式

用角 α 的三角函数表示角 $\frac{\alpha}{2}$（即半角）的三角函数的公式,称为三角函数的半角公式.

由二倍角公式: $\cos\alpha = 1 - 2\sin^2\frac{\alpha}{2} = 2\cos^2\frac{\alpha}{2} - 1$

可得正弦和余弦的半角公式

$$\sin\frac{\alpha}{2} = \pm\sqrt{\frac{1 - \cos\alpha}{2}}$$

$$\cos\frac{\alpha}{2} = \pm\sqrt{\frac{1 + \cos\alpha}{2}}$$

上面两式相除,得正切的半角公式为

$$\tan\frac{\alpha}{2} = \pm\sqrt{\frac{1 - \cos\alpha}{1 + \cos\alpha}}$$

这三个公式中根式前面的正、负号,由角 $\frac{\alpha}{2}$ 所在的象限来确定. 如果没有给出角 $\frac{\alpha}{2}$ 所在的象限,根号前面同时保留正、负号.

例 12 证明: $\tan\frac{\alpha}{2} = \frac{\sin\alpha}{1 + \cos\alpha} = \frac{1 - \cos\alpha}{\sin\alpha}$.

证明 因为 $\tan\frac{\alpha}{2} = \frac{\sin\frac{\alpha}{2}}{\cos\frac{\alpha}{2}} = \frac{2\sin\frac{\alpha}{2}\cos\frac{\alpha}{2}}{2\cos^2\frac{\alpha}{2}} = \frac{\sin\alpha}{1 + \cos\alpha}$,

所以 $$\tan\frac{\alpha}{2} = \frac{\sin\alpha}{1 + \cos\alpha}.$$

因为 $\tan\frac{\alpha}{2} = \frac{\sin\frac{\alpha}{2}}{\cos\frac{\alpha}{2}} = \frac{2\sin^2\frac{\alpha}{2}}{2\sin\frac{\alpha}{2}\cos\frac{\alpha}{2}} = \frac{1 - \cos\alpha}{\sin\alpha}$,

所以 $$\tan\frac{\alpha}{2} = \frac{1 - \cos\alpha}{\sin\alpha},$$

即 $$\tan\frac{\alpha}{2} = \frac{\sin\alpha}{1 + \cos\alpha} = \frac{1 - \cos\alpha}{\sin\alpha}.$$

上式常称为半角正切的有理式,可直接作为公式应用.

例 13 化简:

(1) $\sqrt{\frac{1}{2}+\frac{1}{2}\cos\theta}$ $(\pi<\theta<2\pi)$; (2) $\frac{\sin2\alpha}{1+\cos\alpha}\cdot\frac{\cos\alpha}{1+\cos2\alpha}$.

解 (1) 由 $\pi<\theta<2\pi$, 得 $\frac{\pi}{2}<\frac{\theta}{2}<\pi$, 所以 $\cos\frac{\theta}{2}<0$,

所以 原式 $=\sqrt{\frac{1}{2}(1+\cos\theta)}=-\cos\frac{\theta}{2}$.

(2) 原式 $=\frac{2\sin\alpha\cos\alpha}{1+\cos\alpha}\cdot\frac{\cos\alpha}{2\cos^2\alpha}=\frac{\sin\alpha}{1+\cos\alpha}=\tan\frac{\alpha}{2}$.

习题 3-4

1. 填空.

(1) 已知角 α 的终边上任一点的纵坐标与横坐标的比是 $5:3$, 那么 $\sin\alpha=$ ________, $\cos\alpha=$ ________, $\tan\alpha=$ ________, $\cot\alpha=$ ________.

(2) 已知 $\sin(\pi+\alpha)=\frac{1}{2}$, 那么 $\cos\alpha=$ ________, $\tan\alpha=$ ________.

(3) 已知 $\tan\alpha=\frac{1}{7}$, $\tan\beta=\frac{1}{3}$, α,β 都是锐角, 则 $\alpha+2\beta=$ ________.

(4) 已知 $\tan\left(\alpha+\frac{\pi}{4}\right)=2$, 则 $\frac{2\sin\alpha+\cos\alpha}{3\cos\alpha-2\sin\alpha}=$ ________.

2. 在 $\triangle ABC$ 中, 已知 $\cos A=\frac{4}{5}$, $\cos B=\frac{15}{17}$, 求 $\cos C$.

3. 已知 $\cos\alpha=-\frac{12}{13}$, 且 $\alpha\in\left(\frac{\pi}{2},\pi\right)$, 求 $\cos2\alpha$、$\sin2\alpha$ 和 $\tan2\alpha$.

4. 证明下列恒等式.

(1) $\frac{\sin2\theta}{1-\cos2\theta}=\cot\theta$;

(2) $\sin(\alpha+\beta)\sin(\alpha-\beta)=\sin^2\alpha-\sin^2\beta$;

(3) $1+2\cos^2\theta-\cos2\theta=2$;

(4) $\cos\left(\frac{3\pi}{2}\pm\alpha\right)=\pm\sin\alpha$.

本章小结

一、主要内容

1. 任意角的推广、弧度制.
2. 任意角的三角函数(正余弦、正余切、正余割).
3. 三角函数的图像和性质(正余弦、正余切).

函数	定义域	周期	奇偶性	有界性（值域）	单调性
$y=\sin x$	**R**	2π	奇函数	有界 $[-1,1]$	在$\left(-\frac{\pi}{2}+2k\pi,\frac{\pi}{2}+2k\pi\right)$ $(k\in\mathbf{Z})$ 内,递增 在$\left(\frac{\pi}{2}+2k\pi,\frac{3\pi}{2}+2k\pi\right)$ $(k\in\mathbf{Z})$ 内,递减
$y=\cos x$	**R**	2π	偶函数	有界 $[-1,1]$	在 $((2k-1)\pi,2k\pi)(k\in\mathbf{Z})$ 内,递增 在 $(2k\pi,(2k+1)\pi)(k\in\mathbf{Z})$ 内,递减
$y=\tan x$	$\{x\mid x\in\mathbf{R},$ $x\neq k\pi+\frac{\pi}{2},$ $k\in\mathbf{Z}\}$	π	奇函数	无界 **R**	在$\left(-\frac{\pi}{2}+k\pi,\frac{\pi}{2}+k\pi\right)$ $(k\in\mathbf{Z})$ 内,递增
$y=\cot x$	$\{x\mid x\in\mathbf{R},$ $x\neq k\pi,$ $k\in\mathbf{Z}\}$	π	奇函数	无界 **R**	在 $(k\pi,(k+1)\pi)(k\in\mathbf{Z})$ 内,递减

4. 三角函数的基本公式:同角的三角函数的关系;加法定理及诱导公式;倍角公式.

二、主要方法

1. 利用任意角的终边所在的象限确定三角函数值的符号.
2. 利用同角三角函数的关系求所对应的三角函数值.
3. 应用角的变形($\alpha=(\alpha+\beta)-\beta$, $2\alpha+\beta=\alpha+(\alpha+\beta)$, $2\alpha=(\alpha+\beta)-(\alpha-\beta)$)利用加法定理求三角函数值.
4. 利用倍角公式求三角函数值.
5. 利用半角公式求三角函数值.

本章复习题

1. 选择题.

(1) 已知 $\cos(\pi+\alpha)=-\frac{1}{2}$, $\frac{3}{2}\pi<\alpha<2\pi$, 则 $\sin(2\pi-\alpha)$ 的值是(　　).

A. $\frac{1}{2}$　　B. $\pm\frac{\sqrt{3}}{2}$

C. $\frac{\sqrt{3}}{2}$　　D. $-\frac{\sqrt{3}}{2}$

(2) 已知 $\frac{\sin\theta+\cos\theta}{\sin\theta-\cos\theta}=2$, 则 $\sin\theta\cos\theta$ 的值是(　　).

A. $\frac{3}{4}$　　B. $\pm\frac{3}{10}$

C. $\dfrac{3}{10}$ D. $-\dfrac{3}{10}$

(3)在 $\triangle ABC$ 中,若 $\sin A\sin B=\cos A\cos B$,则此三角形是( ).

A. 直角三角形 B. 锐角三角形

C. 钝角三角形 D. 任意三角形

(4)在 $\triangle ABC$ 中,若 $\sin A=\dfrac{3}{5}$,$\cos B=\dfrac{12}{13}$,则 $\sin C$ 的值是( ).

A. $\pm\dfrac{56}{65}$ B. $\pm\dfrac{16}{65}$

C. $\dfrac{56}{65}$ 或 $\dfrac{16}{65}$ D. $-\dfrac{16}{65}$ 或 $\dfrac{56}{65}$

(5)若 $0<\alpha<\dfrac{\pi}{2}$,$0<\beta<\dfrac{\pi}{2}$,且 $\cot\alpha=\dfrac{3}{4}$,$\cot\beta=\dfrac{1}{7}$,则 $\alpha+\beta$ 的值是( ).

A. $\dfrac{\pi}{4}$ B. $\dfrac{3\pi}{4}$

C. $\pm\dfrac{\pi}{4}$ D. $\dfrac{3\pi}{4}$ 或 $\dfrac{\pi}{4}$

2. 填空题.

(1)设 $2\cos x=\alpha$,那么 α 的取值范围是__________.

(2)已知 $0\leqslant x\leqslant 2\pi$,那么 $y=\sin x$ 和 $y=\cos x$ 都单调增加的区间是__________,都单调减少的区间是__________.

(3) $\dfrac{\sqrt{3}-\tan 15^\circ}{1+\sqrt{3}\tan 15^\circ}=$__________.

(4) $\cos 20^\circ\cos 40^\circ\cos 80^\circ=$__________.

(5)已知 $\cos(\alpha+\beta)\cos(\alpha-\beta)=\dfrac{1}{3}$,则 $\cos^2\alpha-\sin^2\beta=$__________.

3. 计算:$2\cdot\sin^2 225^\circ-\cot 330^\circ\cdot\tan 405^\circ$.

4. 证明下列恒等式.

(1) $\sin^2\alpha+\sin^2\beta-\sin^2\alpha\cdot\sin^2\beta+\cos^2\alpha\cdot\cos^2\beta=1$;

(2) $\dfrac{1+\sin 4\theta-\cos 4\theta}{1+\sin 4\theta+\cos 4\theta}=\tan 2\theta$.

5. 设 α,β,γ 都是锐角,且 $\tan\alpha=\dfrac{1}{2}$,$\tan\beta=\dfrac{1}{5}$,$\tan\gamma=\dfrac{1}{8}$. 求证:$\alpha+\beta+\gamma=\dfrac{\pi}{4}$.

第四章　初等函数Ⅲ

本章将在函数、反函数、三角函数等内容的基础上，讨论反三角函数和初等函数.

第一节　反三角函数

三角函数的反函数称为反三角函数. 常见的反三角函数有反正弦函数、反余弦函数、反正切函数和反余切函数四种。

一、反正弦函数

在三角函数中，正弦函数 $y=\sin x$ 的定义域是 $(-\infty,+\infty)$，值域是 $[-1,1]$，图像如图4-1所示. 由图可以看出，对于 $(-\infty,+\infty)$ 内每一个确定的 x，y 在 $[-1,1]$ 上都有唯一确定的值和它对应. 例如，对于 $x=\frac{\pi}{6}$，有 $y=\frac{1}{2}$ 和它对应. 反过来，对于 y 在 $[-1,1]$ 上的每一个值，x 却有无穷多个值和它对应. 例如，对于 $y=\frac{1}{2}$，对应有无穷多个值 $x=2k\pi+\frac{\pi}{6}, x=2k\pi+\frac{5\pi}{6}(k\in\mathbf{Z})$. 由反函数的定义，$y=\sin x$ 在 $(-\infty,+\infty)$ 上没有反函数. 但 $y=\sin x$ 在单调区间 $\left[-\frac{\pi}{2},\frac{\pi}{2}\right]$ 上，对于 y 在 $[-1,1]$ 上的每一个值，x 在 $\left[-\frac{\pi}{2},\frac{\pi}{2}\right]$ 都有唯一确定的值和它对应，即 $y=\sin x$ 在 $\left[-\frac{\pi}{2},\frac{\pi}{2}\right]$ 上有反函数.

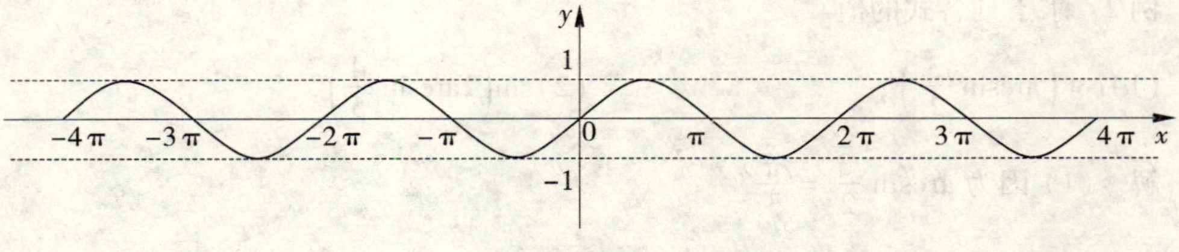

图4-1

函数 $y=\sin x$ 在 $\left[-\frac{\pi}{2},\frac{\pi}{2}\right]$ 上的反函数称为反正弦函数，记作 $y=\arcsin x$. 它的定义域为 $[-1,1]$，值域为 $\left[-\frac{\pi}{2},\frac{\pi}{2}\right]$.

对于 $[-1,1]$ 内的每一个 x 值，$\arcsin x$ 表示 $\left[-\frac{\pi}{2},\frac{\pi}{2}\right]$ 内唯一确定的一个角，该角

的正弦值恰好等于 x，例如，对于 $x=\frac{1}{2}$，因为在 $\left[-\frac{\pi}{2},\frac{\pi}{2}\right]$ 上有 $\sin\frac{\pi}{6}=\frac{1}{2}$，所以 $\arcsin\frac{1}{2}=\frac{\pi}{6}$.

一般地，如果 $x\in[-1,1]$，则有 $\sin(\arcsin x)=x$.

例 1 求下列各反正弦函数值.

(1) $\arcsin\frac{\sqrt{3}}{2}$；　　(2) $\arcsin\left(-\frac{\sqrt{3}}{2}\right)$；

(3) $\arcsin 0.267\,2$；　　(4) $\arcsin(-1)$.

解 (1) 因为在 $\left[-\frac{\pi}{2},\frac{\pi}{2}\right]$ 上，$\sin\frac{\pi}{3}=\frac{\sqrt{3}}{2}$，

所以
$$\arcsin\frac{\sqrt{3}}{2}=\frac{\pi}{3}.$$

(2) 因为在 $\left[-\frac{\pi}{2},\frac{\pi}{2}\right]$ 上，$\sin\left(-\frac{\pi}{3}\right)=-\frac{\sqrt{3}}{2}$，

所以
$$\arcsin\left(-\frac{\sqrt{3}}{2}\right)=-\frac{\pi}{3}.$$

(3) 利用计算器求角，用 DRG 键把角的度量制调到“RAD”状态，按键顺序为

0.267 2	2ndF	$\sin^{-1}$

显示 0.270 468 209，所以 $\arcsin 0.267\,2\approx 0.270\,5(\text{rad})$.

(4) 因为在 $\left[-\frac{\pi}{2},\frac{\pi}{2}\right]$ 上，$\sin\left(-\frac{\pi}{2}\right)=-1$，

所以
$$\arcsin(-1)=-\frac{\pi}{2}.$$

一般地，如果 $x\in[-1,1]$，则有 $\arcsin(-x)=-\arcsin x$.

例 2 求下列各式的值.

(1) $\cot\left(\arcsin\frac{\sqrt{3}}{2}\right)$；　　(2) $\sin\left(2\arcsin\frac{4}{5}\right)$.

解 (1) 因为 $\arcsin\frac{\sqrt{3}}{2}=\frac{\pi}{3}$，

所以
$$\cot\left(\arcsin\frac{\sqrt{3}}{2}\right)=\frac{\sqrt{3}}{3}.$$

(2) 设 $\alpha=\arcsin\frac{4}{5}$，则 $\sin\alpha=\frac{4}{5}$.

由 $\alpha\in\left[-\frac{\pi}{2},\frac{\pi}{2}\right]$，得 $\cos\alpha\geqslant 0$，且 $\cos\alpha=\sqrt{1-\sin^2\alpha}=\sqrt{1-\left(\frac{4}{5}\right)^2}=\frac{3}{5}$.

所以，$\sin\left(2\arcsin\frac{4}{5}\right)=\sin 2\alpha=2\sin\alpha\cos\alpha=2\times\frac{4}{5}\times\frac{3}{5}=\frac{24}{25}$.

根据互为反函数的图像关系，反正弦函数 $y=\arcsin x$ 的图像与正弦函数 $y=\sin x$ 在区

间 $\left[-\frac{\pi}{2},\frac{\pi}{2}\right]$ 上的图像关于直线 $y=x$ 对称(见图4-2).

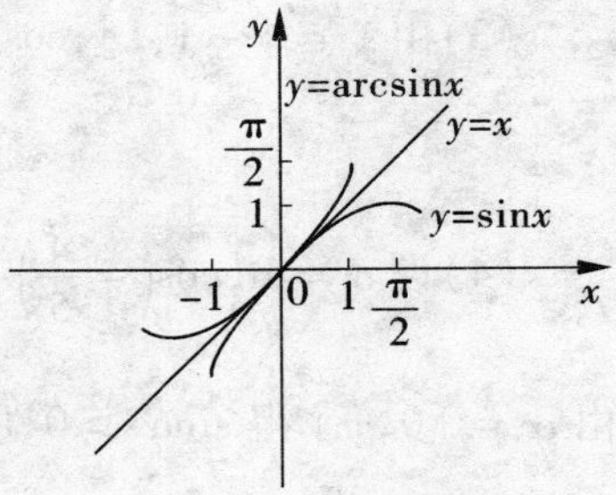

图4-2

反正弦函数 $y=\arcsin x$ 具有如下性质:

(1)定义域为 $[-1,1]$,值域为 $\left[-\frac{\pi}{2},\frac{\pi}{2}\right]$;

(2)在区间 $[-1,1]$ 上单调递增;

(3)图像关于原点对称,是奇函数,即 $\arcsin(-x)=-\arcsin x$.

二、反余弦函数

从余弦函数的图像(见图4-3)上同样可以看到,$y=\cos x$ 在 $(-\infty,+\infty)$ 内没有反函数. 但 $y=\cos x$ 在单调区间 $[0,\pi]$ 上的对应关系是一一对应的,因此 $y=\cos x$ 在 $[0,\pi]$ 上有反函数.

函数 $y=\cos x$ 在 $[0,\pi]$ 上的反函数称为反余弦函数,记作 $y=\arccos x$,它的定义域是 $[-1,1]$,值域是 $[0,\pi]$.

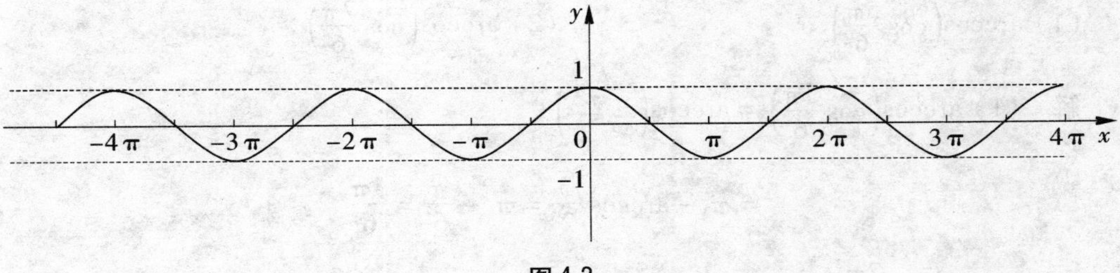

图4-3

对于 $[-1,1]$ 内的每一个 x 值,$\arccos x$ 表示 $[0,\pi]$ 内唯一确定的一个角,该角的余弦值恰好等于 x,即当 $x\in[-1,1]$ 时,$\cos(\arccos x)=x$.

例3 求下列各式的值.

(1) $\arccos\frac{\sqrt{3}}{2}$;　　(2) $\arccos\left(-\frac{\sqrt{3}}{2}\right)$;

(3) $\cos\left(\arccos\frac{1}{2}\right)$;　　(4) $\sin\left[\arccos\left(-\frac{4}{5}\right)\right]$.

解 (1) 因为 $\frac{\pi}{6}\in[0,\pi]$,且 $\cos\frac{\pi}{6}=\frac{\sqrt{3}}{2}$,

所以
$$\arccos\frac{\sqrt{3}}{2}=\frac{\pi}{6}.$$

(2) 因为 $\frac{5\pi}{6}\in[0,\pi]$,且 $\cos\frac{5\pi}{6}=-\cos\frac{\pi}{6}=-\frac{\sqrt{3}}{2}$,

所以
$$\arccos\left(-\frac{\sqrt{3}}{2}\right)=\frac{5\pi}{6}.$$

(3) 由 $x \in [-1,1]$，$\cos(\arccos x) = x$ 知

$$\cos\left(\arccos\frac{1}{2}\right) = \frac{1}{2}.$$

(4) 设 $\alpha = \arccos\left(-\frac{4}{5}\right)$，则 $\cos\alpha = -\frac{4}{5}$，

由 $\alpha \in [0,\pi]$ 得 $\sin\alpha \geqslant 0$，所以 $\sin\left[\arccos\left(-\frac{4}{5}\right)\right] = \sin\alpha = \sqrt{1-\left(-\frac{4}{5}\right)^2} = \frac{3}{5}$.

比较例 3 中(1)、(2)可以看出

$$\arccos\left(-\frac{\sqrt{3}}{2}\right) = \pi - \arccos\frac{\sqrt{3}}{2}.$$

一般地，当 $x \in [-1,1]$ 时，则有

$$\arccos(-x) = \pi - \arccos x.$$

例如 $\arccos\left(-\frac{1}{2}\right) = \pi - \arccos\frac{1}{2} = \pi - \frac{\pi}{3} = \frac{2\pi}{3}$.

例 4 求下列各式的值.

(1) $\arccos\left(\cos\frac{5\pi}{6}\right)$； (2) $\arccos\left(\cos\frac{7\pi}{6}\right)$.

解 (1) $\arccos\left(\cos\frac{5\pi}{6}\right) = \arccos\left(-\frac{\sqrt{3}}{2}\right)$

$$= \pi - \arccos\frac{\sqrt{3}}{2} = \pi - \frac{\pi}{6} = \frac{5\pi}{6}.$$

(2) $\arccos\left(\cos\frac{7\pi}{6}\right) = \arccos\left(\cos\frac{5\pi}{6}\right) = \frac{5\pi}{6}$.

例 5 求下列函数的定义域和值域.

(1) $y = 2\arccos\frac{x}{3}$； (2) $y = 3\sqrt{\arcsin 2x}$.

解 (1) 因为 $-1 \leqslant \frac{x}{3} \leqslant 1$，所以 $-3 \leqslant x \leqslant 3$.

因为 $0 \leqslant \arccos\frac{x}{3} \leqslant \pi$，所以 $0 \leqslant 2\arccos\frac{x}{3} \leqslant 2\pi$.

即 $$0 \leqslant y \leqslant 2\pi$$

故函数 $y = 2\arccos\frac{x}{3}$ 的定义域是 $[-3,3]$，值域是 $[0,2\pi]$.

(2) 因为 $-1 \leqslant 2x \leqslant 1$，又要使 $\arcsin 2x \geqslant 0$，所以 $0 \leqslant 2x \leqslant 1$，得 $0 \leqslant x \leqslant \frac{1}{2}$.

因为 $0 \leqslant \arcsin 2x \leqslant \frac{\pi}{2}$，$0 \leqslant 3\sqrt{\arcsin 2x} \leqslant 3\sqrt{\frac{\pi}{2}}$，

即 $$0 \leqslant y \leqslant 3\sqrt{\frac{\pi}{2}}.$$

故函数 $y = 3\sqrt{\arcsin 2x}$ 的定义域是 $\left[0,\frac{1}{2}\right]$，值域是 $\left[0,3\sqrt{\frac{\pi}{2}}\right]$.

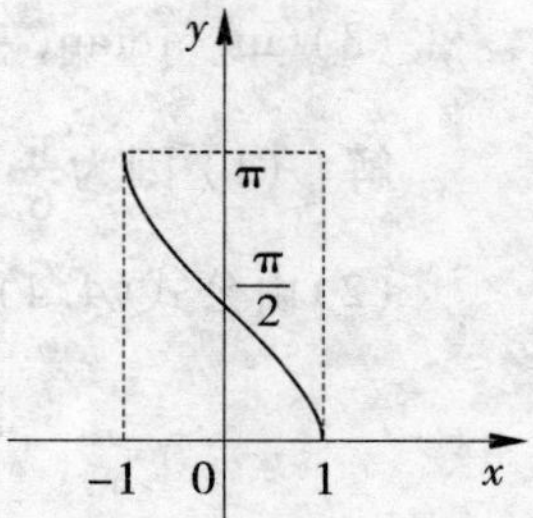

图 4-4

反余弦函数 $y = \arccos x$ 的图像，与余弦函数 $y = \cos x$ 在 $[0,\pi]$ 上的一段图像关于直线 $y = x$ 对称.

从图 4-4 中可以看出，反余弦函数具有如下性质：

(1) 在区间 $[-1,1]$ 上是单调递减函数，值域是 $[0,\pi]$；

(2) 既不是偶函数，也不是奇函数.

三、反正切函数和反余切函数

正切函数 $y = \tan x$（见图 4-5）在 $\left(-\frac{\pi}{2},\frac{\pi}{2}\right)$ 内的反函数称为反正切函数，记作 $y = \arctan x$，它的定义域是 $(-\infty, +\infty)$，值域是 $\left(-\frac{\pi}{2},\frac{\pi}{2}\right)$.

余切函数 $y = \cot x$（见图 4-6）在 $(0,\pi)$ 内的反函数称为反余切函数，记作 $y = \operatorname{arccot} x$，它的定义域是 $(-\infty, +\infty)$，值域是 $(0,\pi)$.

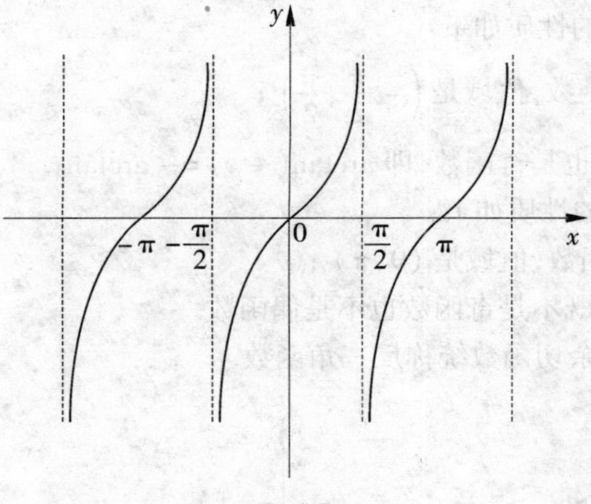

图 4-5

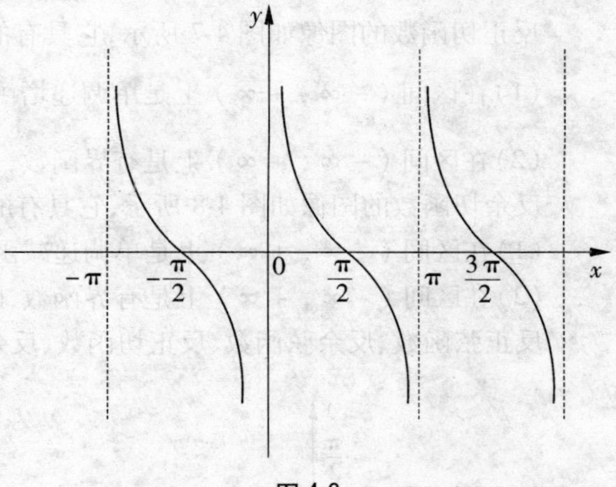

图 4-6

由反正切函数、反余切函数的定义可知，当 $x \in (-\infty, +\infty)$ 时，则有

$$\tan(\arctan x) = x, \tag{4.1}$$

$$\cot(\operatorname{arccot} x) = x. \tag{4.2}$$

与反正弦函数、反余弦函数相仿，当 $x \in (-\infty, +\infty)$ 时，则有

$$\arctan(-x) = -\arctan x, \tag{4.3}$$

$$\operatorname{arccot}(-x) = \pi - \operatorname{arccot} x. \tag{4.4}$$

例 6 求下列各式的值.

(1) $\arctan\frac{\sqrt{3}}{3}$；　　(2) $\operatorname{arccot}\left(-\frac{\sqrt{3}}{3}\right)$；

(3) $\tan[\arctan(-1)]$.

解 (1) 因为$\frac{\pi}{6}\in\left(-\frac{\pi}{2},\frac{\pi}{2}\right)$,且 $\tan\frac{\pi}{6}=\frac{\sqrt{3}}{3}$,所以 $\arctan\frac{\sqrt{3}}{3}=\frac{\pi}{6}$.

(2)由公式(4.4)知

$$\operatorname{arccot}\left(-\frac{\sqrt{3}}{3}\right)=\pi-\operatorname{arccot}\frac{\sqrt{3}}{3}=\pi-\frac{\pi}{3}=\frac{2\pi}{3}.$$

(3)由公式(4.1)知

$$\tan[\arctan(-1)]=-1.$$

例 7 求下列各式的值.

(1) $\arctan\left(\tan\frac{5\pi}{4}\right)$; (2) $\operatorname{arccot}\left[\cot\left(-\frac{\pi}{4}\right)\right]$.

解 (1) $\arctan\left(\tan\frac{5\pi}{4}\right)=\arctan\left(\tan\frac{\pi}{4}\right)=\arctan 1=\frac{\pi}{4}$;

(2) $\operatorname{arccot}\left[\cot\left(-\frac{\pi}{4}\right)\right]=\operatorname{arccot}\left(-\cot\frac{\pi}{4}\right)=\operatorname{arccot}(-1)$

$$=\pi-\operatorname{arccot}1=\pi-\frac{\pi}{4}=\frac{3\pi}{4}.$$

反正切函数的图像如图 4-7 所示,它具有的性质如下:

(1)在区间 $(-\infty,+\infty)$ 上是单调递增函数,值域是 $\left(-\frac{\pi}{2},\frac{\pi}{2}\right)$;

(2)在区间 $(-\infty,+\infty)$ 上是有界函数,也是奇函数,即 $\arctan(-x)=-\arctan x$.

反余切函数的图像如图 4-8 所示,它具有的性质如下:

(1)在区间 $(-\infty,+\infty)$ 上是单调递减函数,值域是 $(0,\pi)$;

(2)在区间 $(-\infty,+\infty)$ 上是有界函数,既不是奇函数也不是偶函数.

反正弦函数、反余弦函数、反正切函数、反余切函数统称反三角函数.

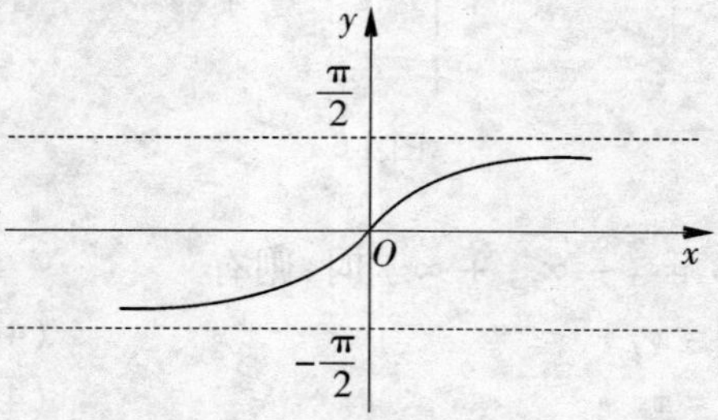

图 4-7

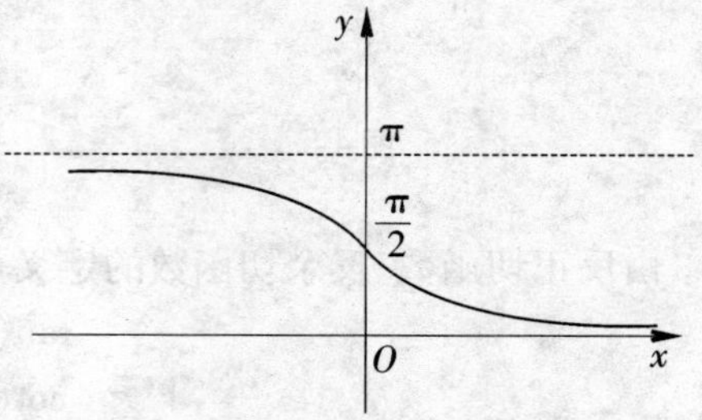

图 4-8

习题 4-1

1. 求下列各式的值.

(1) $\arcsin\left(-\frac{1}{2}\right)$; (2) $\sin\left(\arcsin\frac{2}{3}\right)$;

(3) $\arcsin 1$；　　　　(4) $\tan\left[\arcsin\left(-\frac{\sqrt{2}}{2}\right)\right]$.

2. 求下列各式的值.

(1) $\arccos(-1)$；　　　　(2) $\cos\left[\arccos\left(-\frac{2}{3}\right)\right]$；

(3) $\sin\left[\arccos\left(-\frac{1}{2}\right)\right]$；　　　　(4) $\arccos\left(\cos\frac{2\pi}{3}\right)$.

3. 求下列各式的值.

(1) $\arctan\frac{\sqrt{3}}{3}$；　　　　(2) $\arctan(-1)$；

(3) $\tan(\arctan 2.75)$；　　　　(4) $\operatorname{arccot}\left(-\frac{\sqrt{3}}{3}\right)$.

4. 以下各式是否成立？为什么？

(1) $\sin\left(\arcsin\frac{\sqrt{5}}{2}\right)=\frac{\sqrt{5}}{2}$；　　　　(2) $\arcsin\left(\sin\frac{2\pi}{3}\right)$.

5. $\arccos 1.2$ 有意义吗？为什么？

第二节　初等函数

一、复合函数

在实际问题中，经常会遇到由几个简单的函数组合而成的复杂的函数，例如，函数 $y=\ln\sin x$ 是由 $y=\ln u$ 及 $u=\sin x$ 复合而成的.

定义 1　设 $y=f(u)$ 的定义域为 D，函数 $u=\varphi(x)$ 的值域为 W，$D\cap W$ 非空，则称 $y=f[\varphi(x)]$ 为复合函数. 其中 x 为自变量，y 为因变量，u 为中间变量.

复合函数可以由两个函数复合而成，也可以由多个函数复合而成.

例如，由函数 $y=\sqrt{u}$ 和 $u=1+2x$ 可以复合成函数 $y=\sqrt{1+2x}$.

由函数 $y=\ln u$ 和 $u=\tan x$ 可以复合成函数 $y=\ln(\tan x)$.

由函数 $y=3^u$，$u=\sin v$ 和 $v=3x$ 可以复合成函数 $y=3^{\sin 3x}$.

例 1　求出由所给函数复合而成的函数.

(1) $y=u^2$，$u=\sin x$；　　　　(2) $y=\sin u$，$u=x^2$；

(3) $y=\ln u$，$u=v^2-1$，$v=\tan x$；　　　　(4) $y=e^u$，$u=v^2$，$v=\frac{x-1}{x+1}$.

解　(1) 将后者依次代入前者，得复合函数　$y=(\sin x)^2=\sin^2 x$.

(2) 将后者依次代入前者，得复合函数　$y=\sin x^2$.

(3) 将后者代入前者，得　$u=\tan^2 x-1$.

将 u 代入 y 得复合函数　$y=\ln(\tan^2 x-1)$.

(4) 将后者代入前者，得　$u=\left(\frac{x-1}{x+1}\right)^2$，

将 u 代入 y 得复合函数　$y=\mathrm{e}^{\left(\frac{x-1}{x+1}\right)^2}$.

注意　不是任意两个函数都可以构成一个复合函数.

例如 $y=\arccos x$ 和 $u=x^2+3$ 就不能构成复合函数,因为 $y=\arccos x$ 的定义域 $D=[-1,1]$ 与 $u=x^2+3$ 的值域 $[3,+\infty)$ 的交集为空集.

例 2　设 $f(x)=x^3,g(x)=2^x$,求 $f[g(x)]$ 和 $g[f(x)]$.

解　$f[g(x)]=[g(x)]^3=(2^x)^3=2^{3x}$.

$g[f(x)]=2^{f(x)}=2^{x^3}$.

例 3　设 $f(x)=\dfrac{1}{1-x}(x\neq 0,x\neq 1)$,求 $f[f(x)]$ 及 $f\{f[f(x)]\}$.

解　$f[f(x)]=\dfrac{1}{1-f(x)}=\dfrac{1}{1-\dfrac{1}{1-x}}=\dfrac{x-1}{x}$.

$$f\{f[f(x)]\}=\frac{1}{1-f[f(x)]}=\frac{1}{1-\dfrac{x-1}{x}}=x.$$

***例 4**　设 $f\left(\dfrac{1-x}{x}\right)=\dfrac{1}{x}+\dfrac{x^2}{2x^2-2x+1}-1(x\neq 0)$,求 $f(x)$.

解　令 $\dfrac{1-x}{x}=t$,则 $x=\dfrac{1}{t+1}$,于是

$$f(t)=(t+1)+\frac{\left(\dfrac{1}{t+1}\right)^2}{2\left(\dfrac{1}{t+1}\right)^2-2\left(\dfrac{1}{t+1}\right)+1}-1=t+\frac{1}{t^2+1},$$

由于函数关系与变量选用什么字母表示无关,故所求的函数为

$$f(x)=x+\frac{1}{x^2+1}.$$

幂函数、指数函数、对数函数、三角函数及反三角函数统称为基本初等函数。

为了更好地研究函数,有时需要将一个复合函数分解成若干个基本初等函数或简单函数,这里的简单函数是指基本初等函数经有限次四则运算所得的函数,其分解方法是“由外到里,逐层分解”.

例 5　指出下列函数是由哪些基本初等函数或简单函数复合而成的.

(1) $y=\cos^2 x$;　　(2) $y=(x-1)^2$;

(3) $y=\mathrm{e}^{\frac{-x^2}{2}}$;　　(4) $y=\arctan\sqrt{x^2+1}$.

解　(1) $y=\cos^2 x$ 是由 $y=u^2,u=\cos x$ 复合而成的;

(2) $y=(x-1)^2$ 是由 $y=u^2,u=x-1$ 复合而成的;

(3) $y=\mathrm{e}^{\frac{-x^2}{2}}$ 是由 $y=\mathrm{e}^u,u=-\dfrac{x^2}{2}$ 复合而成的;

(4) $y=\arctan\sqrt{x^2+1}$ 是由 $y=\arctan u,u=\sqrt{v},v=x^2+1$ 复合而成的.

二、初等函数

定义 2　由基本初等函数经过有限次四则运算与有限次复合所构成，并且能用一个解析式表示的函数，称为初等函数.

例如，线性函数 $y = ax + b$，二次函数 $y = ax^2 + bx + c$，以及 $y = \sqrt[3]{x^2 - 1}$，$y = \sin^2 x$，$y = e^{-2x}$，$y = \ln(x + \sqrt{1 + x^2})$ 都是初等函数.

本教材研究的函数，主要为初等函数. 初等函数为积分研究的主要对象.

由初等函数的定义可知，初等函数是用一个表达式表示的函数，分段函数一般不是初等函数.

如符号函数

$$y = \operatorname{sgn} x = \begin{cases} -1, & x < 0, \\ 0, & x = 0, \\ 1, & x > 0, \end{cases}$$

显然上述表达式按照函数的定义是一个函数，准确地说是一个分段函数但不是初等函数.

习题 4-2

1. 填空题.

(1) 如果 $y = \sqrt{1 + u}$，$u = \sin v$，$v = \log_a x$，将 y 表示成 x 的函数为 $y =$ ________.

(2) 设 $y = f(u) = \sqrt{u}$，$u = \varphi(x) = 1 - x^2$，则 $y = f[\varphi(x)] =$ ________.

(3) 函数 $f(x) = x|x|$ 的分段函数形式为________.

2. 求出由所给函数复合而成的函数.

(1) $y = u^2, u = \sin x$；　　(2) $y = \sin u, u = 2x$；

(3) $y = e^u, u = \sin v, v = x^2 + 1$；　　(4) $y = \lg u, u = 3^v, v = \sin x$.

3. 指出下列函数是由哪些基本初等函数或简单函数复合而成的.

(1) $y = 3^{\tan x}$；　　(2) $y = \sqrt[3]{5x - 1}$；

(3) $y = \sin^2 5x$；　　(4) $y = \cos\sqrt{2x + 1}$；

(5) $y = \ln(\sin e^{x+1})$；　　(6) $y = e^{\sin\frac{1}{x}}$.

本章小结

一、主要内容

1. 反三角函数

反三角函数的概念、图像、性质如下所示.

名称		反正弦函数	反余弦函数	反正切函数	反余切函数
定义		$y=\sin x\left(x\in\left[-\frac{\pi}{2},\frac{\pi}{2}\right]\right)$的反函数，叫作反正弦函数，记作$y=\arcsin x$	$y=\cos x(x\in[0,\pi])$的反函数，叫作反余弦函数，记作$y=\arccos x$	$y=\tan x\left(x\in\left(-\frac{\pi}{2},\frac{\pi}{2}\right)\right)$的反函数，叫作反正切函数，记作$y=\arctan x$	$y=\cot x(x\in(0,\pi))$的反函数，叫作反余切函数，记作$y=\operatorname{arccot} x$
图像		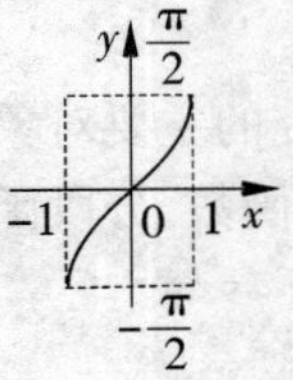	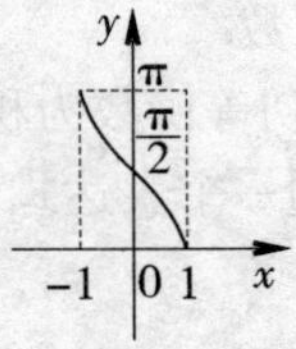	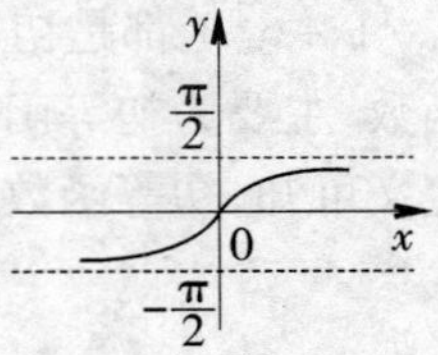	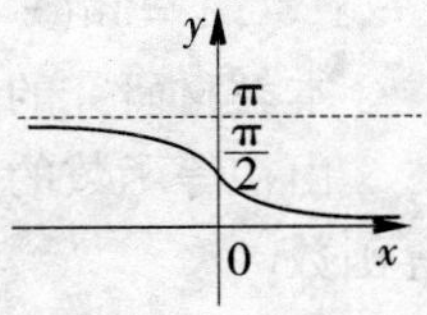
理解		$\arcsin x$表示属于$\left[-\frac{\pi}{2},\frac{\pi}{2}\right]$且正弦值等于$x$的角	$\arccos x$表示属于$[0,\pi]$且余弦值等于x的角	$\arctan x$表示属于$\left(-\frac{\pi}{2},\frac{\pi}{2}\right)$且正切值等于$x$的角	$\operatorname{arccot} x$表示属于$(0,\pi)$且余切值等于x的角
性质	定义域	$[-1,1]$	$[-1,1]$	$(-\infty,+\infty)$	$(-\infty,+\infty)$
	值域	$\left[-\frac{\pi}{2},\frac{\pi}{2}\right]$	$[0,\pi]$	$\left(-\frac{\pi}{2},\frac{\pi}{2}\right)$	$(0,\pi)$
	单调性	在$[-1,1]$上是增函数	在$[-1,1]$上是减函数	在$(-\infty,+\infty)$上是增函数	在$(-\infty,+\infty)$上是减函数
	奇偶性	奇函数	非奇非偶	奇函数	非奇非偶
	周期性	都不是周期函数			
恒等式		$\sin(\arcsin x)=x$ $(x\in[-1,1])$ $\arcsin(\sin x)=x$ $\left(x\in\left[-\frac{\pi}{2},\frac{\pi}{2}\right]\right)$	$\cos(\arccos x)=x$ $(x\in[-1,1])$ $\arccos(\cos x)=x$ $(x\in[0,\pi])$	$\tan(\arctan x)=x$ $(x\in\mathbf{R})$ $\arctan(\tan x)=x$ $\left(x\in\left(-\frac{\pi}{2},\frac{\pi}{2}\right)\right)$	$\cot(\operatorname{arccot} x)=x$ $(x\in\mathbf{R})$ $\operatorname{arccot}(\cot x)=x$ $(x\in(0,\pi))$
互余恒等式		$\arcsin x+\arccos x=\frac{\pi}{2}(x\in[-1,1])$		$\arctan x+\operatorname{arccot} x=\frac{\pi}{2}(x\in\mathbf{R})$	

2. 复合函数：设$y=f(u)$的定义域为D，函数$u=\varphi(x)$的值域为W，$D\cap W$非空，则称$y=f[\varphi(x)]$为复合函数.

3. 初等函数：由基本初等函数经过有限次四则运算与有限次复合所构成，并且能用一个解析式表示的函数，称为初等函数.

二、主要方法

1. 理解符号$\arcsin x$、$\arccos x$、$\arctan x$、$\operatorname{arccot} x$的含义，根据三角函数值和反三角函数恒等式求值；

2. 复合函数的分解方法是“由外到里，逐层分解”.

本章复习题

1. 求下列各式的值.

(1) $\arcsin\left(-\frac{\sqrt{2}}{2}\right)$;

(2) $\arcsin\frac{1}{2}$;

(3) $\arccos\left(-\frac{1}{2}\right)$;

(4) $\arccos 0$;

(5) $\arctan\left(-\frac{\sqrt{3}}{3}\right)$;

(6) $\operatorname{arccot}\frac{\sqrt{3}}{3}$.

2. 求下列各式的值.

(1) $\sin\left[\arcsin\left(-\frac{\sqrt{3}}{2}\right)\right]$;

(2) $\cos\left[\arccos\left(-\frac{\sqrt{2}}{2}\right)\right]$;

(3) $\sin\left(\frac{1}{2}\arcsin\frac{\sqrt{3}}{2}\right)$;

(4) $\tan\left[\arctan\left(-\frac{\sqrt{3}}{3}\right)\right]$.

3. 求下列各式的值.

(1) $\arcsin\left(\sin\frac{5\pi}{4}\right)$;

(2) $\arccos\left[\cos\left(-\frac{\pi}{6}\right)\right]$;

(3) $\arctan\left(\tan\frac{3\pi}{4}\right)$;

(4) $\operatorname{arccot}\left(\cot\frac{5\pi}{4}\right)$.

4. 求下列函数的定义域和值域.

(1) $y=3\arcsin\frac{x}{2}$;

(2) $y=2\arcsin(1-x)$;

(3) $y=-\arccos x$;

(4) $y=\arctan\frac{x}{2}$.

5. (1) 设 $f(x)=3x+5$, 求 $f[f(x)-2]$.

(2) 如果 $f\left(\frac{1}{x}\right)=\left(\frac{x+1}{x}\right)^2 (x\neq 0)$, 求 $f(x)$.

6. 指出下列函数是由哪些函数复合而成的.

(1) $y=(1+x)^2$;

(2) $y=\sin\frac{3}{2}x$;

(3) $y=\ln(\tan\sqrt{x})$;

(4) $y=\sqrt[3]{\cos(2x+1)}$.

第五章　极限和连续

高等数学研究的主要对象是函数. 微积分学是研究函数关系的一门数学学科. 极限方法是微积分学的基本方法,微积分学中的许多概念都是在极限概念的基础上建立的. 连续性是函数的重要性质之一,微积分学是以连续函数作为主要研究对象的.

本章在中学数学的基础上,进一步学习函数极限的概念及其运算,讨论函数的连续性,为学习微积分打下基础.

第一节　极　限

在中国古代、古希腊、古巴比伦、古埃及的早期数学文献中都有涉及极限的方法. 古希腊的阿基米德(约公元前287 ~前212年)用边数越来越多的正多边形去逼近圆的面积,称为“穷竭法”. 中国魏晋时期的刘徽在其《九章算术注》(公元263年)中,对于计算圆的面积提出了著名的“割圆法”,“割之弥细,所失弥少. 割之又割,以至于不可割,则与圆周合体,而无所失矣.”意思是说,圆内接正 n 边形的边数 n 越大,正边形的面积 S_n 就越接近于圆的面积 S ,当 n 充分大时, S_n 就等于 S . 这些都是原始的极限方法.

一、数列的极限

按照一定的次序排列起来的一列数

$$x_1, x_2, x_3, \cdots, x_n, \cdots$$

称为数列,记为 $\{x_n\}$,其中 $n \in \mathbf{N}^+$. 数列中的每一个数称为数列的项, x_n 称为数列的通项或者一般项.

例1　当 n 无限增大时,观察下列数列的变化趋势.

(1) $1, \frac{1}{2}, \frac{1}{3}, \frac{1}{4}, \cdots, \frac{1}{n}, \cdots$

(2) $\frac{1}{2}, \frac{2}{3}, \frac{3}{4}, \frac{4}{5}, \cdots, \frac{n}{n+1}, \cdots$

(3) $1, 2, 3, 4, \cdots, n, \cdots$

(4) $0, 1, 0, 1, \cdots, \frac{1+(-1)^n}{2}, \cdots$

解　(1)如图5-1所示,随着数列的项数 n 越来越大,数列 $\left\{\frac{1}{n}\right\}$ 的项越来越趋近于0,当 n 无限增大时,数列 $\left\{\frac{1}{n}\right\}$ 的项无限趋近于0.

(2)如图5-2所示,随着数列的项数 n 越来越大,数列 $\left\{\frac{n}{n+1}\right\}$ 的项越来越趋近于1,

当 n 无限增大时，数列 $\left\{\frac{n}{n+1}\right\}$ 的项无限趋近于 1.

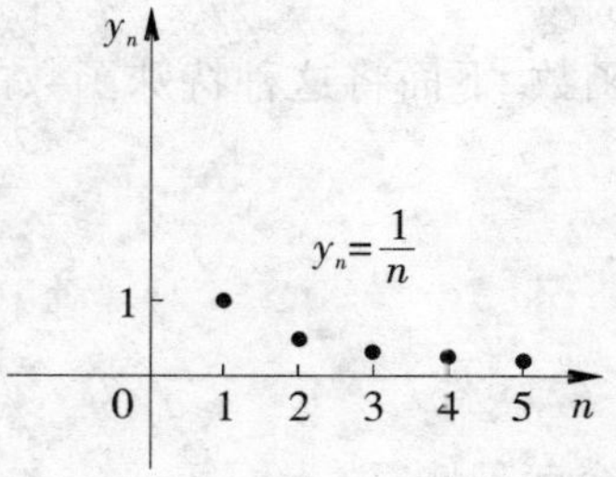

图 5-1

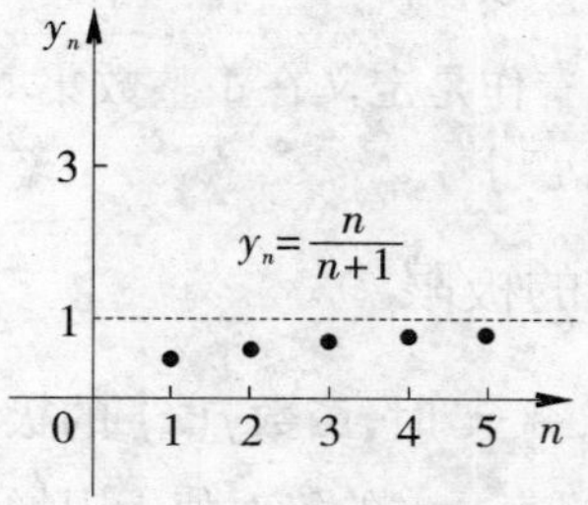

图 5-2

(3) 如图 5-3 所示，随着数列的项数 n 越来越大，数列 $\{n\}$ 的项越来越大，当 n 无限增大时，数列 $\{n\}$ 的项无限增大，不趋近于任何一个常数.

(4) 如图 5-4 所示，随着数列的项数 n 越来越大，数列 $\left\{\frac{1+(-1)^n}{2}\right\}$ 的项在 0 与 1 两数之间跳跃，当 n 无限增大时，数列 $\left\{\frac{1+(-1)^n}{2}\right\}$ 的项始终在 0 与 1 两数之间跳跃，不趋近于任何一个常数.

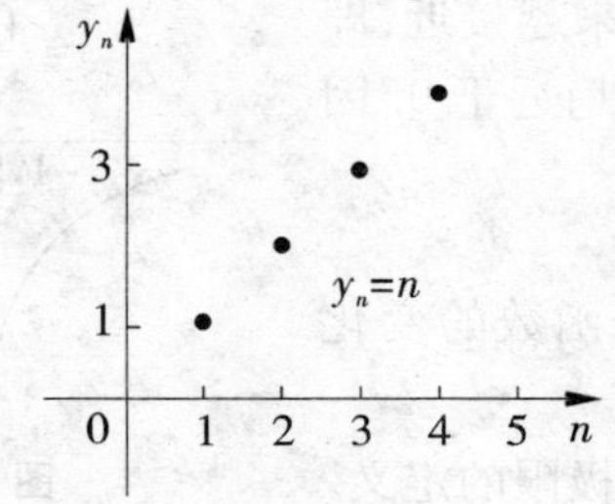

图 5-3

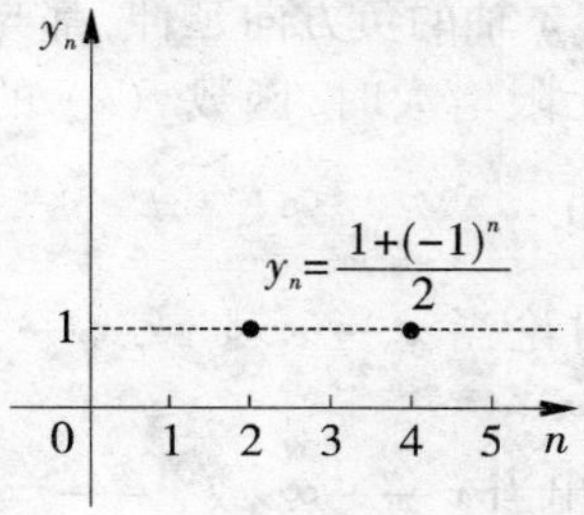

图 5-4

定义 1 对于数列 $\{y_n\}$，如果当项数 n 无限增大，y_n 无限趋近于某个确定的常数 A，则称 A 为数列 $\{y_n\}$ 的极限，记为

$$\lim_{n\to\infty} y_n = A \quad 或 \quad y_n \to A(n\to\infty).$$

这时称数列 $\{y_n\}$ 收敛于 A；如果数列 $\{y_n\}$ 没有极限，则称该数列是发散的.

由例 1 可知，$\lim\limits_{n\to\infty}\frac{1}{n}=0$，$\lim\limits_{n\to\infty}\frac{n}{n+1}=1$，而 $\lim\limits_{n\to\infty} n$ 与 $\lim\limits_{n\to\infty}\frac{1+(-1)^n}{2}$ 均不存在，因此数列 $\left\{\frac{1}{n}\right\}$ 收敛于 0，数列 $\left\{\frac{n}{n+1}\right\}$ 收敛于 1，而数列 $\{n\}$ 与 $\left\{\frac{1+(-1)^n}{2}\right\}$ 均是发散的.

常用的数列极限有：

(1) $\lim\limits_{n\to\infty}\frac{1}{n}=0$；　　(2) $\lim\limits_{n\to\infty}\frac{n}{n+1}=1$；

(3) $\lim\limits_{n\to\infty}(-1)^n\dfrac{1}{n}=0$;　　　　(4) $\lim\limits_{n\to\infty}\dfrac{1}{2^n}=0$;

(5) $\lim\limits_{n\to\infty}C=C$.

数列可以看作是定义在正整数集 $\mathbf{N}^+$ 上的函数. 下面将这种特殊函数的极限概念推广到一般函数.

二、函数的极限

(一) 当 $x\to\infty$ 时, 函数 $f(x)$ 的极限

"$x\to\infty$"表示 x 的绝对值无限增大, 它包含两种情况:

(1) x 取正值无限增大, 记作 $x\to+\infty$;

(2) x 取负值且绝对值无限增大, 记作 $x\to-\infty$.

定义 2　如果当 x 的绝对值无限增大时, 函数 $f(x)$ 无限趋近于某个确定的常数 A, 则 A 称为函数 $f(x)$ 当 $x\to\infty$ 时的极限, 记为

$$\lim_{x\to\infty}f(x)=A \quad 或 \quad f(x)\to A(x\to\infty).$$

例 2　观察当 $x\to\infty$ 时, 函数 $f(x)=\dfrac{1}{x}$ 的变化趋势.

解　由图 5-5 可以看出, 曲线 $f(x)=\dfrac{1}{x}$ 无论是沿着 x 轴的正方向还是沿着 x 轴的负方向延伸, 都与 x 轴越来越接近, 即当 x 的绝对值无限增大时, 函数 $f(x)$ 的值无限趋近于 0. 因此, 有 $\lim\limits_{x\to\infty}\dfrac{1}{x}=0$.

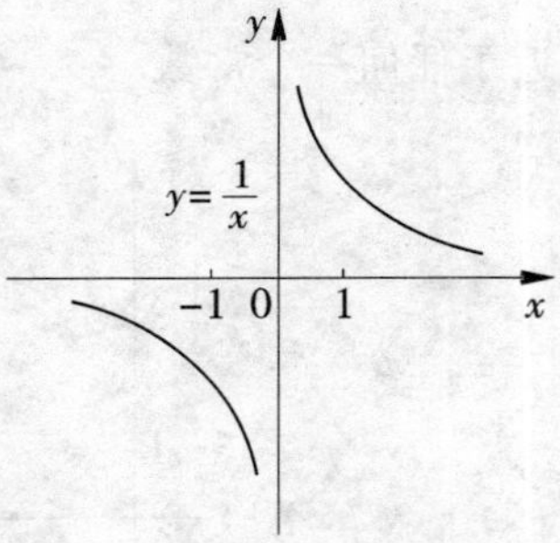

图 5-5

有时还需讨论当 $x\to+\infty$ 或 $x\to-\infty$ 时, 函数的变化趋势.

类似地, 给出当 $x\to+\infty$ 或 $x\to-\infty$ 时函数极限的定义.

定义 3　如果当 $x\to+\infty$ ($x\to-\infty$) 时, 函数 $f(x)$ 无限趋近于某个确定的常数 A, 则 A 称为函数 $f(x)$ 当 $x\to+\infty$ ($x\to-\infty$) 时的极限, 记为

$$\lim_{x\to+\infty}f(x)=A\ \left(\lim_{x\to-\infty}f(x)=A\right)$$

或

$$f(x)\to A(x\to+\infty)\ (f(x)\to A(x\to-\infty)).$$

根据定义 2 和定义 3, 容易得到下面结论

$$\lim_{x\to\infty}f(x)=A \Leftrightarrow \lim_{x\to+\infty}f(x)=\lim_{x\to-\infty}f(x)=A.$$

例 3　观察当 $x\to\infty$ 时, 函数 $f(x)=\arctan x$ 的变化趋势.

解　由图 5-6 可以看出, 曲线 $f(x)=\arctan x$ 沿着 x 轴的正方向延伸时, 函数 $f(x)$ 的值无限趋近于 $\dfrac{\pi}{2}$, 沿着 x 轴的负方向延伸时, 函数 $f(x)$ 的值无限趋近于

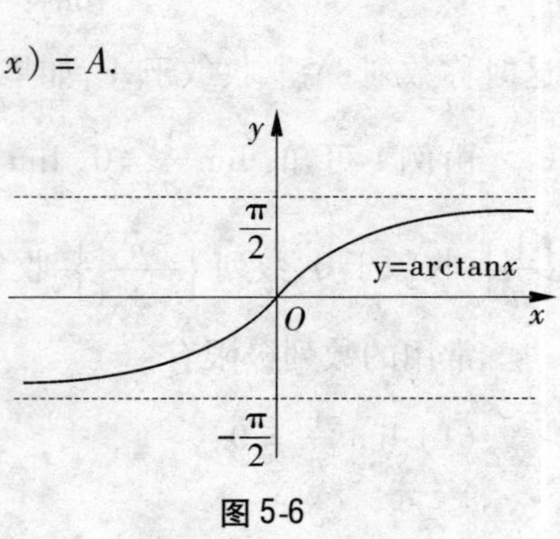

图 5-6

$-\dfrac{\pi}{2}$，而 $\lim\limits_{x\to+\infty}\arctan x \neq \lim\limits_{x\to-\infty}\arctan x$，所以 $\lim\limits_{x\to\infty}\arctan x$ 不存在.

（二）当 $x\to x_0$ 时，函数 $f(x)$ 的极限

先介绍邻域的概念，设 δ 是某个正数，称开区间 $(x_0-\delta,x_0+\delta)$ 为以 x_0 为中心，以 δ 为半径的邻域，简称为点 x_0 的邻域，记作 $U(x_0,\delta)$. 称区间 $(x_0-\delta,x_0)\cup(x_0,x_0+\delta)$ 为点 x_0 的去心邻域，记作 $\mathring{U}(x_0,\delta)$.

“$x\to x_0$”表示 x 无限接近 x_0，它包含两种情况：

(1) x 从 x_0 的右侧无限接近 x_0，记作 $x\to x_0^+$，此时有 $x>x_0$；

(2) x 从 x_0 的左侧无限接近 x_0，记作 $x\to x_0^-$，此时有 $x<x_0$.

定义 4 设函数 $f(x)$ 在点 x_0 的去心邻域内有定义，如果当 x 无限接近定值 x_0 时，函数 $f(x)$ 无限趋近于某个确定的常数 A，则 A 称为函数 $f(x)$ 当 $x\to x_0$ 时的极限，记为

$$\lim_{x\to x_0}f(x)=A \quad 或 \quad f(x)\to A(x\to x_0).$$

例 4 考察当 $x\to1$ 时，函数 $f(x)=\dfrac{x^2-1}{x-1}$ 的变化趋势.

解 当 $x\neq1$ 时，函数 $f(x)=\dfrac{x^2-1}{x-1}=x+1$. 由图 5-7 可以看出，当 $x\to1$ 时，函数 $f(x)\to2$.

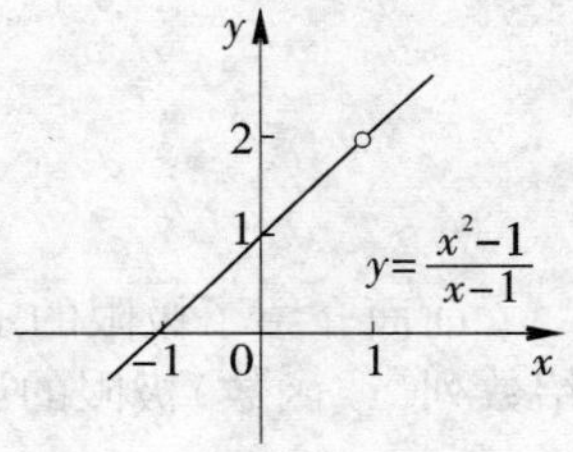

图 5-7

由例 4 可知，函数 $f(x)$ 在函数 x_0 处的极限是否存在与其在 x_0 处是否有定义无关.

上面讨论了 $x\to x_0$ 时，函数 $f(x)$ 的极限，对于 $x\to x_0^+$ $(x\to x_0^-)$ 时的情形，有如下定义.

定义 5 设函数 $f(x)$ 在点 x_0 的去心邻域内有定义，如果当 $x\to x_0^+$ $(x\to x_0^-)$ 时，函数 $f(x)$ 无限趋近于某个确定的常数 A，则 A 称为函数 $f(x)$ 当 $x\to x_0$ 时的右(左)极限，记为

$$\lim_{x\to x_0^+}f(x)=A\left(\lim_{x\to x_0^-}f(x)=A\right)$$

或

$$f(x_0+0)=A(f(x_0-0)=A).$$

左极限、右极限统称为单侧极限.

根据定义 4 和定义 5，容易得到极限与单侧极限的关系

$$\lim_{x\to x_0}f(x)=A\Leftrightarrow \lim_{x\to x_0^+}f(x)=\lim_{x\to x_0^-}f(x)=A.$$

例 5 设函数 $f(x)=\begin{cases}x-1, & x<0,\\ 0, & x=0,\\ x+1, & x>0,\end{cases}$ 画出该函数的图像，并讨论 $\lim\limits_{x\to0}f(x)$，$\lim\limits_{x\to0^-}f(x)$，$\lim\limits_{x\to0^+}f(x)$ 是否存在.

解 函数 $f(x)$ 的图像如图 5-8 所示，由图可以看出

$$\lim_{x\to0^+}f(x)=1,\ \lim_{x\to0^-}f(x)=-1.$$

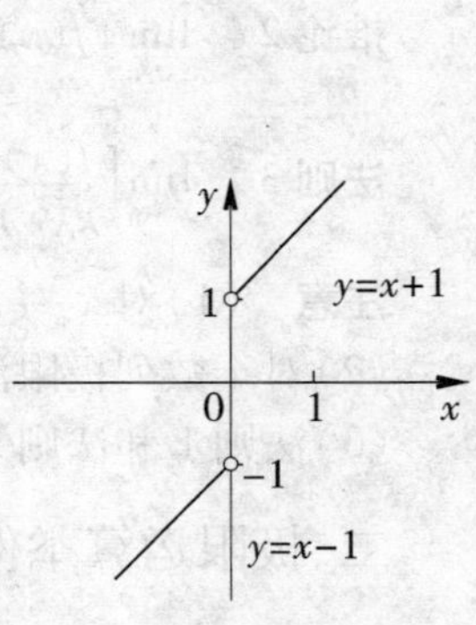

图 5-8

因为左极限和右极限存在但不相等，所以由上面结论知

$\lim\limits_{x \to 0} f(x)$ 不存在.

习题 5-1

1. 观察下列数列的变化趋势,写出它们的极限.

(1) $\{x_n\} = \left\{1 - \dfrac{1}{10^n}\right\}$; (2) $\{x_n\} = \left\{\dfrac{n-1}{n+1}\right\}$;

(3) $\{x_n\} = \left\{2 + \dfrac{1}{n^2}\right\}$.

2. 设函数 $f(x) = \begin{cases} x^2, & x > 0, \\ x, & x \leqslant 0, \end{cases}$ (1) 作出函数 $f(x)$ 的图像; (2) 求 $\lim\limits_{x \to 0^+} f(x)$ 及 $\lim\limits_{x \to 0^-} f(x)$;

(3) $x \to 0$ 时, $f(x)$ 的极限是否存在?

3. 设函数 $f(x) = \dfrac{x}{x}$,画出图像,并求 $x \to 0$ 时, $f(x)$ 的左、右极限.

4. 设函数 $f(x) = \begin{cases} 2x, & 0 \leqslant x < 1, \\ 3 - x, & 1 < x \leqslant 2, \end{cases}$ 求 $\lim\limits_{x \to 1^+} f(x)$, $\lim\limits_{x \to 1^-} f(x)$, $\lim\limits_{x \to 1} f(x)$.

第二节 极限的四则运算

前面介绍了极限的定义.根据定义,可以用观察法得出一些简单函数的极限.下面介绍数列(或函数)极限的运算法则,并利用这些法则求函数的极限.

一、极限的四则运算

在求一些较复杂的函数的极限时,有时需要用到极限的四则运算法则.

设 $\lim\limits_{x \to x_0} f(x) = A$, $\lim\limits_{x \to x_0} g(x) = B$,则有

法则 1 $\lim\limits_{x \to x_0} [f(x) \pm g(x)] = \lim\limits_{x \to x_0} f(x) \pm \lim\limits_{x \to x_0} g(x) = A \pm B$.

法则 2 $\lim\limits_{x \to x_0} [f(x) \cdot g(x)] = \lim\limits_{x \to x_0} f(x) \cdot \lim\limits_{x \to x_0} g(x) = A \cdot B$.

推论 1 $\lim\limits_{x \to x_0} [Cf(x)] = C \lim\limits_{x \to x_0} f(x) = CA$ (C 为常数).

推论 2 $\lim\limits_{x \to x_0} [f(x)]^n = [\lim\limits_{x \to x_0} f(x)]^n = A^n$ (n 为正整数).

法则 3 $\lim\limits_{x \to x_0} \left[\dfrac{f(x)}{g(x)}\right] = \dfrac{\lim\limits_{x \to x_0} f(x)}{\lim\limits_{x \to x_0} g(x)} = \dfrac{A}{B}$ $(B \neq 0)$.

注意 (1)对 $x \to \infty$ 情形,法则都成立.

(2)对于数列极限法则也都成立.

(3)法则 1 和法则 2 均可推广至有限个函数的情形.

二、极限运算举例

例 1 求 $\lim\limits_{x \to 1} (x^2 - 3x + 1)$.

解 $\lim\limits_{x\to1}(x^2-3x+1)=\lim\limits_{x\to1}x^2-\lim\limits_{x\to1}3x+\lim\limits_{x\to1}1=-1.$

例 2 求 $\lim\limits_{x\to3}\left(\dfrac{x^2-9}{x-3}\right)$.

解 因 $\lim\limits_{x\to3}(x-3)=0$,法则(3)不能用. 又因为 $\lim\limits_{x\to3}(x^2-9)=0$,所以应先化简函数 $\dfrac{x^2-9}{x-3}$,约去为零的因子 $x-3$ 后再求极限,所以

$$\lim_{x\to3}\frac{x^2-9}{x-3}=\lim_{x\to3}(x+3)=6.$$

例 3 求 $\lim\limits_{x\to\infty}\dfrac{3x^3-4x^2+2}{6x^3+5x^2-3}$.

解 分子分母同时除以 x^3,得

$$\lim_{x\to\infty}\frac{3x^3-4x^2+2}{6x^3+5x^2-3}=\lim_{x\to\infty}\frac{3-\dfrac{4}{x}+\dfrac{2}{x^3}}{6+\dfrac{5}{x}-\dfrac{3}{x^3}}=\frac{3}{6}=\frac{1}{2}.$$

用同样的方法,可得如下结果

$$\lim_{x\to\infty}\frac{a_0x^n+a_1x^{n-1}+\cdots+a_n}{b_0x^m+b_1x^{m-1}+\cdots+b_m}=\begin{cases}\infty, & (m<n),\\ \dfrac{a_0}{b_0}, & (m=n,a_0\neq0,b_0\neq0),\\ 0, & (m>n).\end{cases}$$

例 4 求 $\lim\limits_{x\to0}\dfrac{\sqrt{1+x^2}-1}{x}$.

解 当 $x\to0$ 时,分母的极限为 0,不能应用法则 3,但当 $x\to0$ 时,由于 $x\neq0$,故分式中可以有理化消去 x,所以

$$\begin{aligned}\lim_{x\to0}\frac{\sqrt{1+x^2}-1}{x}&=\lim_{x\to0}\frac{(\sqrt{1+x^2}-1)(\sqrt{1+x^2}+1)}{x(\sqrt{1+x^2}+1)}\\&=\lim_{x\to0}\frac{x^2}{x(\sqrt{1+x^2}+1)}\\&=\frac{\lim\limits_{x\to0}x}{\lim\limits_{x\to0}\sqrt{1+x^2}+\lim\limits_{x\to0}1}\\&=\frac{0}{1+1}=0.\end{aligned}$$

例 5 求 $\lim\limits_{x\to1}\left(\dfrac{3}{1-x^3}-\dfrac{1}{1-x}\right)$.

解 当 $x\to1$ 时,上式两项极限均不存在,可先通分,再求极限.

$$\begin{aligned}\lim_{x\to1}\left(\frac{3}{1-x^3}-\frac{1}{1-x}\right)&=\lim_{x\to1}\frac{3-(1+x+x^2)}{(1-x)(1+x+x^2)}=\lim_{x\to1}\frac{(2+x)(1-x)}{(1-x)(1+x+x^2)}\\&=\lim_{x\to1}\frac{2+x}{1+x+x^2}=1.\end{aligned}$$

例 6　求 $\lim\limits_{n\to\infty}\dfrac{1+2+3+\cdots+(n-1)+n}{n^2}$.

解　由于 $1+2+3+\cdots+n=\dfrac{n}{2}(n+1)$，所以

$$\lim_{n\to\infty}\frac{1+2+3+\cdots+(n-1)+n}{n^2}=\lim_{n\to\infty}\frac{\frac{n}{2}(n+1)}{n^2}=\frac{1}{2}\lim_{n\to\infty}\frac{1+n}{n}$$

$$=\frac{1}{2}\lim_{n\to\infty}\left(1+\frac{1}{n}\right)=\frac{1}{2}.$$

习题 5-2

1. 求下列极限.

(1) $\lim\limits_{x\to1}(x^2-4x+4)$；　(2) $\lim\limits_{x\to2}\left(\dfrac{x^2+5}{3-x}\right)$；

(3) $\lim\limits_{x\to1}\dfrac{x^2-2x+5}{x^2+1}$；　(4) $\lim\limits_{x\to\sqrt{3}}\dfrac{x^2-3}{x^2+1}$；

(5) $\lim\limits_{x\to1}\dfrac{x^2-1}{2x^2-x-1}$；　(6) $\lim\limits_{x\to-2}\dfrac{x^2-4}{x+2}$；

(7) $\lim\limits_{h\to0}\dfrac{(x+h)^2-x^2}{h}$；　(8) $\lim\limits_{x\to4}\dfrac{x^2-6x+8}{x^2-5x+4}$.

2. 求下列极限.

(1) $\lim\limits_{x\to\infty}\dfrac{2x^2-3x+4}{3x^2+1}$；　(2) $\lim\limits_{x\to\infty}\dfrac{4x^3-3x^2+1}{x^4+2x^3-x+1}$；

(3) $\lim\limits_{n\to\infty}\dfrac{1+2+3+\cdots+n}{(n+2)(n+4)}$；　(4) $\lim\limits_{n\to\infty}\left(1+\dfrac{1}{2}+\dfrac{1}{4}+\cdots+\dfrac{1}{2^n}\right)$；

(5) $\lim\limits_{x\to\infty}\dfrac{1+x^2}{100x}$；　(6) $\lim\limits_{n\to\infty}\left[\dfrac{1}{1\cdot2}+\dfrac{1}{2\cdot3}+\cdots+\dfrac{1}{n\cdot(n+1)}\right]$.

3. 求下列极限.

(1) $\lim\limits_{x\to1}\left(\dfrac{2}{x^2-1}-\dfrac{1}{x-1}\right)$；　(2) $\lim\limits_{x\to1}\left(\dfrac{\sqrt{x+2}-\sqrt{3}}{x-1}\right)$；

(3) $\lim\limits_{x\to+\infty}(\sqrt{x+5}-\sqrt{x})$；　(4) $\lim\limits_{n\to\infty}\left(\dfrac{2^{n+1}+3^{n+1}}{2^n+3^n}\right)$.

第三节　两个重要极限

求函数的极限，除了利用定义和运算法则，有时还需要用到一些特殊极限. 本节重点介绍两个重要极限.

一、$\lim\limits_{x\to0}\dfrac{\sin x}{x}=1$

函数 $\dfrac{\sin x}{x}$ 的定义域为 $x\neq0$ 的全体实数，当 $x\to0$ 时，我们列出数值表（见表 5-1），观

察其变化趋势.

表 5-1

x（弧度）	± 1.00	± 0.100	± 0.010	± 0.001	…
$\dfrac{\sin x}{x}$	0.841 470 98	0.998 334 17	0.999 983 34	0.999 999 84	…

由表 5-1 可知，当 $x \to 0$ 时，$\dfrac{\sin x}{x} \to 1$. 根据极限定义有

$$\lim_{x\to 0}\frac{\sin x}{x} = 1.$$

例 1　求下列函数的极限.

(1) $\lim\limits_{x\to 0}\dfrac{\sin 2x}{x}$;　　(2) $\lim\limits_{x\to\infty} x\sin\dfrac{1}{x}$;

(3) $\lim\limits_{x\to 1}\dfrac{\sin(x-1)}{x-1}$.

解　(1) $\lim\limits_{x\to 0}\dfrac{\sin 2x}{x} = 2\lim\limits_{x\to 0}\dfrac{\sin 2x}{2x} = 2\cdot 1 = 2.$

(2) $\lim\limits_{x\to\infty} x\sin\dfrac{1}{x} = \lim\limits_{x\to\infty}\dfrac{\sin\dfrac{1}{x}}{\dfrac{1}{x}} = \lim\limits_{\frac{1}{x}\to 0}\dfrac{\sin\dfrac{1}{x}}{\dfrac{1}{x}} = 1.$

(3) 令 $x-1=t$，$\lim\limits_{x\to 1}\dfrac{\sin(z-1)}{x-1} = \lim\limits_{x-1\to 0}\dfrac{\sin(x-1)}{x-1} = \lim\limits_{t\to 0}\dfrac{\sin t}{t} = 1.$

例 2　求 $\lim\limits_{x\to 0}\dfrac{\sin ax}{\sin bx}$ $(a\neq 0, b\neq 0)$.

解　$\lim\limits_{x\to 0}\dfrac{\sin ax}{\sin bx} = \dfrac{a}{b}\cdot\lim\limits_{x\to 0}\left(\dfrac{bx}{ax}\cdot\dfrac{\sin ax}{\sin bx}\right) = \dfrac{a}{b}\cdot\lim\limits_{x\to 0}\left(\dfrac{bx}{\sin bx}\cdot\dfrac{\sin ax}{ax}\right)$

$= \dfrac{a}{b}\cdot\lim\limits_{x\to 0}\dfrac{bx}{\sin bx}\cdot\lim\limits_{x\to 0}\dfrac{\sin ax}{ax} = \dfrac{a}{b}\cdot 1\cdot 1 = \dfrac{a}{b}.$

这个结果可以作为公式使用：

$$\lim_{x\to 0}\frac{\sin ax}{\sin bx} = \frac{a}{b}.$$

根据以上例题，可以得出，一般地，当 $x\to x_0\,(x\to\infty)$ 时，若 $\alpha(x)\to 0$，则

$$\lim_{x\to x_0}\frac{\sin\alpha(x)}{\alpha(x)} = 1\ \left(\lim_{x\to\infty}\frac{\sin\alpha(x)}{\alpha(x)} = 1\right).$$

二、$\lim\limits_{x\to\infty}\left(1+\dfrac{1}{x}\right)^x = \mathrm{e}$

当 $x\to\infty$ 时，我们列出 $\left(1+\dfrac{1}{x}\right)^x$ 的数值表（见表 5-2），观察其变化趋势.

表 5-2

x	…	10	100	1 000	10 000	100 000	…
$\left(1+\frac{1}{x}\right)^{x}$	…	2. 593 74	2. 704 81	2. 716 92	2. 718 15	2. 718 27	…
x	…	−10	−100	−1 000	−10 000	−100 000	…
$\left(1+\frac{1}{x}\right)^{x}$	…	2. 867 97	2. 732 00	2. 719 64	2. 718 4	2. 718 30	…

由表 5-2 可见,当 $x\to+\infty$ 或 $x\to-\infty$ 时,$\left(1+\frac{1}{x}\right)^{x}\to \mathrm{e}$,根据极限的定义有

$$\lim_{x\to\infty}\left(1+\frac{1}{x}\right)^{x}=\mathrm{e},$$

其中 e 是个无理数,其值为 2. 718 281 828 459 045….

上式中,设 $u=\frac{1}{x}$,则 $x\to\infty$ 时,$u\to0$,于是又得

$$\lim_{u\to0}(1+u)^{\frac{1}{u}}=\mathrm{e}.$$

例 3 求下列函数的极限.

(1) $\lim\limits_{x\to0}\left(1+\frac{x}{2}\right)^{\frac{1}{x}}$; (2) $\lim\limits_{x\to\infty}\left(1+\frac{1}{x}\right)^{2x}$;

(3) $\lim\limits_{x\to\infty}\left(1-\frac{1}{x}\right)^{x}$.

解 (1) $\lim\limits_{x\to0}\left(1+\frac{x}{2}\right)^{\frac{1}{x}}=\lim\limits_{x\to0}\left[\left(1+\frac{x}{2}\right)^{\frac{2}{x}}\right]^{\frac{1}{2}}=\left[\lim\limits_{x\to0}\left(1+\frac{x}{2}\right)^{\frac{2}{x}}\right]^{\frac{1}{2}}=\mathrm{e}^{\frac{1}{2}}$.

(2) $\lim\limits_{x\to\infty}\left(1+\frac{1}{x}\right)^{2x}=\lim\limits_{x\to\infty}\left[\left(1+\frac{1}{x}\right)^{x}\right]^{2}=\left[\lim\limits_{x\to\infty}\left(1+\frac{1}{x}\right)^{x}\right]^{2}=\mathrm{e}^{2}$.

(3) $\lim\limits_{x\to\infty}\left(1-\frac{1}{x}\right)^{x}=\lim\limits_{x\to\infty}\left[\left(1-\frac{1}{x}\right)^{-x}\right]^{-1}=\left[\lim\limits_{x\to\infty}\left(1-\frac{1}{x}\right)^{-x}\right]^{-1}=\mathrm{e}^{-1}$.

根据例 3 可得以下结论:

当 $x\to x_0(x\to\infty)$ 时,若 $\alpha(x)\to\infty$,则 $\lim\limits_{\substack{x\to x_0\\(x\to\infty)}}\left[1+\frac{1}{\alpha(x)}\right]^{\alpha(x)}=\mathrm{e}$.

当 $x\to x_0(x\to\infty)$ 时,若 $\alpha(x)\to0$,则 $\lim\limits_{\substack{x\to x_0\\(x\to\infty)}}[1+\alpha(x)]^{\frac{1}{\alpha(x)}}=\mathrm{e}$.

例 4 求 $\lim\limits_{x\to\infty}\left(\frac{2-x}{3-x}\right)^{x}$.

解 $\lim\limits_{x\to\infty}\left(\frac{2-x}{3-x}\right)^{x}=\lim\limits_{x\to\infty}\left(1+\frac{1}{x-3}\right)^{(x-3)\cdot\frac{x}{x-3}}=\left[\lim\limits_{x\to\infty}\left(1+\frac{1}{x-3}\right)^{(x-3)}\right]^{\lim\limits_{x\to\infty}\frac{x}{x-3}}$

$=\mathrm{e}^{1}=\mathrm{e}$.

例 5 求 $\lim\limits_{x\to\infty}\left(\frac{2x-1}{2x+1}\right)^{x+\frac{3}{2}}=\lim\limits_{x\to\infty}\left(1+\frac{-2}{2x+1}\right)^{x+\frac{3}{2}}=\lim\limits_{x\to\infty}\left(1+\frac{-2}{2x+1}\right)^{\frac{2x+1}{-2}\cdot\frac{-2}{2x+1}\left(x+\frac{3}{2}\right)}$

$$=\left[\lim_{x\to\infty}\left(1+\frac{-2}{2x+1}\right)^{\frac{2x+1}{-2}}\right]^{\lim\limits_{x\to\infty}\frac{-2\left(x+\frac{3}{2}\right)}{2x+1}}=e^{-1}.$$

习题 5-3

1. 求下列极限.

(1) $\lim\limits_{x\to 0}\frac{\sin 3x}{x}$；

(2) $\lim\limits_{x\to 0}\frac{\sin 5x}{\sin 3x}$；

(3) $\lim\limits_{x\to\infty}x^2\sin^2\frac{1}{x}$；

(4) $\lim\limits_{x\to 0}\frac{x(x-2)}{\sin x}$；

(5) $\lim\limits_{x\to 0}x\cot x$；

(6) $\lim\limits_{x\to 0}\frac{\tan 3x}{x}$.

2. 求下列极限.

(1) $\lim\limits_{x\to 0}(1-x)^{\frac{1}{x}}$；

(2) $\lim\limits_{x\to\infty}\left(\frac{1+x}{x}\right)^{x}$；

(3) $\lim\limits_{x\to 0}(1-3x)^{\frac{1}{x}}$；

(4) $\lim\limits_{x\to 0}\left(\frac{2x+3}{2x+1}\right)^{x+\frac{1}{2}}$；

(5) $\lim\limits_{x\to\infty}\left(\frac{1-x}{3-x}\right)^{2x}$；

(6) $\lim\limits_{x\to 0}(1-\sin x)^{\frac{1}{x}}$.

第四节 无穷大与无穷小

前几节讲了极限的定义、运算法则和两个重要极限，有时求极限还需要用到无穷小和无穷大. 本节重点介绍无穷小与无穷大.

一、无穷小

定义 1 如果 $x\to x_0(x\to\infty)$ 时，函数 $f(x)$ 的极限为零，则称 $f(x)$ 为当 $x\to x_0$ $(x\to\infty)$ 时的无穷小量，简称无穷小，记作 $\lim\limits_{x\to x_0}f(x)=0\left(\lim\limits_{x\to\infty}f(x)=0\right)$.

例如，因为 $\lim\limits_{x\to 1}(x-1)=0$，所以函数 $x-1$ 是当 $x\to 1$ 时的无穷小.

又如，$\lim\limits_{x\to\infty}\frac{1}{x}=0$，所以函数 $\frac{1}{x}$ 是当 $x\to\infty$ 时的无穷小.

注意 (1)不要把无穷小量与很小的数(例如百万分之一)混为一谈. 一般说来，无穷小表达的是量的变化状态，而不是量的大小，一个量不管多么小，都不能是无穷小量.

(2)0 是唯一可作为无穷小的常数.

例 1 自变量在怎样的变化过程中，下列函数为无穷小？

(1) $y=\frac{1}{x-2}$；

(2) $y=3^x$；

(3) $y=\left(\frac{1}{2}\right)^x$.

解 (1)因为 $\lim\limits_{x\to\infty}\dfrac{1}{x-2}=0$,所以当 $x\to\infty$ 时,$\dfrac{1}{x-2}$ 为无穷小.

(2)因为 $\lim\limits_{x\to-\infty}3^x=0$,所以当 $x\to-\infty$ 时,3^x 为无穷小.

(3)因为 $\lim\limits_{x\to+\infty}\left(\dfrac{1}{2}\right)^x=0$,所以当 $x\to+\infty$ 时,$\left(\dfrac{1}{2}\right)^x$ 为无穷小.

无穷小具有以下性质:

性质1 有限个无穷小的代数和仍然是无穷小;

性质2 有限个无穷小的乘积仍然是无穷小;

性质3 有界函数与无穷小的乘积仍然是无穷小.

例2 求 $\lim\limits_{x\to0}x^2\sin\dfrac{1}{x}$.

解 由无穷小定义知 x^2 是当 $x\to0$ 时的无穷小. 而 $\left|\sin\dfrac{1}{x}\right|\leqslant1$,是有界函数. 根据无穷小的性质3 可知,

$$\lim_{x\to0}x^2\sin\frac{1}{x}=0.$$

例3 求 $\lim\limits_{x\to\infty}\dfrac{\sin x}{x}$.

解 当 $x\to\infty$ 时,$\dfrac{1}{x}$ 是无穷小,而 $\sin x$ 是有界函数. 根据无穷小的性质3 可知,

$$\lim_{x\to\infty}\frac{\sin x}{x}=0.$$

二、无穷大

定义2 如果 $x\to x_0(x\to\infty)$ 时,函数 $f(x)$ 的绝对值无限增大,则称 $f(x)$ 为当 $x\to x_0(x\to\infty)$ 时的无穷大量,简称无穷大,记作 $\lim\limits_{x\to x_0}f(x)=\infty\ (\lim\limits_{x\to\infty}f(x)=\infty)$.

例如,函数 $y=\tan x$ 是当 $x\to\dfrac{\pi}{2}$ 时的无穷大,函数 $y=x^2$ 是当 $x\to\infty$ 时的无穷大.

注意 (1)不要把无穷大量与很大的数(例如一千万)混为一谈.

(2)按函数极限的定义,无穷大的函数 $f(x)$ 的极限是不存在的,但为了讨论问题方便,我们也说"函数的极限是无穷大".

三、无穷大与无穷小的关系

前面提到,函数 x 是 $x\to0$ 时的无穷小,而它的倒数 $\dfrac{1}{x}$ 在 $x\to0$ 时却是无穷大,函数 e^x 是 $x\to+\infty$ 时的无穷大,而它的倒数 $\dfrac{1}{e^x}$ 在 $x\to+\infty$ 时却是无穷小.

一般地,无穷小与无穷大之间有如下关系:

在自变量的某一变化过程中,如果 $f(x)$ 是无穷小,且 $f(x)\neq0$,则 $\dfrac{1}{f(x)}$ 是无穷大. 反

之,如果$f(x)$是无穷大,则$\dfrac{1}{f(x)}$是无穷小.

四、无穷小的比较

我们知道,两个无穷小的代数和及乘积仍然是无穷小,但是两个无穷小之比会出现不同的情况. 例如,当$x \to 0$时,$3x, x^2, \sin x$都是无穷小,但是极限$\lim\limits_{x\to 0}\dfrac{x^2}{3x}=0$,极限$\lim\limits_{x\to 0}\dfrac{3x}{x^2}=\infty$,极限$\lim\limits_{x\to 0}\dfrac{\sin x}{x}=1$. 比值的极限不同,反映了不同的无穷小趋于零的速度的差异. 为了比较无穷小趋于零的快慢,我们给出如下定义.

定义 3 设在自变量的同一变化过程,α与β都是无穷小:

(1)因为$\lim\dfrac{\alpha}{\beta}=0$,则称$\alpha$是比$\beta$高阶的无穷小,记成$\alpha=o(\beta)$;

(2)因为$\lim\dfrac{\alpha}{\beta}=\infty$,则称$\alpha$是比$\beta$低阶的无穷小;

(3)因为$\lim\dfrac{\alpha}{\beta}=c(c\neq 0)$,则称$\alpha$与$\beta$是同阶无穷小,特别地,若$\lim\dfrac{\alpha}{\beta}=1$,则称$\alpha$与$\beta$是等价无穷小,记作$\alpha\sim\beta$.

等价无穷小在求两个无穷小之比的极限时,有重要作用. 对此有如下定理.

定理 1 设$\alpha\sim\alpha'$,$\beta\sim\beta'$,且$\lim\dfrac{\alpha'}{\beta'}$存在,则$\lim\dfrac{\alpha}{\beta}=\lim\dfrac{\alpha'}{\beta'}$.

下面是常用的几个等价无穷小代换:

当$x\to 0$时,有

$\sin x\sim x$, $\tan x\sim x$, $\arcsin x\sim x$, $\arctan x\sim x$, $1-\cos x\sim\dfrac{1}{2}x^2$,

$\ln(1+x)\sim x$, $e^x-1\sim x$, $\sqrt{1+x}\sim\dfrac{1}{2}x$.

例 4 求下列极限.

(1) $\lim\limits_{x\to 0}\dfrac{\tan 2x}{\sin 3x}$; (2) $\lim\limits_{x\to 0}\dfrac{\sin x}{x^2+3x}$.

解 (1)当$x\to 0$时,$\tan 2x\sim 2x$,$\sin 3x\sim 3x$,所以

$$\lim_{x\to 0}\frac{\tan 2x}{\sin 3x}=\lim_{x\to 0}\frac{2x}{3x}=\frac{2}{3}.$$

(2)当$x\to 0$时,$\sin x\sim x$,所以

$$\lim_{x\to 0}\frac{\sin x}{x^2+3x}=\lim_{x\to 0}\frac{x}{x^2+3x}=\lim_{x\to 0}\frac{1}{x+3}=\frac{1}{3}.$$

习题 5-4

1. 指出下列各题中,哪些是无穷大? 哪些是无穷小?

(1) $\dfrac{1+3x}{x}(x\to 0)$; (2) $\dfrac{x+1}{x^2-9}(x\to 3)$;

(3) $e^{-x}(x \to +\infty)$;　　　　(4) $2^{\frac{1}{x}}(x \to 0^-)$.

2. 下列函数在自变量怎样变化时是无穷小？怎样变化时是无穷大？

(1) $y = \dfrac{1}{x^2}$;　　　　(2) $y = \dfrac{1}{x+1}$;

(3) $y = \tan x$;　　　　(4) $y = \ln x$.

3. 求下列函数的极限.

(1) $\lim\limits_{x\to 1} \dfrac{x}{x-1}$;　　　　(2) $\lim\limits_{x\to\infty} \dfrac{\arctan x}{x}$;

(3) $\lim\limits_{x\to 0} \dfrac{\tan 2x}{3x}$;　　　　(4) $\lim\limits_{x\to 0} \dfrac{1-\cos x}{\sin^2(2x)}$;

(5) $\lim\limits_{x\to\infty} \dfrac{x-\cos x}{x}$;　　　　(6) $\lim\limits_{x\to 0} \dfrac{1-\cos x}{x\sin x}$.

第五节　函数的连续性

日常生活中的许多现象，它们的变化可分为两种情况，一种是连续的变化，比如植物的生长、气温的升降、水流的速度等；一种是间断或跳跃的变化，比如火车票价随着站点的不同而间断的变化、商品价格的升降变化等. 这些变化反映在数学上就是函数的连续性问题.

一、函数连续性的概念

为了描述函数的连续性，首先引入函数增量的概念.

(一) 增量

定义 1　设变量 μ 从它的一个初值 μ_1 变到终值 μ_2，终值与初值的差 $\mu_2 - \mu_1$ 称为变量 μ 的增量，记为 $\Delta\mu$，即 $\Delta\mu = \mu_2 - \mu_1$.

增量 $\Delta\mu$ 可正、可负，当 $\Delta\mu > 0$ 时，变量 μ 从 μ_1 变到终值 $\mu_2 = \mu_1 + \Delta\mu$ 时是增大的，当 $\Delta\mu < 0$ 时，变量 μ 是减小的. 设函数 $y = f(x)$ 在点 x_0 的某邻域内有定义，当自变量 x 在该邻域内由 x_0 变到 $x_0 + \Delta x$ 时，函数 y 相对应地由 $f(x_0)$ 变到 $f(x_0 + \Delta x)$，因此函数 y 的对应增量为 $\Delta y = f(x_0 + \Delta x) - f(x_0)$.

其几何意义如图 5-9 所示.

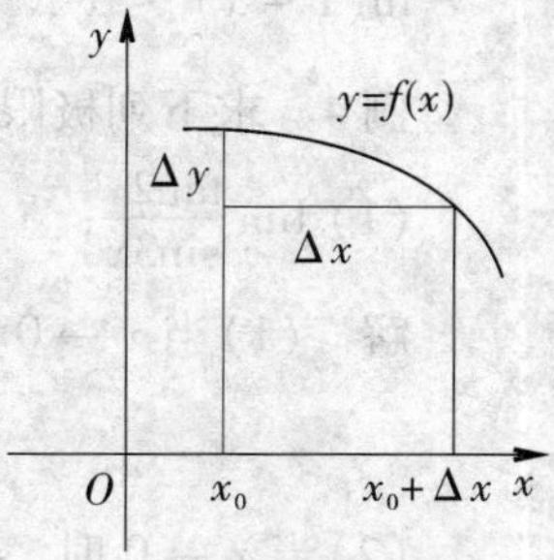

图 5-9

(二) 连续

定义 2　设函数 $y = f(x)$ 在点 x_0 的某一邻域内有定义，如果自变量的增量 $\Delta x = x - x_0$ 趋于零时，对应的函数的增量 $f(x_0 + \Delta x) - f(x_0)$ 也趋近于零，即

$$\lim_{\Delta x\to 0}\Delta y = \lim_{\Delta x\to 0}[f(x_0 + \Delta x) - f(x_0)] = 0,$$

则称函数 $y = f(x)$ 在点 x_0 连续，或称 x_0 为函数 $y = f(x)$ 的连续点.

令 $x_0 + \Delta x = x$，则当 $\Delta x \to 0$ 时，$x \to x_0$，定义 2 中的表达式可写为

$$\lim_{\Delta x \to 0}[f(x_0 + \Delta x) - f(x_0)] = \lim_{x \to x_0}[f(x) - f(x_0)] = 0，即 \lim_{x \to x_0} f(x) = f(x_0).$$

因此，函数 $y = f(x)$ 在点 x_0 处连续的定义又可叙述如定义 3.

定义 3 设函数 $y = f(x)$ 在点 x_0 的某一邻域内有定义，若 $\lim\limits_{x \to x_0} f(x) = f(x_0)$，则称函数 $f(x)$ 在点 x_0 处连续.

若函数 $y = f(x)$ 在点 x_0 处有

$$\lim_{x \to x_0^-} f(x) = f(x_0) \text{ 或 } \lim_{x \to x_0^+} f(x) = f(x_0),$$

则分别称函数 $y = f(x)$ 在点 x_0 处是左连续或右连续. 由此可知，函数 $y = f(x)$ 在点 x_0 处连续的充要条件是函数在 x_0 处既是左连续，又是右连续.

根据定义 3，可以知道，函数 $y = f(x)$ 在点 x_0 处连续必须满足三个条件：

(1) 函数 $y = f(x)$ 在点 x_0 的某一邻域内有定义；

(2) $\lim\limits_{x \to x_0} f(x)$ 存在；

(3) $\lim\limits_{x \to x_0} f(x) = f(x_0)$.

如果以上三个条件中的任何一个不被满足，则函数 $y = f(x)$ 在点 x_0 处间断.

例 1 讨论函数 $y = f(x) = \begin{cases} x, & x \neq 1 \\ \dfrac{1}{2}, & x = 1 \end{cases}$ 在点 $x = 1$ 处的连续性.

解 函数 $y = f(x)$ 在点 $x = 1$ 的某个邻域内有定义，且 $f(1) = \dfrac{1}{2}$，

$$\lim_{x \to 1} f(x) = \lim_{x \to 1} x = 1 \neq \frac{1}{2} = f(1),$$

所以，函数 $y = f(x)$ 在点 $x = 1$ 间断.

例 2 讨论函数 $y = f(x) = \begin{cases} \dfrac{\sin x}{x}, & x < 0 \\ 1, & 0 \leqslant x \leqslant 1 \\ x + 1, & x > 1 \end{cases}$ 在点 $x = 0$ 和 $x = 1$ 处的连续性.

解 讨论 $x = 0$ 处的连续性，函数 $y = f(x)$ 在点 $x = 0$ 的某个邻域有定义，且 $f(0) = 1$，

$$\lim_{x \to 0^-} f(x) = \lim_{x \to 0^-} \frac{\sin x}{x} = 1，\lim_{x \to 0^+} f(x) = \lim_{x \to 0^+} 1 = 1,$$

$$\lim_{x \to 0^+} f(x) = \lim_{x \to 0^-} f(x) = f(0),$$

因此，函数 $y = f(x)$ 在点 $x = 0$ 处连续.

讨论 $x = 1$ 处的连续性，函数 $y = f(x)$ 在点 $x = 1$ 的某个邻域有定义，且 $f(1) = 1$，

$$\lim_{x \to 1^-} f(x) = \lim_{x \to 1^-} 1 = 1，\lim_{x \to 1^+} f(x) = \lim_{x \to 1^+} (x + 1) = 2,$$

$$\lim_{x \to 1^+} f(x) \neq \lim_{x \to 1^-} f(x),$$

即 $\lim\limits_{x \to 1} f(x)$ 不存在，因而函数 $y = f(x)$ 在点 $x = 1$ 处间断.

如果函数 $f(x)$ 在开区间 (a, b) 内的每一点都连续，则称函数 $f(x)$ 在开区间 (a, b) 内连续；如果函数 $f(x)$ 在开区间 (a, b) 内连续，且在左端点 $x = a$ 处右连续，在右端点 $x = b$ 处左连续，则称函数 $f(x)$ 在闭区间 $[a, b]$ 上连续.

二、连续函数的性质与初等函数的连续性

定理 1 设函数 $f(x)$ 和 $g(x)$ 在 x_0 处均连续，则 $f(x) \pm g(x)$，$f(x) \cdot g(x)$ 在该点也连续，又若 $g(x_0) \neq 0$，则 $\dfrac{f(x)}{g(x)}$ 在 x_0 处也连续.

证明 我们仅证明 $f(x) \cdot g(x)$ 的情形.

因为 $f(x)$，$g(x)$ 在 x_0 处连续，所以有 $\lim\limits_{x \to x_0} f(x) = f(x_0)$，$\lim\limits_{x \to x_0} g(x) = g(x_0)$，由极限运算法则可得

$$\lim_{x \to x_0}[f(x) \cdot g(x)] = \lim_{x \to x_0} f(x) \cdot \lim_{x \to x_0} g(x) = f(x_0) \cdot g(x_0),$$

因此，$f(x) \cdot g(x)$ 在 x_0 处连续.

其他情形可以类似证明.

定理 2 设函数 $f(u)$ 在 u_0 处连续，函数 $u = \varphi(x)$ 在 x_0 处连续，且 $u_0 = \varphi(x_0)$，则复合函数 $f[\varphi(x)]$ 在点 x_0 处连续.

这个定理说明了连续函数的复合函数仍为连续函数，并可得到如下结论：

$$\lim_{x \to x_0} f[\varphi(x)] = f[\varphi(x_0)] = f[\lim_{x \to x_0} \varphi(x)].$$

这表明对连续函数求极限时，极限符号与函数符号可以交换次序.

定理 3 初等函数在其定义区间内是连续的.

所谓定义区间，就是包含在定义域内的区间. 初等函数在其定义域内不一定连续. 如，$y = \sqrt{\cos x - 1}$，$y = \sqrt{\dfrac{x^2}{x+1} + 4}$ 等.

例 3 求函数 $y = \sqrt{x+2} + \dfrac{1}{x}$ 的连续区间.

解 由定理知，只需求函数的定义域.

因为函数 $y = \sqrt{x+2} + \dfrac{1}{x}$ 的定义域为 $[-2,0) \cup (0, +\infty)$，所以函数 $y = \sqrt{x+2} + \dfrac{1}{x}$ 的连续区间为 $[-2,0)$，$(0, +\infty)$.

三、闭区间上连续函数的性质

性质 1（最大值最小值定理） 若函数 $f(x)$ 在闭区间 $[a,b]$ 上连续，则它在这个区间上必有最大值和最小值.

如图 5-10 所示，$f(x)$ 在 $[a,b]$ 上连续，$f(x)$ 在 x_1 点处取得最大值 M，$f(x)$ 在 x_2 点处取得最小值 m.

性质 2（介值定理） 若函数 $f(x)$ 在闭区间 $[a,b]$ 上连续，M 和 m 分别是 $f(x)$ 在 $[a,b]$ 上的最大值和最小值，则对介于 m 与 M 之间的任一实数 C，在 (a,b) 内至少存在一点 ξ，使得 $f(\xi) = C$.

如图 5-11 所示，对于任意的实数 $C(m \leqslant C \leqslant M)$，直线 $y = C$ 与连续曲线 $y = f(x)$ 至少有一个交点，若交点的横坐标为 ξ，则有 $f(\xi) = C$.

性质3(零点定理) 若函数$f(x)$在闭区间$[a,b]$上连续,且函数$f(x)$在区间端点的函数值异号,即$f(a)\cdot f(b)<0$,则在(a,b)内至少存在一点ξ,使得$f(\xi)=0$.

如图5-12所示,闭区间$[a,b]$上的连续函数$y=f(x)$,$f(a)>0$,$f(b)<0$曲线与x轴相交于点ξ,即$f(\xi)=0$.

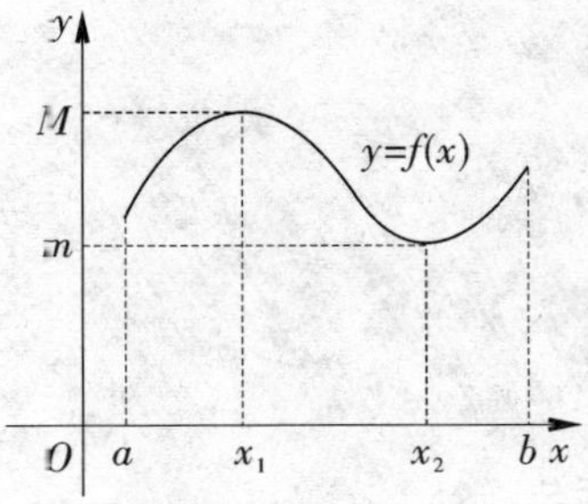

图5-10

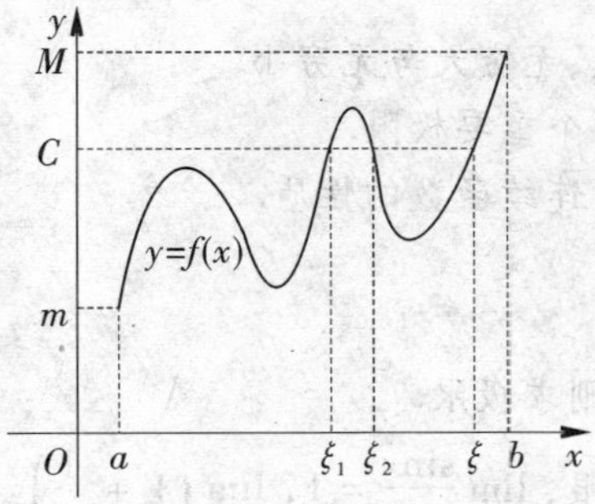

图5-11

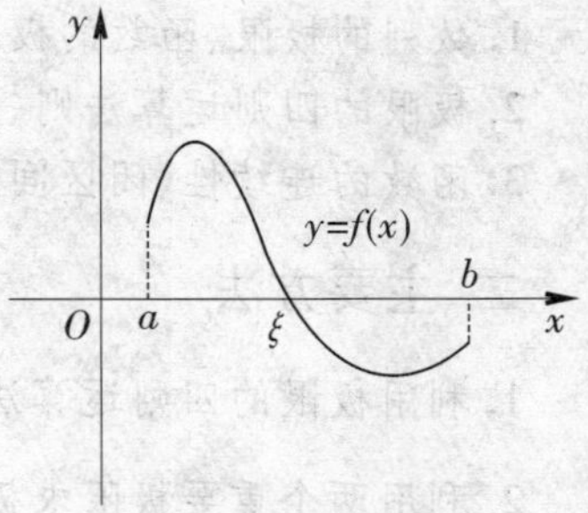

图5-12

习题5-5

1. 求函数$y=-x^2+\frac{x}{2}$,当$x=1$,$\Delta x=0.5$时的增量Δy.

2. 讨论函数$f(x)=\begin{cases}\frac{\sin x}{x}, & x<0\\ x^2+1, & x\geqslant 0\end{cases}$在$x=0$处是否连续?

3. 设函数$f(x)=\begin{cases}1+e^x, & x<0,\\ x+2a, & x\geqslant 0,\end{cases}$问常数$a$为何值时,函数$f(x)$在$(-\infty,+\infty)$内连续?

4. 讨论下列函数的连续性,如有间断点,指出间断点.

(1) $f(x)=\begin{cases}x+1, & 0<x\leqslant 1,\\ 2-x, & 1<x\leqslant 3;\end{cases}$ (2) $f(x)=\begin{cases}2x+1, & x<0,\\ 0, & x=0,\\ x^2-x+1, & x>0;\end{cases}$

(3) $f(x)=\frac{\sin 2x}{x}$; (4) $f(x)=\frac{x}{(1+x)^2}$.

5. 求下列函数的极限.

(1) $\lim\limits_{x\to 0}\ln\frac{\sin x}{x}$; (2) $\lim\limits_{x\to\infty}e^{\frac{1}{x}}$;

(3) $\lim\limits_{x\to 0}\sin[\ln(x^2+1)]$; (4) $\lim\limits_{x\to\infty}\ln\left(1+\frac{1}{x}\right)^x$.

6. 证明方程$x^5-3x=1$至少有一个实根介于1和2之间.

本章小结

一、主要内容

1. 数列的极限、函数的极限、无穷大与无穷小.
2. 极限的四则运算法则、两个重要极限.
3. 函数的连续性、闭区间上连续函数的性质.

二、主要方法

1. 利用极限的四则运算法则求极限.
2. 利用两个重要极限求极限，$\lim\limits_{x\to 0}\dfrac{\sin x}{x}=1$，$\lim\limits_{x\to\infty}\left(1+\dfrac{1}{x}\right)^{x}=\mathrm{e}$.
3. 利用无穷小的性质求极限.
4. 利用初等函数的连续性求极限.
5. 利用左、右极限确定分段函数在分段点处的极限.

本章复习题

1. 选择题.

(1) 数列 $\{x_n\}$ 与 $\{y_n\}$ 的极限分别为 A 与 B，且 $A\neq B$，则数列 $x_1,y_1,x_2,y_2,x_3,y_3,\cdots$ 的极限为(　　).

A. A　　B. B

C. $A+B$　　D. 不存在

(2) 极限 $\lim\limits_{x\to x_0}f(x)=A$ 成立的充分必要条件是(　　).

A. $\lim\limits_{x\to x_0^-}f(x)=\lim\limits_{x\to x_0^+}f(x)=A$　　B. $\lim\limits_{x\to x_0^-}f(x)=A$

C. $\lim\limits_{x\to x_0^+}f(x)=A$　　D. $\lim\limits_{x\to x_0}f(x)=\lim\limits_{x\to x_0^-}f(x)=A$

(3) $f(x)$ 在点 $x=x_0$ 处有定义，是当 $x\to x_0$ 时，$f(x)$ 有极限的(　　).

A. 必要条件　　B. 充分条件

C. 充分必要条件　　D. 无关的条件

(4) $f(x)$ 在点 $x=x_0$ 处有定义，是 $f(x)$ 在 $x=x_0$ 处连续的(　　).

A. 必要条件　　B. 充分条件

C. 充分必要条件　　D. 无关的条件

(5) 函数 $f(x)=\begin{cases}\dfrac{\sin x}{x}, & x\neq 0,\\ k, & x=0,\end{cases}$ 在点 $x=0$ 处连续，则 $k=$ (　　).

A. -2　　B. -1

C. 1　　D. 2

2. 填空题.

(1) 函数$f(x)=x|x|$的分段函数形式为________.

(2) 如果$f(x)$是无穷大,则$\dfrac{1}{f(x)}$是________.

(3) $\lim\limits_{x\to 0}x\sin\dfrac{1}{x}=$________.

(4) $\lim\limits_{x\to 0}(1-x)^{\frac{1}{x}}=$________.

3. 求下列各函数的极限.

(1) $\lim\limits_{x\to 1}\dfrac{x^2-x+1}{2x+1}$;　　(2) $\lim\limits_{x\to 2}\dfrac{x^3-8}{x-2}$;

(3) $\lim\limits_{x\to\infty}\dfrac{4x^3-3x^2+2x-1}{5x^3+7x^2-10}$;　　(4) $\lim\limits_{x\to 0}\dfrac{\sin 3x}{\sin 5x}$;

(5) $\lim\limits_{x\to\infty}\left(1+\dfrac{2}{x}\right)^x$;　　(6) $\lim\limits_{x\to\infty}\left(\dfrac{x}{1+x}\right)^x$.

4. 讨论$\lim\limits_{x\to 0}\dfrac{|x|}{x}$的极限是否存在.

5. 函数$f(x)=\begin{cases}1-\cos x, & x<0\\ x+2, & x\geqslant 0\end{cases}$在点$x=0$处是否连续? 为什么?

6. 函数$f(x)=\begin{cases}\dfrac{2}{x}\sin x, & x<0,\\ k, & x=0,\\ x\sin\dfrac{1}{x}+2, & x>0,\end{cases}$试确定$k$的值,使函数在其定义域内处处连续.

第六章　导数与微分

微分学是微积分的重要组成部分,导数与微分是微分学的两个基本概念.导数反映实际问题中的变化率,即函数相对于自变量的变化快慢程度;而微分反映当自变量有微小变化时,函数的变化幅度大小,即函数相对于自变量的改变量很小时,其改变量的近似值.导数与微分紧密相关,在科学技术以及社会生产实践过程中有着广泛的应用.

第一节　导数的概念

一、导数的定义

(一)引例

1. 变速直线运动的瞬时速度

设一质点作变速直线运动,路程 s 是 t 的函数: $s=s(t)$,当时间 t 从 t_0 变到 $t_0+\Delta t$ 时,质点运动的路程为 $\Delta s=s(t_0+\Delta t)-s(t_0)$,则在 Δt 这段时间内质点的平均速度是

$$\bar{v}=\frac{\Delta s}{\Delta t}=\frac{s(t_0+\Delta t)-s(t_0)}{\Delta t}.$$

由于质点的运动是变速的,无论时间 Δt 取的怎样小,平均速度 $\bar{v}$ 只能是质点在 t_0 时刻速度的近似值.但是我们知道 $|\Delta t|$ 越小, $\bar{v}$ 就越接近于质点在 t_0 时刻的瞬时速度.因此,当 $\Delta t\to 0$ 时,把 $\bar{v}$ 的极限值就定义为质点在时刻 t_0 的瞬时速度,这是合理的.即

$$\bar{v}(t_0)=\lim_{\Delta t\to 0}\frac{\Delta s}{\Delta t}=\lim_{\Delta t\to 0}\frac{s(t_0+\Delta t)-s(t_0)}{\Delta t}.$$

2. 曲线的切线

在中学数学中,圆的切线定义为与圆只有一个交点的直线.对于一般曲线这样的描述显然不合适,为了研究曲线运动,我们需要对一般曲线的切线给予定义并指明如何计算.在数学的发展史上,切线的计算也是推动微分学发生和发展的一个动力.

曲线 C 的方程为 $y=f(x)$,求曲线 C 在定点 $M(x_0,y_0)$ 处切线的斜率.如图 6-1 所示,在曲线上取与定点 $M(x_0,y_0)$ 邻近的动点 $N(x_0+\Delta x,y_0+\Delta y)$,作曲线的割线 MN ,则割线 MN 的斜率为

$$\tan\beta=\frac{\Delta y}{\Delta x}=\frac{f(x_0+\Delta x)-f(x_0)}{\Delta x}$$

其中, β 为割线 MN 与 x 轴正方向的夹角.当动点 N 沿曲线 C 趋于定点 M 时,割线 MN 也随之变动而趋向于其极

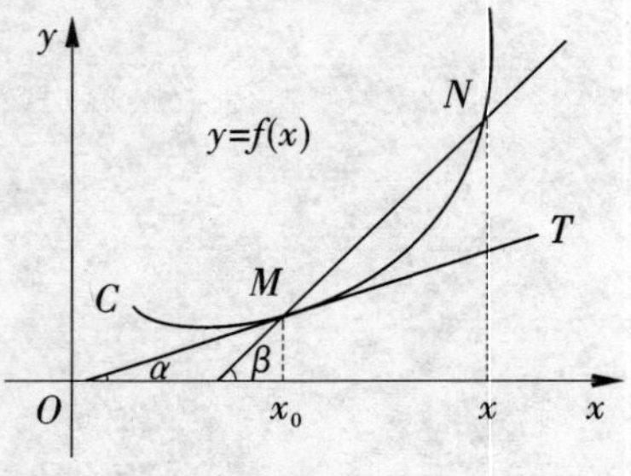

图 6-1

限位置——直线 MT，则称此直线为曲线 $f(x)$ 在定点 M 处的切线，k 为切线 MT 的斜率. 显然，此时角 β 趋向于切线 MT 的倾斜角 α，即切线的斜率为

$$\begin{aligned}\tan\alpha &= \lim_{\Delta x\to 0}\tan\beta \\ &= \lim_{\Delta x\to 0}\frac{\Delta y}{\Delta x} \\ &= \lim_{\Delta x\to 0}\frac{f(x_0+\Delta x)-f(x_0)}{\Delta x}.\end{aligned}$$

这时 $k=\tan\alpha\left(\alpha\neq\frac{\pi}{2}\right)$，其中 α 是切线 MT 的倾斜角.

曲线 C 在点 M 的切线斜率反映了曲线 $y=f(x)$ 在点 M 升降的快慢程度，因此切线斜率又称为曲线 $y=f(x)$ 在 $x=x_0$ 处的变化率.

前两个引例虽然具体内容不同，但都是函数变化率的极限问题，解决问题的方法是相同的，抽象成数学模型就是导数的定义.

（二）导数的定义

定义 1 设函数 $y=f(x)$ 在点 x_0 的某一邻域内有定义，当自变量 x 在 x_0 处有改变量 Δx（点 $x_0+\Delta x$ 仍在该邻域内）时，相应地函数有改变量 $\Delta y=f(x_0+\Delta x)-f(x_0)$，如果极限 $\lim\limits_{\Delta x\to 0}\frac{\Delta y}{\Delta x}=\lim\limits_{\Delta x\to 0}\frac{f(x_0+\Delta x)-f(x_0)}{\Delta x}$ 存在，则称函数 $f(x)$ 在点 x_0 处可导，并称此极限为函数 $f(x)$ 在点 x_0 处的导数，记为 $f'(x_0)$，也可记为 $y'\big|_{x=x_0}$，$\frac{\mathrm{d}y}{\mathrm{d}x}\Big|_{x=x_0}$ 或 $\frac{\mathrm{d}f(x)}{\mathrm{d}x}\Big|_{x=x_0}$.

如果 $\lim\limits_{\Delta x\to 0}\frac{\Delta y}{\Delta x}$ 不存在，则称函数 $f(x)$ 在点 x_0 处不可导.

为了方便起见，导数的定义也可以写成

$$f'(x_0)=\lim_{x\to x_0}\frac{f(x_0+\Delta x)-f(x_0)}{\Delta x}\quad 或\quad f'(x_0)=\lim_{h\to 0}\frac{f(x_0+h)-f(x_0)}{h}.$$

如果极限

$$\lim_{\Delta x\to 0^-}\frac{\Delta y}{\Delta x}=\lim_{\Delta x\to 0^-}\frac{f(x_0+\Delta x)-f(x_0)}{\Delta x},\ \lim_{\Delta x\to 0^+}\frac{\Delta y}{\Delta x}=\lim_{\Delta x\to 0^+}\frac{f(x_0+\Delta x)-f(x_0)}{\Delta x}$$

都存在，则其极限值分别称为函数 $f(x)$ 在点 x_0 处的左导数和右导数，分别记作 $f_-'(x_0)$，$f_-'(x_0)$.

函数 $f(x)$ 在点 x_0 处可导的充分必要条件是函数 $f(x)$ 在点 x_0 处左、右导数都存在且相等.

如果函数 $y=f(x)$ 在区间 (a,b) 内每一点都可导，则称函数 $y=f(x)$ 在区间 (a,b) 内可导. 这时，对于区间 (a,b) 内每一个 x 值，都有唯一确定的导数值 $f'(x)$ 与之对应，所以 $f'(x)$ 仍然是 x 的一个函数，这个函数 $y'=f'(x)$ 称为函数 $y=f(x)$ 对 x 的导函数，记作 y'，$f'(x)$，$\frac{\mathrm{d}y}{\mathrm{d}x}$ 或 $\frac{\mathrm{d}}{\mathrm{d}x}f(x)$. 即

$$f'(x)=\lim_{\Delta x\to 0}\frac{f(x+\Delta x)-f(x)}{\Delta x}.$$

显然,函数 $y=f(x)$ 在点 x_0 处的导数 $f'(x_0)$ 就是导函数 $f'(x)$ 在点 $x=x_0$ 处的函数值,即 $f'(x_0)=f'(x)\big|_{x=x_0}$.

今后在不会发生混淆的情况下,导函数也简称为导数.

根据导数的定义,变速直线运动的瞬时速度 $v(t_0)$,就是路程函数 $s=s(t)$ 在 t_0 处对时间 t 的导数,即

$$v(t_0)=\left.\frac{\mathrm{d}s}{\mathrm{d}t}\right|_{t=t_0}.$$

曲线在点 $M(x_0,f(x_0))$ 处的切线斜率 k,就是曲线方程 $y=f(x)$ 在点 x_0 处对横坐标 x 的导数,即

$$k=\left.\frac{\mathrm{d}y}{\mathrm{d}x}\right|_{x=x_0}.$$

二、一些基本初等函数的导数

(一)求导数举例

利用导数的定义求导的一般步骤:

(1)求增量: $\Delta y=f(x+\Delta x)-f(x)$;

(2)算比值: $\dfrac{\Delta y}{\Delta x}=\dfrac{f(x+\Delta x)-f(x)}{\Delta x}$;

(3)求极限: $y'=\lim\limits_{\Delta x\to 0}\dfrac{\Delta y}{\Delta x}$.

例 1 求常量函数 $f(x)=C$(C 为常数)的导数.

解 $f'(x)=\lim\limits_{h\to 0}\dfrac{f(x+h)-f(x)}{h}=\lim\limits_{h\to 0}\dfrac{C-C}{h}=0$,

即

$$(C)'=0.$$

例 2 设函数 $f(x)=\sin x$,求 $(\sin x)'$ 及 $(\sin x)'\big|_{x=\frac{\pi}{4}}$.

解 $(\sin x)'=\lim\limits_{h\to 0}\dfrac{\sin(x+h)-\sin x}{h}=\lim\limits_{h\to 0}\cos\left(x+\dfrac{h}{2}\right)\cdot\dfrac{\sin\dfrac{h}{2}}{\dfrac{h}{2}}=\cos x$,

即

$$(\sin x)'=\cos x,$$

$$(\sin x)'\big|_{x=\frac{\pi}{4}}=\cos x\big|_{x=\frac{\pi}{4}}=\frac{\sqrt{2}}{2}.$$

类似地,$(\cos x)'=-\sin x$.

例 3 求函数 $y=x^n$(n 为正整数)的导数.

解
$$\begin{aligned}(x^n)'&=\lim_{h\to 0}\frac{(x+h)^n-x^n}{h}\\&=\lim_{h\to 0}\left[nx^{n-1}+\frac{n(n-1)}{2!}x^{n-2}h+\cdots+h^{n-1}\right]\\&=nx^{n-1},\end{aligned}$$

即 $(x^n)' = nx^{n-1}$.

更一般地，$(x^\mu)' = \mu x^{\mu-1} \quad (\mu \in \mathbf{R})$.

例如 $(\sqrt{x})' = \dfrac{1}{2}x^{\frac{1}{2}-1} = \dfrac{1}{2\sqrt{x}}$，$(x^{-1})' = (-1)x^{-1-1} = -\dfrac{1}{x^2}$.

例 4 求函数 $y = \log_a x(a > 0, a \neq 1)$ 的导数.

解 $y' = \lim\limits_{h \to 0} \dfrac{\log_a(x+h) - \log_a x}{h} = \dfrac{1}{x}\lim\limits_{h \to 0} \log_a\left(1 + \dfrac{h}{x}\right)^{\frac{x}{h}} = \dfrac{1}{x}\log_a \mathrm{e}$.

即
$$(\log_a x)' = \frac{1}{x}\log_a \mathrm{e} = \frac{1}{x\ln a}, \qquad (\ln x)' = \frac{1}{x}.$$

(二)导数公式

由导数定义及有关求导法则(后面介绍)可得基本初等函数的求导公式：

(1) $(C)' = 0$；　(2) $(x^\mu)' = \mu x^{\mu-1}$；

(3) $(\sin x)' = \cos x$；　(4) $(\cos x)' = -\sin x$；

(5) $(\tan x)' = \sec^2 x$；　(6) $(\cot x)' = -\csc^2 x$；

(7) $(\sec x)' = \sec x \tan x$；　(8) $(\csc x)' = -\csc x \cot x$；

(9) $(a^x)' = a^x \ln a$；　(10) $(\mathrm{e}^x)' = \mathrm{e}^x$；

(11) $(\log_a x)' = \dfrac{1}{x\ln a}$；　(12) $(\ln x)' = \dfrac{1}{x}$；

(13) $(\arcsin x)' = \dfrac{1}{\sqrt{1-x^2}}$；　(14) $(\arccos x)' = -\dfrac{1}{\sqrt{1-x^2}}$；

(15) $(\arctan x)' = \dfrac{1}{1+x^2}$；　(16) $(\mathrm{arccot}\, x)' = -\dfrac{1}{1+x^2}$.

三、导数的几何意义

前面我们讨论了曲线 $y = f(x)$ 在点 $M(x_0, y_0)$ 处的切线的斜率为
$$k = \lim_{\Delta x \to 0} \frac{\Delta y}{\Delta x} = f'(x_0),$$
从上式可以看出，函数 $y = f(x)$ 在点 x_0 处的导数 $f'(x_0)$ 就是曲线 $y = f(x)$ 在点 $M(x_0, y_0)$ 处的切线的斜率，这就是导数的几何意义.

而 $-\dfrac{1}{f'(x_0)}$ 表示曲线 $y = f(x)$ 在该点处的法线的斜率. 从而，曲线 $y = f(x)$ 在点 x_0 处的切线方程为 $y - y_0 = f'(x_0)(x - x_0)$. 曲线 $y = f(x)$ 在点 x_0 处的法线方程为 $y - y_0 = -\dfrac{1}{f'(x_0)}(x - x_0)\ (f'(x_0) \neq 0)$.

例 5 求出曲线 $y = x^3$ 在点 $(1,1)$ 处的切线的斜率，并写出切线方程和法线方程.

解 $y' = (x^3)' = 3x^2$，由导数的几何意义，所求切线的斜率为
$$k = y'\big|_{x=1} = 3x^2\big|_{x=1} = 3,$$
所求切线的方程为 $y - 1 = 3(x - 1)$，即 $3x - y - 2 = 0$.

过点 (1,1) 法线的斜率为 $k' = -\frac{1}{k} = -\frac{1}{3}$，所求法线方程为 $y-1=-\frac{1}{3}(x-1)$，即 $x+3y-4=0$.

四、可导与连续的关系

定理 如果函数 $y=f(x)$ 在点 x_0 处可导，则函数 $y=f(x)$ 在点 x_0 处连续.

反之不一定成立，例如函数 $f(x)=|x|$ 在 $x=0$ 处连续，但在 $x=0$ 处不可导.

习题 6-1

1. 如果函数在 x_0 处可导，那么下列极限是否存在？若存在，等于什么？

(1) $\lim\limits_{h\to 0}\frac{f(x_0+h)-f(x_0)}{h}$；　　(2) $\lim\limits_{\Delta x\to 0}\frac{f(x_0)-f(x_0-\Delta x)}{\Delta x}$.

2. 利用幂函数的求导公式，求下列函数的导数.

(1) $y=x^{10}$；　　(2) $y=x^{1.6}$；

(3) $y=x^3\sqrt{x}$；　　(4) $y=x^{-3}$.

3. 一物体的运动方程为 $s=t^3$，求 $t=2$ 时的瞬时速度.

4. 求出曲线 $y=\sqrt{x}$ 在点 $x=4$ 处的切线斜率，并求此处的切线方程和法线方程.

第二节　初等函数的求导法则

上一节我们根据函数的定义，求出了一些简单函数的导数，但是对于比较复杂的函数，用定义去求导数是十分困难的，从本节开始，将介绍一些求导法则，借助于这些法则，我们就能比较简单地求出初等函数的导数.

一、导数的四则运算法则

定理1 如果函数 $u(x),v(x)$ 在点 x 处可导，则它的和、差、积、商（分母不为零）在点 x 处也可导，并且：

(1) $[u(x)\pm v(x)]'=u'(x)\pm v'(x)$；

(2) $[u(x)\cdot v(x)]'=u'(x)v(x)+u(x)v'(x)$；

(3) $\left[\frac{u(x)}{v(x)}\right]'=\frac{u'(x)v(x)-u(x)v'(x)}{v^2(x)}\ (v(x)\neq 0)$.

证 仅证(3). 设 $f(x)=\frac{u(x)}{v(x)}(v(x)\neq 0)$，则

$$f'(x)=\lim_{h\to 0}\frac{f(x+h)-f(x)}{h}=\lim_{h\to 0}\frac{\frac{u(x+h)}{v(x+h)}-\frac{u(x)}{v(x)}}{h}$$

$$=\lim_{h\to 0}\frac{u(x+h)v(x)-u(x)v(x+h)}{v(x+h)v(x)h}$$

$$= \lim_{h\to 0}\frac{[u(x+h)-u(x)]v(x)-u(x)[v(x+h)-v(x)]}{v(x+h)v(x)h}$$

$$= \lim_{h\to 0}\frac{\frac{u(x+h)-u(x)}{h}\cdot v(x)-u(x)\cdot\frac{v(x+h)-v(x)}{h}}{v(x+h)v(x)}$$

$$= \frac{u'(x)v(x)-u(x)v'(x)}{[v(x)]^2},$$

所以$f(x)$在x处可导.

法则(1),法则(2)可推广到有限个函数的情形,即:

(1) $[\sum_{i=1}^{n} f_i(x)]' = \sum_{i=1}^{n} f'_i(x)$;

(2) $[\prod_{i=1}^{n} f_i(x)]' = f_1'(x)f_2(x)\cdots f_n(x) + \cdots + f_1(x)f_2(x)\cdots f'_n(x)$.

例1 求 $y = 2x^3 - 5x^2 + 3x - 7$ 的导数.

解 $y' = (2x^3 - 5x^2 + 3x - 7)' = 6x^2 - 10x + 3$.

例2 求 $y = x^3\ln x\cos x$ 的导数.

解 $y' = (x^3)'\ln x\cos x + x^3(\ln x)'\cos x + x^3\ln x(\cos x)'$

$= 3x^2\ln x\cos x + x^3\frac{1}{x}\cos x + x^3\ln x(-\sin x)$

$= x^2(3\ln x\cos x + \cos x - x\ln x\sin x)$.

例3 求 $y = \tan x$ 的导数.

解 $y' = (\tan x)' = \left(\frac{\sin x}{\cos x}\right)' = \frac{(\sin x)'\cos x - \sin x(\cos x)'}{\cos^2 x}$

$= \frac{\cos^2 x + \sin^2 x}{\cos^2 x} = \frac{1}{\cos^2 x} = \sec^2 x$,

即
$$(\tan x)' = \sec^2 x.$$

类似地,$(\cot x)' = -\csc^2 x$.

例4 求 $y = \sec x$ 的导数.

解 $y' = (\sec x)' = \left(\frac{1}{\cos x}\right)' = \frac{-(\cos x)'}{\cos^2 x} = \frac{\sin x}{\cos^2 x} = \sec x\tan x$.

即
$$(\sec x)' = \sec x\tan x,$$

类似地,$(\csc x)' = -\csc x\cot x$.

二、复合函数的求导法则

定理2 如果函数 $u = \varphi(x)$ 在点 x 可导,而 $y = f(u)$ 在点 $u = \varphi(x)$ 可导,则复合函数 $y = f[\varphi(x)]$ 在点 x 可导,且

$$\frac{dy}{dx} = \frac{dy}{du}\cdot\frac{du}{dx}.$$

上式也可以写成 $y'_x = y'_u \cdot u'_x$ 或 $y'(x) = f'(u)\cdot\varphi'(x)$.

即因变量对自变量求导,等于因变量对中间变量求导,乘以中间变量对自变量求导

(链式法则).

复合函数的求导法则可以推广到含多个中间变量的情形.

例如,设 $y=f(u)$, $u=\varphi(v)$, $v=\psi(x)$ 都可导,则复合函数 $y=f\{\varphi[\psi(x)]\}$ 的导数为 $\frac{\mathrm{d}y}{\mathrm{d}x}=\frac{\mathrm{d}y}{\mathrm{d}u}\cdot\frac{\mathrm{d}u}{\mathrm{d}v}\cdot\frac{\mathrm{d}v}{\mathrm{d}x}$.

例 5 求函数 $y=\ln\sin x$ 的导数.

解 因为
$$y=\ln u, u=\sin x,$$
所以
$$\frac{\mathrm{d}y}{\mathrm{d}x}=\frac{\mathrm{d}y}{\mathrm{d}u}\cdot\frac{\mathrm{d}u}{\mathrm{d}x}=\frac{1}{u}\cdot\cos x=\frac{\cos x}{\sin x}=\cot x.$$

例 6 求函数 $y=5^{\tan x}$ 的导数.

解 因为
$$y=5^u, u=\tan x,$$
所以
$$\frac{\mathrm{d}y}{\mathrm{d}x}=\frac{\mathrm{d}y}{\mathrm{d}u}\cdot\frac{\mathrm{d}u}{\mathrm{d}x}=(5^u\ln5)\cdot(\sec^2x)=(5^{\tan x}\sec^2x)\ln5.$$

注意 复合函数的求导熟练后,不必写出中间变量,可以直接由外到里逐层求导,这样可以求出由多个函数复合而成的复合函数的导数.

例 7 求函数 $y=(x^2+1)^{10}$ 的导数.

解
$$\frac{\mathrm{d}y}{\mathrm{d}x}=10(x^2+1)^9\cdot(x^2+1)'$$
$$=10(x^2+1)^9\cdot2x=20x(x^2+1)^9.$$

例 8 求函数 $y=\ln\frac{\sqrt{x^2+1}}{\sqrt[3]{x-2}}(x>2)$ 的导数.

解 因为 $y=\frac{1}{2}\ln(x^2+1)-\frac{1}{3}\ln(x-2)$,

所以
$$y'=\frac{1}{2}\cdot\frac{1}{x^2+1}\cdot(x^2+1)'-\frac{1}{3(x-2)}\cdot(x-2)'$$
$$=\frac{1}{2}\cdot\frac{1}{x^2+1}\cdot2x-\frac{1}{3(x-2)}=\frac{x}{x^2+1}-\frac{1}{3(x-2)}.$$

***例 9** 求函数 $y=\sqrt{x+\sqrt{x+\sqrt{x}}}$ 的导数.

解
$$y'=\frac{1}{2\sqrt{x+\sqrt{x+\sqrt{x}}}}(x+\sqrt{x+\sqrt{x}})'$$
$$=\frac{1}{2\sqrt{x+\sqrt{x+\sqrt{x}}}}\left(1+\frac{1}{2\sqrt{x+\sqrt{x}}}(x+\sqrt{x})'\right)$$
$$=\frac{1}{2\sqrt{x+\sqrt{x+\sqrt{x}}}}\left(1+\frac{1}{2\sqrt{x+\sqrt{x}}}\left(1+\frac{1}{2\sqrt{x}}\right)\right)$$
$$=\frac{4\sqrt{x^2+x\sqrt{x}}+2\sqrt{x}+1}{8\sqrt{x+\sqrt{x+\sqrt{x}}}\cdot\sqrt{x^2+x\sqrt{x}}}.$$

习题 6-2

1. 求下列函数的导数.

(1) $y = 3x^2 - \frac{1}{x} + 5$；　　(2) $y = x^2(2 + \sqrt{x})$；

(3) $y = x^3\sqrt{x} + \ln x + \sin\frac{\pi}{6}$；　　(4) $y = x\tan x$；

(5) $y = x^2\sin x$；　　(6) $y = a^x e^x (a > 0)$；

(7) $y = \frac{\cos x}{x}$.

2. 求下列函数的导数.

(1) $y = \sin 5x$；　　(2) $y = (3x^2 - 1)^{10}$；

(3) $y = \ln(2x - 1)$；　　(4) $y = \tan\frac{1}{x}$；

(5) $y = \cos(x^3)$；　　(6) $y = 3^{\sin x}$；

(7) $y = \ln\sqrt{\frac{x+1}{x-1}}$；　　(8) $y = x\sin^2 x - \cos x$；

(9) $y = \sqrt{\cos x^2}$；　　(10) $y = \sin^3 x\cos 6x$.

3. 求曲线 $y = e^{2x} + x^2$ 在 $x = 0$ 处的切线方程和法线方程.

* 第三节　隐函数的求导法则及高阶导数

一、隐函数的求导法则

前面讨论的函数都可表示成 $y = f(x)$ 形式,这种形式的函数称为显函数. 但是有时还会遇到另一种表示形式的函数,就是 y 与 x 的函数关系是由一个含有 x 和 y 的二元方程 $F(x,y) = 0$ 确定的. 例如,在方程 $2x - y + 1 = 0$ 中,任给一个 x 值,就有一个相应的 y 值与之对应,这个方程就确定了 y 与 x 的函数关系. 这种形式的函数称为隐函数.

有些方程确定的隐函数能比较容易化为显函数. 例如,由方程 $2x - y + 1 = 0$ 解出 y 的函数 $y = 2x + 1$. 有些隐函数无法化为显函数,例如,由方程 $y^3 + 2y - x = 0$ 所确定的 x 的隐函数 y 就无法解出. 因此,我们有必要寻找一种直接求隐函数导数的方法.

一般地,直接求隐函数导数的方法可以分为两步:

(1)将方程 $F(x,y) = 0$ 两端对 x 求导. 在求导过程中,由于 y 是 x 的函数,含 y 的式子按复合函数求导法对 x 求导;

(2)解出 $\frac{dy}{dx}$(或 y'_x).

例 1　设 $y^5 + 2y - x = 0$,求 $\frac{dy}{dx}, \frac{dy}{dx}\big|_{x=0}$.

解 方程两边对 x 求导，$5y^4\frac{dy}{dx}+2\frac{dy}{dx}-1=0$，

解得
$$\frac{dy}{dx}=\frac{1}{5y^4+2}.$$

由原方程知 $x=0$ 时，$y=0$，所以

$$\left.\frac{dy}{dx}\right|_{x=0}=\left.\frac{1}{5y^4+2}\right|_{y=0}=\frac{1}{2}.$$

例 2 求由方程 $xy-e^x+e^y=0$ 所确定的隐函数的导数 $\frac{dy}{dx}, \left.\frac{dy}{dx}\right|_{x=0}$.

解 方程两边对 x 求导，

$$y+x\frac{dy}{dx}-e^x+e^y\frac{dy}{dx}=0,$$

解得
$$\frac{dy}{dx}=\frac{e^x-y}{x+e^y}.$$

由原方程知 $x=0$ 时，$y=0$，所以

$$\left.\frac{dy}{dx}\right|_{x=0}=\left.\frac{e^x-y}{x+e^y}\right|_{\substack{x=0\\y=0}}=1.$$

例 3 求由方程 $y\sin x+\ln y=1$ 所确定的隐函数 y 的导数 y'_x.

解 方程两边对 x 求导， $y'_x\sin x+y\cos x+\frac{1}{y}y'_x=0$，

解得
$$y'_x=\frac{-y^2\cos x}{1+y\sin x}.$$

二、对数求导法

对于函数中含有乘、除、乘方、开方运算比较复杂的函数和幂指函数 $f(x)=u(x)^{v(x)}(u(x)>0)$，都可用对数求导法求导. 这种方法是先将方程两边同取对数，化为隐函数的形式，然后利用隐函数求导法求导.

例 4 设 $y=\frac{(x+1)\sqrt[3]{x-1}}{(x+4)^2e^x}$，求 y'.

解 等式两边同时取对数得

$$\ln y=\ln(x+1)+\frac{1}{3}\ln(x-1)-2\ln(x+4)-x,$$

上式两边对 x 求导得

$$\frac{y'}{y}=\frac{1}{x+1}+\frac{1}{3(x-1)}-\frac{2}{x+4}-1,$$

所以
$$y'=\frac{(x+1)\sqrt[3]{x-1}}{(x+4)^2e^x}\left[\frac{1}{x+1}+\frac{1}{3(x-1)}-\frac{2}{x+4}-1\right].$$

三、高阶导数

在变速直线运动中，速度函数 $v=v(t)$ 对时间 t 的导数是加速度，而速度函数 $v=v(t)$

又是路程函数 $s = s(t)$ 对时间 t 的导数,即加速度是路程函数的导数的导数.这种导数的导数就称为二阶导数.

一般地,若函数 $y = f(x)$ 的导数 $f'(x)$ 仍然是 x 的可导函数,则称 $f'(x)$ 的导数为 $f(x)$ 的二阶导数,记为 $f''(x)$, y'', $\frac{d^2y}{dx^2}$ 或 $\frac{d^2f(x)}{dx^2}$;同样,$f(x)$ 的二阶导数的导数称为 $f(x)$ 的三阶导数,记为 $f'''(x)$, y''', $\frac{d^3y}{dx^3}$ 或 $\frac{d^3f(x)}{dx^3}$;以此类推,$f(x)$ 的 $(n-1)$ 阶导数的导数称为 $f(x)$ 的 n 阶导数,记为 $f^{(n)}(x)$, $y^{(n)}$, $\frac{d^ny}{dx^n}$ 或 $\frac{d^nf(x)}{dx^n}$.

二阶和二阶以上的导数统称为高阶导数.相应地,$f(x)$ 称为零阶导数,$f'(x)$ 称为一阶导数.

例 5 求下列函数的二阶导数 $f''(x)$.

(1) $f(x) = 3x^4 + 4x^2 - 3x + 1$;　　(2) $f(x) = e^{nx}$;

(3) $f(x) = \sin 2x$.

解 (1) $f'(x) = 12x^3 + 8x - 3$, $f''(x) = 36x^2 + 8$.

(2) $f'(x) = ne^{nx}$, $f''(x) = n^2e^{nx}$.

(3) $f'(x) = 2\cos 2x$, $f''(x) = -4\sin 2x$.

习题 6-3

1. 求下列隐函数的导数 y'_x.

(1) $y = \cos(x + y)$;　　(2) $y = x + 2\ln y$;

(3) $x - e^x - e^y = 0$.

2. 用对数求导法求下列函数的导数.

(1) $y = x \cdot \sqrt{\frac{x-1}{x+1}}$;　　(2) $y = x^{\sin x}$.

3. 求下列函数的二阶导数.

(1) $y = \frac{1}{x}$;　　(2) $y = \sqrt{x}$;

(3) $y = \sqrt{x^2 + 1}$;　　(4) $y = x\cos x$.

4. 已知 $f(x) = 2x^2 + \ln(x + 1)$,求 $f''(0)$.

第四节　函数的微分

在实际应用中有这样一类问题:当自变量 x 在点 x_0 处有微小的改变量 Δx 时,要计算函数的改变量,但是 Δy 的计算往往比较复杂,因此就想到要寻找一个计算比较方便、精度比较高的计算方法,这种方法要用到我们下面将学习的微分.

一、函数微分的概念

引例 如图 6-2 所示，一个正方形的铁片受热后均匀膨胀，边长由 x_0 变为 $x_0+\Delta x$，问铁片的面积大约变了多少？

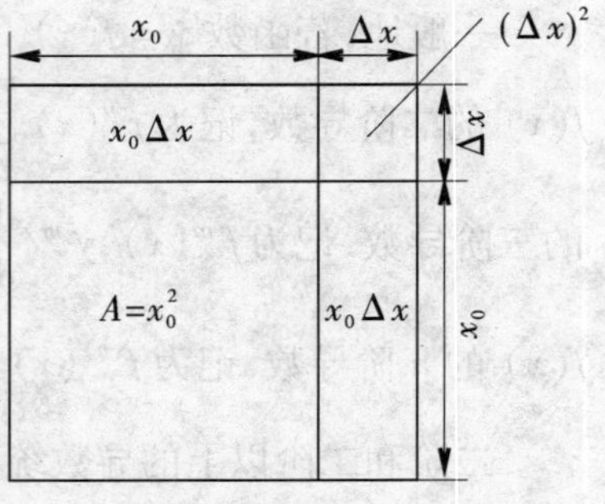

图 6-2

由正方形的面积公式 $A=x_0^2$ 得面积的改变量为

$$\Delta A=(x_0+\Delta x)^2-x_0^2=2x_0\cdot\Delta x+(\Delta x)^2.$$

由图 6-2 不难看出，当 $\Delta x\to 0$ 时，上式中第一项 $2x_0\cdot\Delta x$ 是影响面积改变量的主要部分，而第二项 $(\Delta x)^2$ 是次要部分，所以 $\Delta A\approx 2x_0\Delta x$. 因为 $\Delta A'\big|_{x=x_0}=2x_0$，所以 $\Delta A\approx A'\big|_{x=x_0}\cdot\Delta x$，其中 $2x_0\cdot\Delta x$ 是关于 Δx 的线性函数，因此把 $2x_0\cdot\Delta x$ 称为 ΔA 的线性主部，由此就得到了微分的定义.

定义 设函数 $y=f(x)$ 在点 x 处可导，则称 $f'(x)\Delta x$ 为函数 $f(x)$ 在点 x 处的微分，记为 $\mathrm{d}y=f'(x)\Delta x$. 规定自变量的微分等于自变量的改变量，即 $\mathrm{d}x=\Delta x$，即 $\mathrm{d}y=f'(x)\mathrm{d}x$.

特别地，当 $x=x_0$ 时，$\mathrm{d}y\big|_{x=x_0}=f'(x_0)\cdot\Delta x$.

例 1 求函数 $y=x^3$ 当 $x=2,\Delta x=0.02$ 时的微分.

解 因为

$$\mathrm{d}y=(x^3)'\Delta x=3x^2\Delta x,$$

所以

$$\mathrm{d}y\bigg|_{\substack{x=2\\ \Delta x=0.02}}=3x^2\Delta x\bigg|_{\substack{x=2\\ \Delta x=0.02}}=0.24 .$$

例 2 设 $y=\ln(x+\mathrm{e}^{x^2})$，求 $\mathrm{d}y$.

解 因为

$$y'=\frac{1+2x\mathrm{e}^{x^2}}{x+\mathrm{e}^{x^2}},$$

所以

$$\mathrm{d}y=\frac{1+2x\mathrm{e}^{x^2}}{x+\mathrm{e}^{x^2}}\mathrm{d}x .$$

例 3 设 $y=2^x\cdot\ln x$，求 $\mathrm{d}y$.

解 因为 $y'=(2^x\ln 2)\ln x+2^x\cdot\dfrac{1}{x}=2^x\left(\ln 2\cdot\ln x+\dfrac{1}{x}\right)$，

所以 $\mathrm{d}y=2^x\left(\ln 2\cdot\ln x+\dfrac{1}{x}\right)\mathrm{d}x$.

如图 6-3 所示，函数 $y=f(x)$ 在点 x_0 的微分 $\mathrm{d}y$ 的几何意义是：曲线 $f(x)$ 在点 x_0 处的切线对应于 Δx 的纵坐标的改变量.

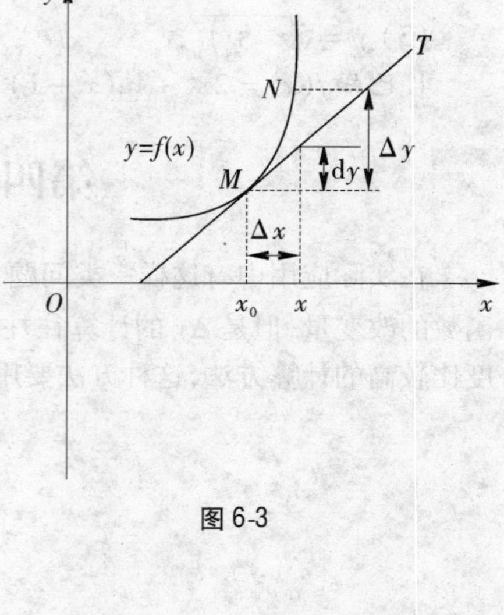

图 6-3

二、微分运算法则与基本公式

（一）函数和、差、积、商的微分法则

1. $\mathrm{d}(u\pm v)=\mathrm{d}u\pm\mathrm{d}v$.

2. $\mathrm{d}(uv)=v\mathrm{d}u+u\mathrm{d}v$，特别的 $\mathrm{d}(Cu)=C\mathrm{d}u$，其中 C 为常数.

3. $d\left(\frac{u}{v}\right)=\frac{v\mathrm{d}u-u\mathrm{d}v}{v^2}$,其中 $v(x)\neq 0$.

(二)基本初等函数的微分公式

1. $d(C)=0$;
2. $d(x^{\mu})=\mu x^{\mu-1}dx$;
3. $d(\sin x)=\cos x dx$;
4. $d(\cos x)=-\sin x dx$;
5. $d(\tan x)=\sec^2 x dx$;
6. $d(\cot x)=-\csc^2 x dx$;
7. $d(\sec x)=\sec x\tan x dx$;
8. $d(\csc x)=-\csc x\cot x dx$;
9. $d(a^x)=a^x\ln a dx$;
10. $d(e^x)=e^x dx$;
11. $d(\log_a x)=\frac{1}{x\ln a}dx$;
12. $d(\ln x)=\frac{1}{x}dx$;
13. $d(\arcsin x)=\frac{1}{\sqrt{1-x^2}}dx$;
14. $d(\arccos x)=-\frac{1}{\sqrt{1-x^2}}dx$;
15. $d(\arctan x)=\frac{1}{1+x^2}dx$;
16. $d(\mathrm{arccot}\, x)=-\frac{1}{1+x^2}dx$.

*三、微分在近似计算中的应用

若 $y=f(x)$ 在点 x_0 处的导数 $f'(x_0)\neq 0$,且 $|\Delta x|$ 很小时,

$$\Delta y|_{x=x_0}\approx dy|_{x=x_0}=f'(x_0)\cdot\Delta x,\text{又}\quad \Delta y=f(x_0+\Delta x)-f(x_0),$$

得
$$f(x_0+\Delta x)-f(x_0)\approx f'(x_0)\Delta x,$$
即
$$f(x_0+\Delta x)\approx f(x_0)+f'(x_0)\Delta x.$$

例 4 半径 10 cm 的金属圆片加热后,半径伸长了 0.05 cm,问面积增大了多少?

解 设 $A=\pi r^2$,$r=10$ cm,$\Delta r=0.05$ cm,

所以 $\Delta A\approx dA=2\pi r\cdot\Delta r=2\pi\times 10\times 0.05=\pi\ (\text{cm}^2)$.

例 5 计算 $\cos 60°30'$ 的近似值.

解 设 $f(x)=\cos x$,则 $f'(x)=-\sin x$(x 为弧度),

因为

$$x_0=\frac{\pi}{3},\quad \Delta x=\frac{\pi}{360},\quad f\left(\frac{\pi}{3}\right)=\frac{1}{2},\quad f'\left(\frac{\pi}{3}\right)=-\frac{\sqrt{3}}{2},$$

所以

$$\cos 60°30'=\cos\left(\frac{\pi}{3}+\frac{\pi}{360}\right)\approx\cos\frac{\pi}{3}-\sin\frac{\pi}{3}\cdot\frac{\pi}{360}$$
$$=\frac{1}{2}-\frac{\sqrt{3}}{2}\cdot\frac{\pi}{360}\approx 0.4924.$$

习题 6-4

1. 用适当的函数填入下列括号中,使各等式成立.

(1) $\frac{1}{1+x^2}dx=d(\quad)$;
(2) $3x^2dx=d(\quad)$;

(3) $\frac{1}{1+x}dx = d(\quad)$;　　(4) $\cos x dx = d(\quad)$;

(5) $\sin 3x dx = d(\quad)$;　　(6) $\sec x \tan x dx = d(\quad)$;

(7) $dx = (\quad) d(8x+5)$;　　(8) $2xe^{x^2} dx = d(\quad)$.

2. 求下列函数的微分.

(1) $y = \sqrt{1+x^2}$;　　(2) $y = x\sin 2x$;

(3) $y = \frac{\cos x}{1-x^2}$;　　(4) $y = xe^{-x^2}$;

(5) $y = \arcsin\sqrt{x}$.

3. 求下列近似值.

(1) $\cos 61°$;　　(2) $\ln 1.01$.

本章小结

一、主要内容

1. 导数的概念及几何意义.
2. 导数的四则运算及复合函数运算法则.
3. 隐函数的求导法则及高阶导数.
4. 微分的概念及微分的四则运算.
5. 微分在近似计算中的应用.

二、主要方法

1. 求初等函数的导数的方法.
2. 隐函数求导法.
3. 对数求导法.
4. 求二阶导数的方法.
5. 求初等函数微分的方法.

本章复习题

1. 选择题.

(1) 设函数 $f(x)$ 可微，则 $\lim\limits_{h\to 0}\frac{f(x+2h)-f(x)}{h} = (\quad)$.

A. $-f'(x)$　　B. $\frac{1}{2}f'(x)$

C. $2f'(x)$　　D. $3f'(x)$

(2) 下列四个选项中哪个选项是错误的(　　).

A. 函数可导则一定连续　　B. 函数连续则一定可导

C. 函数连续则不一定可导　　D. 函数不连续则一定不可导

(3)若$f(x)=x\sin x$，则$f''(x)=($　　$)$.

A. $\cos x+x\sin x$　　B. $2\cos x-x\sin x$

C. $2\sin x+x\cos x$　　D. $-2\sin x-x\cos x$

(4)下列求导结果不正确的是(　　).

A. $[\tan(2x)]'=\sec^2 2x$　　B. $[\ln(1-x)]'=\dfrac{1}{x-1}$

C. $(e^{x+1})'=e^{x+1}$　　D. $(x^{\alpha}+2)'=\alpha x^{\alpha-1},\alpha\in\mathbf{R}$

(5)设$u=u(x),v=v(x)$都是可微函数，则$d(uv)=($　　$)$.

A. $udu+vdv$　　B. $u'du+v'dv$

C. $udv+vdu$　　D. $udv-vdu$

(6) $d\cos 2x=($　　$)$.

A. $\cos 2x dx$　　B. $-\sin 2x dx$

C. $2\sin 2x dx$　　D. $-2\sin 2x dx$

2. 填空题.

(1)设$y=\dfrac{1-x}{1+x}$，则$y'=$____________.

(2)设函数$y=\arccos x^2$，则$\dfrac{dy}{dx}=$____________.

(3)设$f(x)=\ln(2x-1)$，则$f''(x)=$____________.

(4)若$y=\sin\sqrt{1+x^2}$，则$dy=$____________.

(5)曲线$y=\sqrt{x}$在点M处的切线斜率为$\dfrac{1}{2}$，则点M的坐标为____________，切线方程为____________.

3. 求下列函数的导数.

(1) $y=x\cos x+\sin x$；　　(2) $y=\sin x^2$；

(3) $y=x\ln x$；　　(4) $y=e^x(\sin x-\cos x)$；

(5) $y=\cos^2 x+\ln\sin x$；　　(6) $y=3^{\sin x}$.

4. 用公式$f(x_0+\Delta x)\approx f(x_0)+f'(x_0)\Delta x$，求$\sqrt{82}$的近似值.

5. 求曲线$y=\sqrt{x}$在$x=4$处的切线斜率，并求此处的切线方程和法线方程.

第七章　导数的应用

本章我们将利用导数来研究函数的一些性质,并应用这些知识解决一些常见的导数应用问题.

第一节　洛必达法则

导数的概念来源于实践,又服务于实践,这就是数学的魅力所在.洛必达法则就是导数的应用之一.求 $\frac{0}{0}$ 或 $\frac{\infty}{\infty}$ 型的未定型极限的理论基础是微积分的柯西定理.为此,我们先介绍微分学的基本定理.

一、微分中值定理

定理 1(罗尔(Rolle)定理)　若函数 $f(x)$ 满足:

(1)在闭区间 $[a,b]$ 上连续;

(2)在开区间 (a,b) 内可导;

(3) $f(a)=f(b)$,则在区间 (a,b) 内至少有一点 $\xi(a<\xi<b)$,使得 $f'(\xi)=0$.

它的几何解释如图 7-1 所示,在曲线弧 AB 上至少有一点 C,在该点处的切线是水平的.

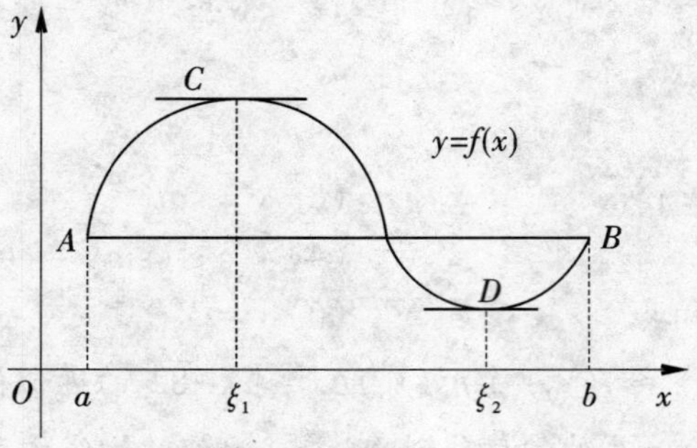

图 7-1

定理 2(拉格朗日(Lagrange)中值定理)　若函数 $f(x)$ 满足:

(1)在闭区间 $[a,b]$ 上连续;

(2)在开区间 (a,b) 内可导,

则在区间 (a,b) 内至少有一点 $\xi(a<\xi<b)$,使得 $f'(\xi)=\frac{f(b)-f(a)}{b-a}$ 或者 $f(b)-f(a)=f'(\xi)(b-a)$.

它的几何解释如图 7-2 所示，在曲线弧 AB 上至少有一点 C，在该点处的切线平行于弦 AB.

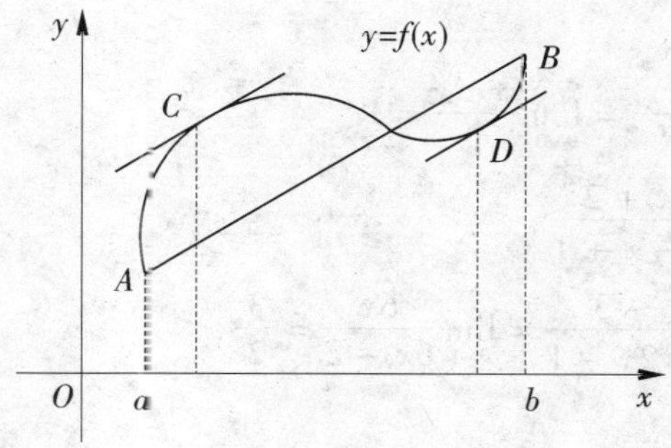

图 7-2

推论 1 如果函数 $f(x)$ 在区间 I 上的导数恒为零，那么 $f(x)$ 在区间 I 上是一个常数.

推论 2 如果函数 $f(x)$ 与 $g(x)$ 在区间 (a,b) 内可导，且对任意的 $x \in (a,b)$，有 $f'(x) = g'(x)$，则在 (a,b) 内 $f(x)$ 与 $g(x)$ 仅相差一个常数，即 $f(x) = g(x) + C$，其中 C 为常数.

定理 3（柯西（Cauchy）中值定理） 若函数 $f(x)$ 与 $g(x)$ 满足：

(1) 在闭区间 $[a,b]$ 上连续；

(2) 在开区间 (a,b) 内可导，且 $g'(x) \neq 0$，

则在区间 (a,b) 内至少有一点 $\xi(a < \xi < b)$，使得 $\dfrac{f(b) - f(a)}{g(b) - g(a)} = \dfrac{f'(\xi)}{g'(\xi)}$.

从以上内容可以注意到罗尔定理是拉格朗日中值定理的特殊情形，拉格朗日中值定理又是柯西中值定理的特殊情形.

二、洛必达（L'Hospital）法则

如果 $x \to x_0$（或 $x \to \infty$）时，两个函数 $f(x)$ 和 $g(x)$ 都趋于零或趋于无穷大，那么极限 $\lim\limits_{\substack{x \to x_0 \\ (x \to \infty)}} \dfrac{f(x)}{g(x)}$ 可能存在，也可能不存在. 通常把这种极限叫做未定式，并分别记为 $\dfrac{0}{0}$ 或 $\dfrac{\infty}{\infty}$.

定理 4（洛必达法则） 设函数 $f(x)$ 与 $g(x)$ 满足条件：

(1) $\lim\limits_{x \to x_0} f(x) = \lim\limits_{x \to x_0} g(x) = 0(\infty)$；

(2) 在点的某领域内（点 x_0 可除外），$f'(x)$ 与 $g'(x)$ 都存在，且 $g'(x) \neq 0$；

(3) $\lim\limits_{x \to x_0} \dfrac{f'(x)}{g'(x)}$ 存在（或为 ∞），

那么 $\lim\limits_{x \to x_0} \dfrac{f(x)}{g(x)} = \lim\limits_{x \to x_0} \dfrac{f'(x)}{g'(x)}$.

当 $x \to x_0$ 改为 $x \to \infty$ 时，定理仍然成立.

如果 $\dfrac{f'(x)}{g'(x)}$ 仍属 $\dfrac{0}{0}$ 或 $\dfrac{\infty}{\infty}$ 型，且 $f'(x)$、$g'(x)$ 仍满足定理的条件，则可以继续使用洛

必达法则,即 $\lim\limits_{x \to x_0} \frac{f(x)}{g(x)} = \lim\limits_{x \to x_0} \frac{f'(x)}{g'(x)} = \lim\limits_{x \to x_0} \frac{f''(x)}{g''(x)}$. 依次类推,直到求出所求的极限.

例1 求 $\lim\limits_{x \to 0} \frac{\tan x}{x}$.

解 原式 $= \lim\limits_{x \to 0} \frac{(\tan x)'}{(x)'} = \lim\limits_{x \to 0} \frac{\sec^2 x}{1} = 1$.

例2 求 $\lim\limits_{x \to 1} \frac{x^3 - 3x + 2}{x^3 - x^2 - x + 1}$.

解 原式 $= \lim\limits_{x \to 1} \frac{3x^2 - 3}{3x^2 - 2x - 1} = \lim\limits_{x \to 1} \frac{6x}{6x - 2} = \frac{3}{2}$.

例3 求 $\lim\limits_{x \to 0} \frac{x - \sin x}{\tan(x^3)}$.

解 原式 $= \lim\limits_{x \to 0} \frac{1 - \cos x}{\sec^2(x^3) \cdot 3x^2} = \lim\limits_{x \to 0} \frac{1 - \cos x}{3x^2} = \lim\limits_{x \to 0} \frac{\sin x}{6x} = \frac{1}{6}$.

例4 求 $\lim\limits_{x \to \infty} \frac{x^2 - 1}{2x^2 - x - 1}$.

解 原式 $= \lim\limits_{x \to \infty} \frac{2x}{4x - 1} = \frac{2}{4} = \frac{1}{2}$.

例5 求 $\lim\limits_{x \to +\infty} \frac{x^2}{e^x}$.

解 原式 $= \lim\limits_{x \to +\infty} \frac{2x}{e^x} = 2 \cdot \lim\limits_{x \to +\infty} \frac{1}{e^x} = 0$.

类似地, $\lim\limits_{x \to +\infty} \frac{x^n}{e^x} = 0$.

例6 求 $\lim\limits_{x \to 0} \frac{\tan x - x}{x^2 \tan x}$.

解 原式 $= \lim\limits_{x \to 0} \frac{\tan x - x}{x^3} = \lim\limits_{x \to 0} \frac{\sec^2 x - 1}{3x^2}$ ($x \to 0$ 时, $x \sim \tan x$).

$$= \lim_{x \to 0} \frac{2\sec^2 x \tan x}{6x} = \frac{1}{3} \lim_{x \to 0} \frac{\tan x}{x} = \frac{1}{3}.$$

例7 求 $\lim\limits_{x \to +\infty} x^{-2} e^x$.

解 原式 $= \lim\limits_{x \to +\infty} \frac{e^x}{x^2} = \lim\limits_{x \to +\infty} \frac{e^x}{2x} = \lim\limits_{x \to +\infty} \frac{e^x}{2} = +\infty$.

例8 求 $\lim\limits_{x \to 0} \left(\frac{1}{\sin x} - \frac{1}{x} \right)$.

解 原式 $= \lim\limits_{x \to 0} \frac{x - \sin x}{x \cdot \sin x} = \lim\limits_{x \to 0} \frac{1 - \cos x}{\sin x + x\cos x}$

$$= \lim_{x \to 0} \frac{\sin x}{2\cos x - x\sin x} = \frac{0}{2} = 0.$$

例9 求 $\lim\limits_{x \to \infty} \frac{x + \cos x}{x}$.

解 原式 $=\lim\limits_{x\to\infty}\dfrac{1-\sin x}{1}=\lim\limits_{x\to\infty}(1-\sin x)$.

可见,这里用洛必达法则不能求解,需要用其他方法.

原式 $=\lim\limits_{x\to\infty}(1+\dfrac{1}{x}\cos x)=1$.

注意 (1)每一次使用洛必达法则后,应将结果尽可能化简,还应结合求极限的其他方法,使计算快捷;

(2) $0\cdot\infty$, $\infty-\infty$, $0^0,1^\infty,\infty^0$ 等类型的极限,应采取变形的方式将极限化为 $\dfrac{0}{0}$ 型或 $\dfrac{\infty}{\infty}$ 型来计算;

(3)当用洛必达法则失效或用其他方法求 $\dfrac{0}{0}$ 型或 $\dfrac{\infty}{\infty}$ 型极限更简便时,应选用其他方法求极限.

习题 7-1

1. 验证罗尔定理对函数 $f(x)=x^3-2x^2+x-1$ 在区间 $[0,1]$ 上的正确性.

2. 利用洛必达法则求下列极限.

(1) $\lim\limits_{x\to a}\dfrac{x^m-a^m}{x^n-a^n}$; (2) $\lim\limits_{x\to 0}\dfrac{\ln(1+x)}{x}$;

(3) $\lim\limits_{x\to 0}\dfrac{e^x-e^{-x}}{x}$; (4) $\lim\limits_{x\to 1}\dfrac{x^3-2x^2+1}{x^3-x^2}$;

(5) $\lim\limits_{x\to\pi}\dfrac{\sin 3x}{\tan 5x}$; (6) $\lim\limits_{x\to 0}\dfrac{\ln(1+x)-x}{\sin x}$;

(7) $\lim\limits_{x\to 0}\left(\dfrac{1}{x}-\dfrac{1}{\sin x}\right)$; (8) $\lim\limits_{x\to 0}\left(\dfrac{1}{x}-\dfrac{1}{e^x-1}\right)$.

3. 下列极限是否存在?是否可用洛必达法则求极限?为什么?

(1) $\lim\limits_{x\to+\infty}\dfrac{e^x+e^{-x}}{e^x-e^{-x}}$; (2) $\lim\limits_{x\to\infty}\dfrac{x+\sin x}{x}$.

第二节 函数的单调性和极值

导数理论为我们广泛深入地研究函数的性质提供了有力工具,在初等数学中,我们就接触过函数的单调性、最大值和最小值等内容. 本节我们将利用导数来研究函数的单调性、极值和最值.

一、函数单调性的判别方法

定理 1 设函数 $f(x)$ 在闭区间 $[a,b]$ 上连续,在开区间 (a,b) 内可导,

(1)如果在 (a,b) 内 $f'(x)>0$,那么函数 $y=f(x)$ 在 (a,b) 内单调增加;

(2)如果在 (a,b) 内 $f'(x)<0$,那么函数 $y=f(x)$ 在 (a,b) 内单调减少.

如图 7-3 所示，函数 $y=f(x)$ 在 $[a,b]$ 上单调增加，则曲线上各点处的切线的倾角 α 都是锐角，此时切线的斜率 $k>0$，即 $f'(x)>0$.

如图 7-4 所示，函数 $y=f(x)$ 在 $[a,b]$ 上单调减少，则曲线上各点处的切线的倾角 α 都是钝角，此时切线的斜率 $k<0$，即 $f'(x)<0$.

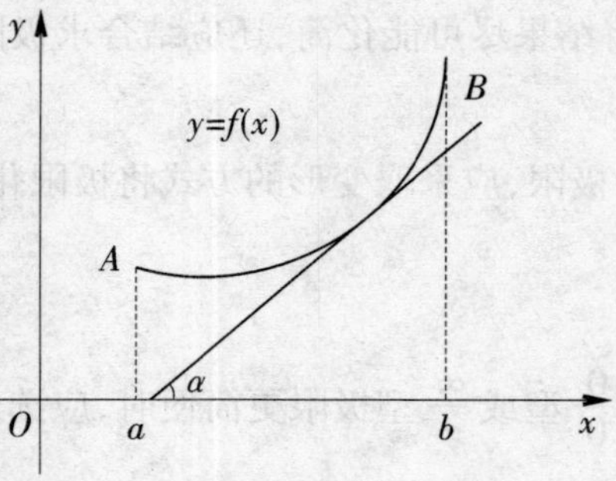

图 7-3

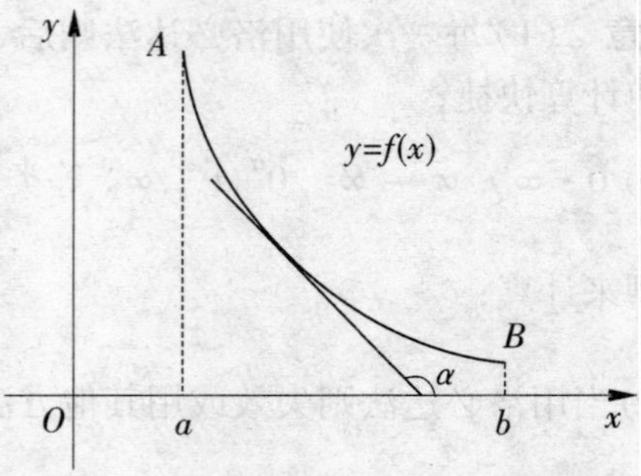

图 7-4

确定函数 $y=f(x)$ 单调性的一般步骤：

(1) 确定函数 $y=f(x)$ 的定义域；

(2) 求出使函数 $f'(x)=0$ 和 $f'(x)$ 不存在的点，并以这些点为分界点，将定义域分成若干个子区间；

(3) 确定 $f'(x)$ 在各个子区间的符号，从而确定单调性.

例 1　确定函数 $f(x)=2x^3-9x^2+12x-3$ 的单调区间.

解　(1) 该函数的定义域为 $(-\infty,+\infty)$；

(2) $f'(x)=6x^2-18x+12=6(x-1)(x-2)$，

令 $f'(x)=0$，得 $x_1=1, x_2=2$，

它们将定义域分为三个子区间：$(-\infty,1)$，$(1,2)$，$(2,+\infty)$；

(3) 列表确定 $f(x)$ 的单调区间：

x	$(-\infty,1)$	$(1,2)$	$(2,+\infty)$
$f'(x)$	+	−	+
$f(x)$	单增	单减	单增

由该表知：函数 $f(x)$ 的单调增区间为 $(-\infty,1)$ 和 $(2,+\infty)$，单调减区间为 $(1,2)$.

例 2　确定函数 $f(x)=\sqrt[3]{x^2}$ 的单调区间.

解　(1) 该函数的定义域为 $(-\infty,+\infty)$；

(2) $f'(x)=\dfrac{2}{3\sqrt[3]{x}}(x\neq 0)$，

显然，$x=0$ 为 $f(x)$ 的不可导点，它将定义域分为两个子区间：$(-\infty,0)$、$(0,+\infty)$.

(3) 列表确定 $f(x)$ 的单调区间：

x	$(-\infty,0)$	$(0,+\infty)$
$f'(x)$	$-$	$+$
$f(x)$	单减	单增

由该表知：函数 $f(x)$ 的单调增区间为 $(0,+\infty)$，单调减区间为 $(-\infty,0)$.

二、函数极值的判别法

定义 1 函数 $y=f(x)$ 在点 x_0 的某邻域内有定义，若对于该邻域内任一点 $x(x\neq x_0)$，均有 $f(x)<f(x_0)$，则称 $f(x_0)$ 是 $f(x)$ 的一个极大值，称 x_0 为函数 $f(x)$ 的极大值点；若对该邻域内的任一点 $x(x\neq x_0)$，均有 $f(x)>f(x_0)$，则称 $f(x_0)$ 是 $f(x)$ 的一个极小值，称 x_0 为函数 $f(x)$ 的极小值点.

函数的极大值与极小值统称为极值，极大值点与极小值点统称为极值点.

注意 (1)函数极值的概念是局部性的，函数的极大值和极小值之间并无确定的大小关系；

(2)由极值的定义知，函数的极值只能在区间内部取得，不能在区间端点上取得.

定理 2(极值存在的必要条件) 设 $f(x)$ 在点 x_0 处具有导数，且在 x_0 处取得极值，那么点 x_0 一定是 $f(x)$ 的驻点，即 $f'(x_0)=0$.

此定理为我们寻找函数的极值点划定了一定的范围.

但是，函数的驻点不一定是函数的极值点. 例如，$x=0$ 是函数 $y=x^3$ 的驻点，但不是极值点. 那么驻点具备什么条件才是函数的极值点呢？

从几何图形直观上进行理解，如果曲线通过某点时先增后减，则对应于该点函数取得极大值；反之，如果先减后增，则对应于该点函数取得极小值. 利用前面的结论容易得到判定函数极值点的方法.

在这里我们介绍两个常用定理.

定理 3(极值存在的第一充分条件) 设函数 $f(x)$ 在点 x_0 的某邻域内可导，且 $f'(x_0)=0$，则有：

(1)若 $x<x_0$，有 $f'(x)>0$；而 $x>x_0$，有 $f'(x)<0$，则 $f(x)$ 在 x_0 处取得极大值；

(2)若 $x<x_0$，有 $f'(x)<0$；而 $x>x_0$，有 $f'(x)>0$，则 $f(x)$ 在 x_0 处取得极小值；

(3)当 $f'(x)$ 符号保持不变时，则 $f(x)$ 在 x_0 处无极值.

以上讨论仅限于可导函数. 对于含有不可导点的函数来说，不可导点也可能称为函数的极值点. 例如，函数 $y=|x|$ 在 $x=0$ 处取得极小值，但却不可导. 我们有时称导数不存在的点为可能极值点.

综合以上讨论，我们可按如下步骤求函数的极值：

(1)确定函数的定义域；

(2)求出函数的驻点和不可导的点；

(3)利用充分条件依次判断这些点是否是函数的极值点.

例 3 求出函数 $f(x)=x^3-3x^2-9x+5$ 的极值.

解　(1)函数的定义域为 $(-\infty, +\infty)$.

(2) $f'(x)=3x^2-6x-9=3(x+1)(x-3)$,

令 $f'(x)=0$, 得驻点 $x_1=-1, x_2=3$. 这两个点把定义域分成三个子区间 $(-\infty,-1)$, $(-1,3)$ 和 $(3,+\infty)$.

(3)列表讨论

x	$(-\infty,-1)$	-1	$(-1,3)$	3	$(3,+\infty)$
$f'(x)$	+	0	−	0	+
$f(x)$	单增	极大值	单减	极小值	单增

所以函数的极大值为 $f(-1)=10$, 函数的极小值为 $f(3)=-22$.

定理 4(极值存在的第二充分条件)　设 $f(x)$ 在 x_0 处具有二阶导数,且 $f'(x_0)=0$, 那么

(1)当 $f''(x_0)<0$ 时,函数 $f(x)$ 在 x_0 处取得极大值;

(2)当 $f''(x_0)>0$ 时,函数 $f(x)$ 在 x_0 处取得极小值;

(3)当 $f''(x_0)=0$ 时, $f(x_0)$ 有可能是 $f(x)$ 的极值也可能不是极值.

注意　此定理虽然适用的范围比定理 2 要小,但对某些问题来讲,应用此定理可以使问题的解决更简捷. 当遇到不符合定理 3 条件的问题时,我们仍要用定理 2 去判定.

例 4　求出函数 $f(x)=x^3+3x^2-24x-20$ 的极值.

解　$f'(x)=3x^2+6x-24=3(x+4)(x-2)$,

令 $f'(x)=0$, 得驻点 $x_1=-4, x_2=2$, 没有不可导点,因此可用第二充分条件判断,

$f''(x)=6x+6$, $f''(-4)=-18<0$, 故函数的极大值为 $f(-4)=60$,

$f''(2)=18>0$, 故函数的极小值为 $f(2)=-48$.

在实际中常会遇到在一定条件下怎样使材料最省、效率最高、性能最好、进程最快等问题,这类问题可归结为求一个函数在给定区间上的最大值或最小值问题.

连续函数在闭区间 $[a,b]$ 上一定有最大值和最小值. 使函数取得最值的点叫最值点. 而最值点只能在 $[a,b]$ 的内部或区间端点处取得,若在 $[a,b]$ 的内部取得,则最值点一定是极值点. 为了判断函数的最值,可直接在 (a,b) 内部求出函数 $f(x)$ 的可能极值点和端点处的函数值,比较这些函数值的大小,即可得出函数在 $[a,b]$ 上的最大值和最小值.

例 5　求函数 $y=2x^3+3x^2-12x+14$ 在 $[-3,4]$ 上的最大值和最小值.

解　在 $(-3,4)$ 内,函数的导数

$$f'(x)=6(x+2)(x-1).$$

令 $f'(x)=0$, 得 $x_1=-2, x_2=1$; 且 $f(-3)=23$, $f(-2)=34$, $f(1)=7$, $f(4)=142$.

比较得函数 $y=2x^3+3x^2-12x+14$ 在 $[-3,4]$ 上的最大值为 $f(4)=142$, 最小值为 $f(1)=7$.

在实际问题中,若函数 $f(x)$ 在开区间 (a,b) 内可导,且只有唯一驻点 x_0, 而由实际问

题本身可判断$f(x)$在开区间(a,b)内有最大值（或最小值），则x_0就是$f(x)$的最大值点（或最小值点），即$f(x_0)$就是所求的最大值（或最小值）.

例6 某房地产公司有50套公寓要出租，当租金定为每月180元时，公寓会全部租出去.当租金每月增加10元时，就有一套公寓租不出去，而租出去的房子每月需花费20元的整修维护费.试问房租定为多少可获得最大收入?

解 设房租为每月x元，则租出去的房子有$50-\left(\frac{x-180}{10}\right)$套.

每月总收入为

$$R(x)=(x-20)\left(50-\frac{x-180}{10}\right)=(x-20)\left(68-\frac{x}{10}\right)\quad(x>0),$$

此问题就是归结于求x为何值时$R(x)$取得最大值，由于

$$R'(x)=\left(68-\frac{x}{10}\right)+(x-20)\left(-\frac{1}{10}\right)=70-\frac{x}{5},$$

令$R'(x)=0$，得$x=350$（唯一驻点）.而由实际问题可知，每月总收入在$(0,\infty)$内确实有最大值，因此当每月每套租金为350元时月收入最高，即最大收入为

$$R(x)=(350-20)\left(68-\frac{350}{10}\right)=10\,890(\text{元}).$$

习题7-2

1. 判定下列函数的单调性.

(1) $f(x)=x^3+2x$； (2) $f(x)=x-\ln(1+x^2)$；

(3) $f(x)=x+\cos x$.

2. 确定下列函数的单调性区间.

(1) $f(x)=x^4-8x^2+2$； (2) $f(x)=2x^2-\ln x$；

(3) $f(x)=2x+\frac{8}{x}$.

3. 求下列函数的极值.

(1) $f(x)=2x^3-3x^2$； (2) $f(x)=x^2\ln x$.

4. 求下列函数在给定区间上的最大值和最小值.

(1) $f(x)=x^4-2x^2+5, x\in[-2,2]$；(2) $f(x)=x+\sqrt{1-x}, x\in[-5,1]$.

5. 欲用围墙围成面积为216 m^2的一块矩形土地，并在此矩形土地的正中用一堵墙将其分成相等的两块.问这块土地的长和宽的尺寸应如何选取，才能使建筑材料最省?

本章小结

一、主要内容

1. 微分中值定理.

2. 洛必达法则.

3. 函数的单调性；函数的极值与最值.

二、主要方法

1. 求 $\frac{0}{0}$ 型或 $\frac{\infty}{\infty}$ 型未定式极限的方法.

2. 求函数单调性及极值的方法.

3. 求连续函数在闭区间 $[a,b]$ 上的最值的方法.

本章复习题

1. 选择题.

(1) 若函数 $y=f(x)$ 满足条件(　　)，则在 (a,b) 内至少存在一点 $\xi(a<\xi<b)$，使得 $f(x)=\frac{f(b)-f(a)}{b-a}$.

A. 在 (a,b) 内连续　　B. 在 (a,b) 内可导

C. 在 (a,b) 内连续，在 (a,b) 内可导　　D. 在 $[a,b]$ 内连续，在 (a,b) 内可导

(2) 下列函数在区间 $[-1,1]$ 上满足拉格朗日中值定理条件的是(　　).

A. $y=1-\sqrt[3]{x^2}$　　B. $y=(x+1)(x-1)$

C. $y=\frac{1}{x}$　　D. $y=\frac{1}{x-1}$

(3) 函数 $y=\arcsin x-x$ 的单调增区间是(　　).

A. $(-\infty,+\infty)$　　B. $(0,1)$

C. $(-1,1)$　　D. $(-1,0)$

(4) 满足方程 $f'(x)=0$ 的点，一定是函数 $y=f(x)$ 的(　　).

A. 极大值点　　B. 极小值点

C. 驻点　　D. 间断点

(5) 函数 $f(x)=x^2+4x-1$ 的单调增区间是(　　).

A. $(-\infty,-1),(1,+\infty)$　　B. $(-1,1)$

C. $(-\infty,3)$　　D. $(-2,+\infty)$

(6) 设函数 $f(x)=ax^3-(ax)^2-ax-a$ 在 $x=1$ 处取得极大值 -2，则 $a=$(　　).

A. 1　　B. $\frac{1}{3}$

C. 0　　D. $-\frac{1}{3}$

2. 填空题.

(1) 函数 $y=\ln\sqrt{2x-1}$ 的单调增区间是__________.

(2) 设函数 $g(x)$ 有一阶连续导数，且 $g(0)=g'(0)=1$，则 $\lim\limits_{x\to 0}\frac{g(x)-1}{\ln g(x)}=$__________.

(3) 若函数 $y=f(x)$ 的自变量 x 从 x_0 的左邻域到右邻域时，$f'(x)$ 的符号由负变正，

则 $x=x_0$ 是函数 $y=f(x)$ 的____________点.

(4) 函数 $y=x\cdot 2^x$ 在 $x=$____________取得极小值.

(5) 函数 $y=x-\ln(1+x)$ 在区间____________内单调减少,在区间____________内单调增加.

3. 计算下列极限.

(1) $\lim\limits_{x\to3}\dfrac{x^4-81}{x-3}$;　　(2) $\lim\limits_{x\to0}\dfrac{a^x-b^x}{x}$;

(3) $\lim\limits_{x\to0}\dfrac{e^x-1-x}{x^2}$;　　(4) $\lim\limits_{x\to\infty}\dfrac{x}{1+\sqrt{x}}$.

4. 求下列函数的单调区间.

(1) $y=x-\dfrac{1}{x}$;　　(2) $y=(x-2)^5(2x+1)^4$.

5. 求下列函数的极值.

(1) $y=2x^3+3x^2-12x+1$;　　(2) $y=x^2\ln x$.

6. 某厂每批生产某种产品 Q 个单位的费用为 $C(Q)=5Q+200$(元),得到的收入是:$R(Q)=10Q-0.01Q^2$(元),问每批生产多少单位时,才能使利润最大?

第八章　不定积分

第六章学习了求已知函数的导数和微分,但在实际问题中还会遇到其相反的问题,即已知函数的导数或微分,求这个函数,就是本章要学习的积分学的基本内容之一——不定积分.本章将介绍不定积分的概念、性质、基本公式和基本积分方法.

第一节　不定积分的概念与性质

一、不定积分的概念

(一)原函数的概念

一般地,为了讨论由某个函数已知的导数 $F'(x)=f(x)$ 确定函数 $F(x)$ 这类问题,我们引入下列定义.

定义 1　设 $f(x)$ 是定义在区间 (a,b) 上的已知函数,如果存在一个函数 $F(x)$,使得对 $\forall x\in(a,b)$ 有 $F'(x)=f(x)$ 或 $\mathrm{d}F(x)=f(x)$,则称函数 $F(x)$ 是 $f(x)$ 在该区间上的一个原函数.

例如　因为 $(x^3)'=3x^2$,　　所以 x^3 是 $3x^2$ 的一个原函数.

因为 $(x^3+1)'=3x^2$,　　所以 x^3+1 是 $3x^2$ 的一个原函数.

因为 $(x^3+C)'=3x^2$,　　所以 x^3+C 是 $3x^2$ 的一个原函数(C 为任意常数).

由此可见,$f(x)$ 的原函数不唯一.事实上,由任意常数 C 的导数为 0 可知,x^3+C 都是 $3x^2$ 的原函数.

一般地,若 $F(x)$ 是 $f(x)$ 的一个原函数,对于任意常数 C,则 $F(x)+C$ 是 $f(x)$ 的全体原函数.

(二)不定积分的定义

定义 2　设 $F(x)$ 是 $f(x)$ 在区间上的一个原函数,则 $f(x)$ 的全体原函数 $F(x)+C$(C 为任意常数)称为 $f(x)$ 在区间 I 上的不定积分,记为 $\int f(x)\mathrm{d}x$,即

$$\int f(x)\mathrm{d}x=F(x)+C.$$

其中,x 称为积分变量,$f(x)$ 称为被积函数,$f(x)\mathrm{d}x$ 称为被积表达式,C 称为积分常数,"$\int$"称为积分号.

由定义 2 可知,求函数的不定积分只需求出它的一个原函数,再加上任意常数 C.

例 1　求 $\int 3x^2\mathrm{d}x$.

解　由于$(x^3)'=3x^2$,所以x^3是$3x^2$的一个原函数,因此

$$\int 3x^2\mathrm{d}x = x^3 + C.$$

例2　求$\int \sin x\mathrm{d}x$.

解　由于$(-\cos x)' = \sin x$,所以$-\cos x$是$\sin x$的一个原函数,因此

$$\int \sin x\mathrm{d}x = -\cos x + C.$$

例3　求$\int \frac{1}{1+x^2}\mathrm{d}x$.

解　由于$(\arctan x)' = \frac{1}{1+x^2}$,所以$\arctan x$是$\frac{1}{1+x^2}$的一个原函数,因此

$$\int \frac{1}{1+x^2}\mathrm{d}x = \arctan x + C.$$

例4　求$\int \frac{1}{x}\mathrm{d}x$.

解　当$x>0$时$(\ln|x|)'=(\ln x)'=\frac{1}{x}$;

当$x<0$时$(\ln|x|)'=(\ln(-x))'=\frac{1}{-x}\cdot(-1)=\frac{1}{x}$,

所以
$$\int \frac{1}{x}\mathrm{d}x = \ln|x| + C.$$

不定积分的几何意义:不定积分代表一族曲线,称为函数$f(x)$的积分曲线族.其中任何一条积分曲线都可以由某一积分曲线沿y轴方向向上或向下平移适当位置得到.另外,在积分曲线族上横坐标相同的点处作切线,这些切线是彼此平行的,其斜率都是$f(x)$.

例5　求过点$(1,2)$且在任意一点$P(x,y)$处切线的斜率为$2x$的曲线方程.

解　设所求的曲线方程为$y=f(x)$,由不定积分的几何意义知,$y'=2x$,得$\int 2x\mathrm{d}x = x^2 + C$,得积分曲线族$y=x^2+C$,将$x=1$代入该式,有$2=C+1$,得$C=1$,所以$y=x^2+1$为所求曲线方程.

二、不定积分的性质

性质1　求不定积分与求导(或微分)互为逆运算.即

$$\left(\int f(x)\mathrm{d}x\right)' = f(x) \text{ 或 } \mathrm{d}\left(\int f(x)\mathrm{d}x\right) = f(x)\mathrm{d}x,$$

$$\int f'(x)\mathrm{d}x = f(x) + C \text{ 或 } \int \mathrm{d}f(x) = f(x) + C.$$

也就是说,不定积分的导数(或微分)等于被积函数(或被积表达式).

例如　$\left(\int \sin x\mathrm{d}x\right)' = (-\cos x + C)' = \sin x$.

对一个函数的导数(或微分)求不定积分,其结果与此函数仅相差一个积分常数.

例如　$\int \mathrm{d}\sin x = \int \cos x \mathrm{d}x = \sin x + C$.

性质2　不为零的常数因子可以提到积分号之前,即

$$\int kf(x)\mathrm{d}x = k\int f(x)\mathrm{d}x.$$

例如　$\int 2\mathrm{e}^x \mathrm{d}x = 2\int \mathrm{e}^x \mathrm{d}x = 2\mathrm{e}^x + C$.

性质3　两个函数和、差的不定积分等于它们不定积分的和、差,即

$$\int [f(x) \pm g(x)]\mathrm{d}x = \int f(x)\mathrm{d}x \pm \int g(x)\mathrm{d}x \tag{8.1}$$

例如　$\int (2x + \cos x)\mathrm{d}x = \int 2x\mathrm{d}x + \int \cos x\mathrm{d}x$.

式(8.1)可以推广到任意有限多个函数的和、差的情形,即

$$\int [f_1(x) \pm f_2(x) \pm \cdots \pm f_n(x)]\mathrm{d}x = \int f_1(x)\mathrm{d}x \pm \int f_2(x)\mathrm{d}x \pm \cdots \pm \int f_n(x)\mathrm{d}x.$$

习题 8-1

1. 选择题.

(1)已知函数 $\ln(x^2+1)$ 为 $f(x)$ 的一个原函数,下列函数也是 $f(x)$ 的一个原函数的是(　　).

A. $\ln(2x^2 + 1)$　　B. $\ln(x^2 + 2)$

C. $\ln(x^2 + 1) + 1$　　D. $2\ln(x^2 + 1)$

(2)下列式子中正确的是(　　).

A. $\int \mathrm{e}^x \mathrm{d}x = \mathrm{e}^x + C$　　B. $\int \mathrm{e}^x \mathrm{d}x = \mathrm{e}^x + 1$

C. $\int \mathrm{e}^x \mathrm{d}x = \mathrm{e}^{x+C}$　　D. $\int \mathrm{e}^x \mathrm{d}x = \mathrm{e}^{x+C} + C$

2. 填空题.

(1)求一个函数的不定积分就是求____________.

(2)① $(\quad)' = 1$,　$\int \mathrm{d}x = (\quad)$;

② $\mathrm{d}(\quad) = 3x^2\mathrm{d}x$,　$\int 3x^2\mathrm{d}x = (\quad)$;

③ $(\quad)' = \mathrm{e}^x$,　$\int \mathrm{e}^x\mathrm{d}x = (\quad)$;

④ $\mathrm{d}(\quad) = \sec^2 x\mathrm{d}x$,　$\int \sec^2 x\mathrm{d}x = (\quad)$;

⑤ $\mathrm{d}(\quad) = \sin x\mathrm{d}x$,　$\int \sin x\mathrm{d}x = (\quad)$.

(3) $(\int \cos x\mathrm{d}x)' =$ ____________, $\int (\sin x)'\mathrm{d}x =$ ____________.

(4)由 $F'(x)=f(x)$ 可知,在积分曲线族 $y = F(x) + C$(C 为任意常数)上横坐标相同的点处作切线,这些切线彼此是____________的.

3. 解下列各题.

(1) 已知函数 $y=f(x)$ 的导数等于 $x+2$，且当 $x=2$ 时，$y=5$，求这个函数.

(2) 已知在曲线上任一点处的切线的斜率为 $3x^2$，并且曲线经过点 $(1,2)$，求此曲线的方程.

第二节　不定积分的基本公式和直接积分法

一、基本积分公式

由于不定积分是求导(微分)的逆运算，因此由基本求导公式很容易得到不定积分的基本积分公式.

1. $\int k\mathrm{d}x = kx + C$；

2. $\int x^{\mu}\mathrm{d}x = \dfrac{x^{\mu+1}}{\mu+1} + C\ (\mu \neq -1)$；

3. $\int \dfrac{\mathrm{d}x}{x} = \ln|x| + C$；

4. $\int \mathrm{e}^x\mathrm{d}x = \mathrm{e}^x + C$；

5. $\int a^x\mathrm{d}x = \dfrac{a^x}{\ln a} + C$；

6. $\int \cos x\mathrm{d}x = \sin x + C$；

7. $\int \sin x\mathrm{d}x = -\cos x + C$；

8. $\int \dfrac{\mathrm{d}x}{\cos^2 x} = \int \sec^2 x\mathrm{d}x = \tan x + C$；

9. $\int \dfrac{\mathrm{d}x}{\sin^2 x} = \int \csc^2 x\mathrm{d}x = -\cot x + C$；

10. $\int \sec x\tan x\mathrm{d}x = \sec x + C$；

11. $\int \csc x\cot x\mathrm{d}x = -\csc x + C$；

12. $\int \dfrac{1}{\sqrt{1-x^2}}\mathrm{d}x = \arcsin x + C$；

13. $\int \dfrac{1}{1+x^2}\mathrm{d}x = \arctan x + C$；

14. $\int \tan x\mathrm{d}x = -\ln|\cos x| + C$；

15. $\int \cot x\mathrm{d}x = \ln|\sin x| + C$.

注意　(1) C 为常数；

(2) 上述积分公式中积分变量换成其他变量仍成立. 如 $\int \mathrm{e}^u\mathrm{d}u = \mathrm{e}^u + C$.

另外，公式 14、15 也可以直接引用，事实上，可以用求导数的方法验证.

二、直接积分法

利用不定积分的性质和基本积分公式，求一些简单函数不定积分的方法叫直接积分法.

例 1　求 $\int 2x^3\mathrm{d}x$.

解　$\int 2x^3\mathrm{d}x = 2\int x^3\mathrm{d}x = 2 \times \dfrac{x^{3+1}}{3+1} + C = \dfrac{1}{2}x^4 + C$.

例 2　求 $\int (3x^2 - \cos x + 5\sqrt{x})\mathrm{d}x$.

解 $\int(3x^2-\cos x+5\sqrt{x})\mathrm{d}x=\int 3x^2\mathrm{d}x-\int\cos x\mathrm{d}x+\int 5\sqrt{x}\mathrm{d}x$

$$=x^3-\sin x+\frac{10}{3}x^{\frac{3}{2}}+C.$$

逐项积分后,每个不定积分都含有任意常数,但由于任意常数之和仍为任意常数,所以只需写一个任意常数 C 即可.

例 3 求 $\int\sqrt{x}(x^2-5)\mathrm{d}x$.

解 $\int\sqrt{x}(x^2-5)\mathrm{d}x=\int(x^{\frac{5}{2}}-5x^{\frac{1}{2}})\mathrm{d}x$

$$=\int x^{\frac{5}{2}}\mathrm{d}x-5\int x^{\frac{1}{2}}\mathrm{d}x$$

$$=\frac{2}{7}x^{\frac{7}{2}}-\frac{10}{3}x^{\frac{3}{2}}+C.$$

例 4 求 $\int\frac{(x-1)^3}{x^2}\mathrm{d}x$.

解 $\int\frac{(x-1)^3}{x^2}\mathrm{d}x=\int\frac{x^3-3x^2+3x-1}{x^2}\mathrm{d}x$

$$=\int\left(x-3+\frac{3}{x}-\frac{1}{x^2}\right)\mathrm{d}x$$

$$=\frac{1}{2}x^2-3x+3\ln|x|+\frac{1}{x}+C.$$

例 5 求 $\int\frac{x^4}{1+x^2}\mathrm{d}x$.

解 $\int\frac{x^4}{1+x^2}\mathrm{d}x=\int\frac{x^4-1+1}{1+x^2}\mathrm{d}x$

$$=\int\left(x^2-1+\frac{1}{1+x^2}\right)\mathrm{d}x$$

$$=\int x^2\mathrm{d}x-\int\mathrm{d}x+\int\frac{1}{1+x^2}\mathrm{d}x$$

$$=\frac{x^3}{3}-x+\arctan x+C.$$

例 6 求 $\int\tan^2x\mathrm{d}x$.

解 $\int\tan^2x\mathrm{d}x=\int(\sec^2x-1)\mathrm{d}x=\tan x-x+C$.

例 7 求 $\int\sin^2\frac{x}{2}\mathrm{d}x$.

解 $\int\sin^2\frac{x}{2}\mathrm{d}x=\int\frac{1-\cos x}{2}\mathrm{d}x=\frac{1}{2}x-\frac{1}{2}\sin x+C$.

注意 在进行不定积分计算时,有时需要把被积函数做适当的变形,再利用不定积分的性质及基本积分公式进行积分.

例 8 求 $\int \frac{1}{\sin^2 x \cdot \cos^2 x}dx$.

解 $\int \frac{1}{\sin^2 x \cdot \cos^2 x}dx = \int \frac{\sin^2 x + \cos^2 x}{\sin^2 x \cdot \cos^2 x}dx$

$= \int \frac{1}{\sin^2 x}dx + \int \frac{1}{\cos^2 x}dx$

$= \int \sec^2 x dx + \int \csc^2 x dx$

$= \tan x - \cot x + C.$

例 9 求 $\int 2^x e^x dx$.

解 $\int 2^x e^x dx = \int (2e)^x dx = \frac{(2e)^x}{\ln 2e} + C = \frac{2^x e^x}{1 + \ln 2} + C.$

例 10 求 $\int \frac{dx}{x^2(1 + x^2)}$.

解 $\int \frac{dx}{x^2(1 + x^2)} = \int \left(\frac{1}{x^2} - \frac{1}{1 + x^2}\right) dx$

$= \int \frac{1}{x^2}dx - \int \frac{1}{1 + x^2}dx$

$= -\frac{1}{x} - \arctan x + C.$

习题 8-2

1. 计算下列不定积分.

(1) $\int (x^3 + 3x^2 + 1)dx$;　　(2) $\int x^2\sqrt{x}dx$;

(3) $\int \frac{x^2 + \sqrt{x^3} + 3}{\sqrt{x}}dx$;　　(4) $\int \sqrt[3]{x}(x^2 - 5)dx$;

(5) $\int \frac{3^x + 2^x}{3^x}dx$;　　(6) $\int (e^x - 3\cos x)dx$;

(7) $\int (10^x + \cot^2 x)dx$;　　(8) $\int \sec x(\sec x - \tan x)dx$;

(9) $\int e^{x-3}dx$;　　(10) $\int 10^x \cdot 2^{3x}dx$;

(11) $\int \frac{1 + x + x^2}{x(1 + x^2)}dx$;　　(12) $\int \frac{\cos 2x}{\cos x + \sin x}dx$.

2. 已知某曲线经过点$\left(\frac{\pi}{2},2\right)$,并知曲线上每一点切线的斜率 $k = \sin x + \cos x$,求此曲线的方程.

第三节　换元积分法

利用基本积分表与积分的性质,可以计算的不定积分是非常有限的. 因此,有必要进一步研究求不定积分的方法. 本节介绍换元积分法.

一、第一类换元积分法(凑微分法)

例 1 求 $\int e^{2x}dx$.

解 在基本积分表中虽有 $\int e^{x}dx = e^{x} + C$.

但是这里不能直接应用,这是因为 e^{2x} 是一个复合函数. 为了套用这个积分公式,先把原积分作下列变形,然后进行计算:

$$\int e^{2x}dx = \frac{1}{2}\int e^{2x}d2x \xlongequal{令 2x = u} \frac{1}{2}\int e^{u}du = \frac{1}{2}e^{u} + C$$

$$\xlongequal{回代 u = 2x} \frac{1}{2}e^{2x} + C.$$

验证 $\left(\frac{1}{2}e^{2x} + C\right)' = e^{2x}$,所以 $\frac{1}{2}e^{2x} + C$ 确实是 e^{2x} 的原函数.

例 1 的解法特点是引入新变量 $u = 2x$,从而把原积分化为积分变量为 u 的积分,然后利用积分公式 $\int e^{x}dx = e^{x} + C$,得 $\int e^{u}dx = e^{u} + C$.

一般地,若 $\int f(x)dx = F(x) + C$ 成立,则 $\int f(u)du = F(u) + C$(其中 $u = \varphi(x)$ 是可导函数)也成立.

定理 1(第一类换元积分法) 若 $\int f(u)du = F(u) + C$,且 $u = \varphi(x)$ 有连续导数,则 $\int f[\varphi(x)]\varphi'(x)dx = F(\varphi(x)) + C$,这种方法称为第一类换元积分法,也叫凑微分法.

例 2 求 $\int \cos 3x dx$.

解
$$\int \cos 3x dx = \frac{1}{3}\int \cos 3x d3x \xlongequal{令 u = 3x} \frac{1}{3}\int \cos u du = \frac{1}{3}\sin u + C$$

$$\xlongequal{回代} \frac{1}{3}\sin 3x + C.$$

例 3 求 $\int (1 + 2x)^{3} dx$.

解
$$\int (1 + 2x)^{3} dx = \int \frac{1}{2} \cdot (1 + 2x)^{3}d(1 + 2x) = \frac{1}{2}\int (1 + 2x)^{3}d(1 + 2x)$$

$$\xlongequal{令 u = 1 + 2x} \frac{1}{2}\int u^{3}du = \frac{1}{8}u^{4} + C \xlongequal{回代} \frac{1}{8}(1 + 2x)^{4} + C.$$

例 4 求 $\int \frac{1}{3x + 1}dx$.

解
$$\int \frac{1}{3x + 1}dx = \frac{1}{3}\int \frac{d(3x + 1)}{3x + 1} \xlongequal{令 3x + 1 = u} \frac{1}{3}\int \frac{1}{u}du$$

$$= \frac{1}{3}\ln|u| + C \xlongequal{回代} \frac{1}{3}\ln|3x+1| + C.$$

例 5 求 $\int 2xe^{x^2}dx$.

解 $\int 2xe^{x^2}dx = \int e^{x^2} \cdot (x^2)'dx = \int e^{x^2}dx^2$

$$\xlongequal{令 u = x^2} \int e^u du = e^u + C \xlongequal{回代} e^{x^2} + C.$$

方法应用熟练后,可略去中间的换元步骤,不必写出中间变量 $u = \varphi(x)$,直接凑微分成基本积分公式的形式.

例 6 求 $\int \frac{1}{x^2}\sin\frac{1}{x}dx$.

解 $\int \frac{1}{x^2}\sin\frac{1}{x}dx = -\int \sin\frac{1}{x}d\left(\frac{1}{x}\right) = \cos\frac{1}{x} + C$.

例 7 求 $\int \frac{\ln^3 x}{x}dx$.

解 $\int \frac{\ln^3 x}{x}dx = \int \ln^3 x d\ln x = \frac{\ln^4 x}{4} + C$.

例 8 求 $\int \frac{e^x}{2 + e^x}dx$.

解 $\int \frac{1}{2 + e^x}de^x = \int \frac{1}{2 + e^x}d(e^x + 2) = \ln(e^x + 2) + C$.

例 9 $\int \sin^3 x dx$.

解 $\int \sin^3 x dx = \int \sin^2 x \sin x dx$

$$= -\int (1 - \cos^2 x) d\cos x$$

$$= -\int d\cos x + \int \cos^2 x d\cos x$$

$$= -\cos x + \frac{1}{3}\cos^3 x + C.$$

例 10 求 $\int \frac{\sin\sqrt{x}}{\sqrt{x}}dx$.

解 $\int \frac{\sin\sqrt{x}}{\sqrt{x}}dx = 2\int \sin\sqrt{x}\, d\sqrt{x} = -2\cos\sqrt{x} + C$.

例 11 求 $\int \sin^2 x \cos x dx$.

解 $\int \sin^2 x \cos x dx = \int \sin^2 x d\sin x = \frac{1}{3}\sin^3 x + C.$

例 12 求 $\int \tan x dx$.

解 $\int \tan x dx = \int \frac{\sin x}{\cos x}dx = -\int \frac{d\cos x}{\cos x} = -\ln|\cos x| + C.$

例 13 求 $\int \csc x \mathrm{d}x$.

解 $$\int \csc x \mathrm{d}x = \int \frac{1}{\sin x}\mathrm{d}x = \int \frac{1}{2\sin\frac{x}{2}\cos\frac{x}{2}}\mathrm{d}x = \int \frac{\sec^2\frac{x}{2}}{\tan\frac{x}{2}}\mathrm{d}\left(\frac{x}{2}\right)$$

$$= \int \frac{\mathrm{d}\left(\tan\frac{x}{2}\right)}{\tan\frac{x}{2}} = \ln\left|\tan\frac{x}{2}\right| + C.$$

由三角公式 $\tan\frac{x}{2} = \frac{1-\cos x}{\sin x} = \csc x - \cot x$,所以

$$\int \csc x \mathrm{d}x = \ln|\csc x - \cot x| + C,$$

$$\int \sec x \mathrm{d}x = \ln|\sec x + \tan x| + C.$$

例 14 求 $\int \sin x\cos x \mathrm{d}x$.

解法 1 $\int \sin x\cos x \mathrm{d}x = \int \sin x \mathrm{d}\sin x = \frac{\sin^2 x}{2} + C$.

解法 2 $\int \sin x\cos x \mathrm{d}x = -\int \cos x \mathrm{d}\cos x = -\frac{\cos^2 x}{2} + C$.

解法 3 $\int \sin x\cos x \mathrm{d}x = \frac{1}{2}\int \sin 2x \mathrm{d}x = \frac{1}{4}\int \sin 2x \mathrm{d}2x = -\frac{1}{4}\cos 2x + C$.

同一个积分,可以有几种不同的解法,其结果在形式上不同,但在实质上它们只相差一个常数.检验结果是否正确,只要对所得的结果求导,如果导数与被积函数相同,那么结果正确.否则,结果错误.

二、第二换元积分法

前面介绍的第一类换元积分法,关键是设法把被积表达式凑成 $\int f[\varphi(x)]\varphi'(x)\mathrm{d}x$ 的形式,然后把 $f[\varphi(x)]\varphi'(x)\mathrm{d}x$ 化成 $f(u)\mathrm{d}u$,使得 $f(u)$ 的原函数容易求出.

有一些不定积分 $\int f(x)\mathrm{d}x$ 难以计算,而将公式反过来使用,通过变量代换 $x=\varphi(t)$ 后,得到的不定积分 $\int f[\varphi(t)]\varphi'(t)\mathrm{d}t$ 比较容易计算.

定理 2 若 $f(x)$ 是连续函数, $x=\varphi(t)$ 有连续的导数 $\varphi'(t)$,且 $\varphi'(t)\neq 0$,又设 $\int f[\varphi(t)]\varphi'(t)\mathrm{d}t = F(t) + C$,则有换元公式

$$\int f(x)\mathrm{d}x = \int f[\varphi(t)]\varphi'(t)\mathrm{d}t = F[\varphi^{-1}(x)] + C.$$

这种积分方法称为第二换元积分法,使用第二换元积分法的关键是如何选择函数 $x=\varphi(t)$,下面通过例子来说明.

例 15 求下列不定积分：

(1) $\int \frac{1}{1+\sqrt{1+x}}dx$；　　(2) $\int \frac{1}{1+\sqrt[3]{x}}dx$；

(3) $\int \frac{1}{\sqrt[3]{x}+\sqrt{x}}dx$.

解 (1)令 $\sqrt{1+x}=t$，则 $x=t^2-1$，$dx=2tdt$，于是有

$$\int \frac{1}{1+\sqrt{1+x}}dx=\int \frac{2t}{1+t}dt$$

$$=2\int \frac{t+1-1}{1+t}dt=2\left(\int dt-\int \frac{dt}{1+t}\right)$$

$$=2t-2\ln|1+t|+C$$

$$=2\sqrt{1+x}-2\ln\left|1+\sqrt{1+x}\right|+C.$$

(2)令 $\sqrt[3]{x}=t$，则 $x=t^3$，$dx=3t^2dt$，于是有

$$\int \frac{1}{1+\sqrt[3]{x}}dx=\int \frac{3t^2}{1+t}dt=3\int \frac{(t^2-1)+1}{1+t}dt$$

$$=3\int\left(t-1+\frac{1}{1+t}\right)dt$$

$$=3\left(\frac{1}{2}t^2-t+\ln|1+t|\right)+C$$

$$=3\left(\frac{1}{2}\sqrt[3]{x^2}-\sqrt[3]{x}+\ln\left|1+\sqrt[3]{x}\right|\right)+C.$$

(3)令 $x=t^6$，$dx=6t^5dt$，则

$$\int \frac{1}{\sqrt[3]{x}+\sqrt{x}}dx=\int \frac{6t^5}{t^2+t^3}dt$$

$$=6\int \frac{t^3}{1+t}dt$$

$$=6\int\left(t^2-t+1-\frac{1}{1+t}\right)dt$$

$$=6\int(t^2-t+1)dt-6\int \frac{1}{1+t}dt$$

$$=2t^3-3t^2+6t-6\ln|t+1|+C$$

$$=2\sqrt{x}-3\sqrt[3]{x}+6\sqrt[6]{x}-6\ln(\sqrt[6]{x}+1)+C.$$

***例 16** 求 $\int\sqrt{a^2-x^2}dx\ (a>0)$.

解 作变量替换 $x=a\sin t\left(-\frac{\pi}{2}\leqslant x\leqslant\frac{\pi}{2}\right)$，则 $t=\arcsin\frac{x}{a}$，

$\sqrt{a^2-x^2}=\sqrt{a^2-a^2\sin^2 t}=a\sqrt{1-\sin^2 t}=a\cos t$，$dx=a\cos t dt$

$$\int\sqrt{a^2-x^2}dx=\int a\cos t\cdot a\cos t dt$$

$$= a^2\int \cos^2 t\mathrm{d}t = a^2\int \frac{1+\cos 2t}{2}\mathrm{d}t$$

$$= \frac{a^2}{2}\left(t + \frac{1}{2}\sin 2t\right) + C$$

$$= \frac{a^2}{2}(t + \sin t\cos t) + C.$$

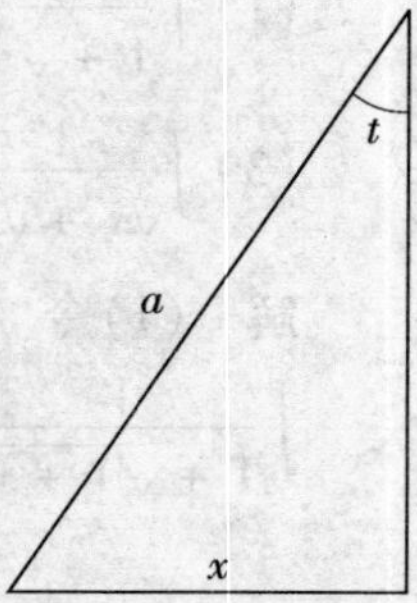

图 8-1

因为 $x = a\sin t$，所以 $\sin t = \frac{x}{a}$，$t = \arcsin\frac{x}{a}$，根据变换 $\sin t = \frac{x}{a}$ 作直角三角形，如图 8-1所示，$\cos t = \frac{\sqrt{a^2 - x^2}}{a}$，代入上面的结果有

$$\int \sqrt{a^2 - x^2}\mathrm{d}x = \frac{a^2}{2}\arcsin\frac{x}{a} + \frac{x}{2}\sqrt{a^2 - x^2} + C.$$

***例 17** 求 $\int \frac{\mathrm{d}x}{\sqrt{x^2 - a^2}}(a > 0)$.

解 为了去掉被积函数中的根号，利用 $\sec^2 x - 1 = \tan^2 x$，令 $x = a\sec t$，则 $\mathrm{d}x = a\sec t\tan t\mathrm{d}t$，于是有

$$\int \frac{\mathrm{d}x}{\sqrt{x^2 - a^2}} = \int \frac{a\sec t\tan t}{a\tan t}\mathrm{d}t = \int \sec t\mathrm{d}t$$

$$= \ln|\sec t + \tan t| + C_1.$$

根据 $\sec t = \frac{x}{a}$ 作辅助三角形，如图 8-2 所示，得

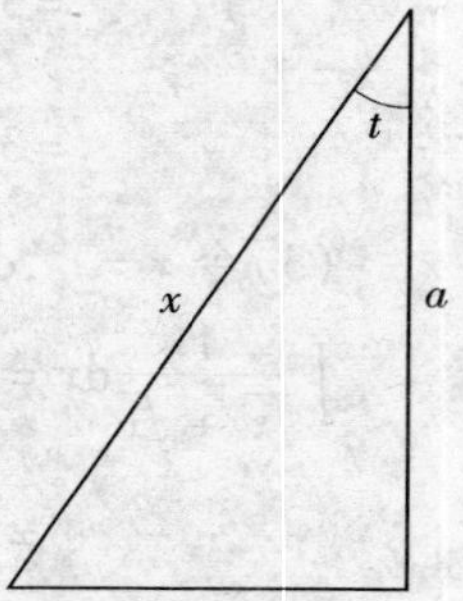

图 8-2

$$\int \frac{\mathrm{d}x}{\sqrt{x^2 - a^2}} = \ln|\sec t + \tan t| + C_1$$

$$= \ln\left|\frac{x}{a} + \frac{\sqrt{x^2 - a^2}}{a}\right| + C_1$$

$$= \ln\left|x + \sqrt{x^2 - a^2}\right| + C_1 - \ln a$$

$$= \ln\left|x + \sqrt{x^2 - a^2}\right| + C.$$

其中，$C = C_1 - \ln a$.

习题 8-3

1. 求下列不定积分.

(1) $\int \frac{\mathrm{d}x}{(2x-3)^4}$； (2) $\int \frac{1}{\sqrt{1+x}}\mathrm{d}x$；

(3) $\int \sin 3x\mathrm{d}x$； (4) $\int \frac{\mathrm{e}^{2x} - 1}{\mathrm{e}^x}\mathrm{d}x$；

(5) $\int \frac{x}{1+x^2}\mathrm{d}x$； (6) $\int x\sqrt{2+x^2}\mathrm{d}x$；

(7) $\int \sin^3 x\cos x\mathrm{d}x$； (8) $\int \frac{1}{\sqrt{x}}\sin\sqrt{x}\mathrm{d}x$；

(9) $\int \frac{\ln x}{x}dx$.

2. 求下列不定积分.

(1) $\int \frac{1}{1+\sqrt{x}}dx$；　　(2) $\int \frac{1}{\sqrt{x}(1+\sqrt[3]{x})}dx$；

(3) $\int \frac{\sqrt{1+x}}{1+\sqrt{1+x}}dx$；　　(4) $\int \frac{x^2}{\sqrt{4-x^2}}dx$.

第四节　分部积分法

利用直接积分法和换元积分法能求出很多函数的不定积分,但有一些类型的不定积分,如 $\int \ln x dx$, $\int x\cos x dx$, $\int e^x \sin x dx$ 等用上述方法仍无法解决.下面介绍求这类不定积分的分部积分法.

分部积分法常用于被积函数是两种不同类型的函数乘积的积分,它是乘积的微分公式的逆运用.

设函数 $u(x)$, $v(x)$ 简写为 u, v,由微分公式得

$$d(uv) = udv + vdu,$$

移项得 $udv = d(uv) - vdu$,两边积分,则有

$$\int udv = \int d(uv) - \int vdu,$$

即　$\int udv = uv - \int vdu$,这个公式称为分部积分公式.

下面举例说明其应用.

例 1　求下列不定积分.

(1) $\int \ln x dx$；　　(2) $\int xe^x dx$；

(3) $\int x\cos x dx$；　　(4) $\int x^2 e^x dx$.

解　(1) 设 $u = \ln x$, $v = x$,则

$$\int \ln x dx = x\ln x - \int x d\ln x = x\ln x - \int x(\ln x)'dx = x\ln x - x + C.$$

(2) 设 $u = x$, $dv = e^x dx = de^x$, $v = e^x$,则

$$\int xe^x dx = \int x de^x = xe^x - \int e^x dx = xe^x - e^x + C.$$

(3) 设 $u = x$, $dv = \cos x dx = d\sin x$, $v = \sin x$,则

$$\int x\cos x dx = \int x d\sin x = x\sin x - \int \sin x dx = x\sin x + \cos x + C.$$

注意　熟练后, u, v 的引进过程可以不写出来.

(4) $\int x^2 e^x dx = \int x^2 de^x = x^2 e^x - \int e^x 2x dx$

$$= x^2e^x - 2\int x de^x$$

$$= x^2e^x - 2(xe^x - \int e^x dx)$$

$$= x^2e^x - 2xe^x + 2e^x + C.$$

注意 本题两次使用分部积分公式.

例 2 求下列不定积分.

(1) $\int xe^{-2x}dx$ ；　　　　(2) $\int x\arctan x dx$.

解 (1) $\int xe^{-2x}dx = -\frac{1}{2}\int x(e^{-2x})'dx = -\frac{1}{2}\int x de^{-2x}$

$$= -\frac{1}{2}xe^{-2x} + \frac{1}{2}\int e^{-2x}dx$$

$$= -\frac{1}{2}xe^{-2x} - \frac{1}{4}e^{-2x} + C.$$

(2) $\int x\arctan x dx = \int \frac{1}{2}\arctan x dx^2 = \frac{1}{2}x^2\arctan x - \frac{1}{2}\int \frac{x^2}{1+x^2}dx$

$$= \frac{1}{2}x^2\arctan x - \frac{1}{2}\int\left(1 - \frac{1}{1+x^2}\right)dx$$

$$= \frac{1}{2}x^2\arctan x - \frac{1}{2}x + \frac{1}{2}\arctan x + C$$

$$= \frac{1}{2}(x^2+1)\arctan x - \frac{1}{2}x + C.$$

***例 3** 求 $\int e^x \sin x dx$.

解 $\int e^x\sin x dx = \int \sin x de^x = \sin x e^x - \int e^x d\sin x$

$$= \sin x e^x - \int e^x \cos x dx$$

$$= \sin x e^x - \int \cos x de^x$$

$$= \sin x e^x - \cos x e^x - \int \sin x e^x dx,$$

移项得
$$\int e^x \sin x dx = \frac{\sin x - \cos x}{2}e^x + C.$$

***例 4** 求 $\int e^{\sqrt{x}}dx$.

解 令 $\sqrt{x} = t$, 则 $x = t^2$, $dx = 2tdt$, 于是有

$\int e^{\sqrt{x}}dx = \int 2te^t dt = 2\int t de^t$

$$= 2te^t - 2\int e^t dt = 2te^t - 2e^t + C$$

$$= 2e^{\sqrt{x}}(\sqrt{x} - 1) + C.$$

注意 本题先用第二换元积分法,再用分部积分法.

习题 8-4

求下列不定积分.

(1) $\int x\sin x\mathrm{d}x$; (2) $\int x\mathrm{e}^{-x}\mathrm{d}x$;

(3) $\int x^2\mathrm{e}^x\mathrm{d}x$; (4) $\int x^2\cos x\mathrm{d}x$;

(5) $\int \ln(1+x^2)\mathrm{d}x$; (6) $\int \arcsin x\mathrm{d}x$.

第五节 积分表的应用

从上述各节的讨论中,我们已经了解到积分的计算要比导数的计算复杂,难度要大,在实际工作中为了应用方便,把常用的积分公式汇集成表——积分表(见附录Ⅰ).一般积分表是按照被积函数的类型排列的,求积分时,可根据被积函数的类型直接地或经简单变形后,在表中查得所需的结果,下面通过实例说明积分表的用法.

一、可以直接从积分表中查到结果的

例1 查表求 $\int\frac{\mathrm{d}x}{x^2(5+4x)}$.

解 本例属于表中(一)类含有 $ax+b$ 的积分,按公式6,当 $b=5,a=4$ 时,有

$$\int\frac{\mathrm{d}x}{x^2(5+4x)}=-\frac{1}{5x}+\frac{4}{25}\ln\left|\frac{5+4x}{x}\right|+C.$$

例2 查表求 $\int\frac{\mathrm{d}x}{3-4\cos x}$.

解 本例属于表中(十一)类含有 $\int\frac{\mathrm{d}x}{a+b\cos x}$ 的积分,按公式106, $a=3,b=-4$, $a^2<b^2$ 有

$$\int\frac{\mathrm{d}x}{3-4\cos x}=\frac{1}{3+(-4)}\sqrt{\frac{3-4}{-4-3}}\ln\left|\frac{\tan\frac{x}{2}+\sqrt{\frac{3-4}{-4-3}}}{\tan\frac{x}{2}-\sqrt{\frac{3-4}{-4-3}}}\right|+C$$

$$=-\frac{\sqrt{7}}{7}\ln\left|\frac{\tan\frac{x}{2}+\frac{\sqrt{7}}{7}}{\tan\frac{x}{2}-\frac{\sqrt{7}}{7}}\right|+C.$$

例3 查表求 $\int\frac{\mathrm{d}x}{4x^2+4x-3}$.

解 本例属于表中(五)类含有 $ax^2+bx+c(a>0)$ 的积分,按公式29,当 $a=4$,

$b=4, c=-3$ 时，有 $b^2-4ac=16-4\times4\times(-3)=64>0$，则

$$\int\frac{dx}{4x^2+4x-3}=\frac{1}{8}\ln\left|\frac{2x-1}{2x+3}\right|+C.$$

二、先进行变量代换，然后再查表求积分

例 4 求 $\int\sqrt{9x^2+4}\,dx$.

解 本例在表中不能直接查到，若令 $3x=u$，则 $\int\sqrt{9x^2+4}\,dx=\frac{1}{3}\int\sqrt{u^2+2^2}\,du$，可以应用积分表(六)中的公式 39，于是

$$\int\sqrt{9x^2+4}\,dx=\frac{1}{3}\int\sqrt{u^2+2^2}\,du=\frac{1}{3}\left[\frac{u}{2}\sqrt{u^2+4}+2\ln|u+\sqrt{u^2+4}|\right]+C$$

$$=\frac{x}{2}\sqrt{9x^2+4}+\frac{2}{3}\ln|3x+\sqrt{9x^2+4}|+C.$$

三、利用递推公式在积分表中查到所求积分

例 5 求 $\int\cos^5x\,dx$.

解 查表中(十一)类公式 96，有

$$\int\cos^n x\,dx=\frac{\cos^{n-1}x\sin x}{n}+\frac{n-1}{n}\int\cos^{n-2}x\,dx$$

就本例而言，利用这个公式并不能求出最后的结果，但用一次就可使被积函数的幂指数减少二次，重复使用这个公式直到求出最后结果，这种公式叫做递推公式. 应用此公式得

$$\int\cos^5x\,dx=\frac{\cos^4x\sin x}{5}+\frac{4}{5}\int\cos^3x\,dx$$

$$=\frac{\cos^4x\sin x}{5}+\frac{4}{5}\left(\frac{\cos^2x\sin x}{3}+\frac{2}{3}\int\cos x\,dx\right)$$

$$=\frac{1}{5}\cos^4x\sin x+\frac{4}{15}\cos^2x\sin x+\frac{8}{15}\sin x+C.$$

习题 8-5

利用简易积分表求下列不定积分.

(1) $\int\frac{dx}{x(2+x)^2}$；　　(2) $\int\frac{dx}{2+\sin 2x}$；

(3) $\int x\arcsin\frac{x}{2}\,dx$；　　(4) $\int\frac{dx}{x^2+2x+5}$；

(5) $\int\frac{dx}{5-4\cos x}$；　　(6) $\int\frac{dx}{x^2(1-x)}$.

本章小结

一、主要内容

1. 原函数与不定积分的概念.
2. 不定积分的性质.
3. 不定积分的基本公式.
4. 不定积分的积分方法.

二、主要方法

1. 直接积分法:经过恒等变形后直接利用积分基本公式和性质进行计算.
2. 第一换元积分法(凑微分法)

$$\int f[\varphi(x)]\varphi'(x)\mathrm{d}x \xlongequal{\text{微分}} \int f[\varphi(x)]\mathrm{d}\varphi(x) \xlongequal{\varphi(x)=u} \int f(u)\mathrm{d}u = F(u)+C$$

$$\xlongequal{u=\varphi(x)} F[\varphi(x)]+C$$

3. 第二换元积分法

$$\int f(x)\mathrm{d}x \xlongequal{x=\varphi(t)} \int f[\varphi(t)]\varphi'(t)\mathrm{d}t = F(t)+C \xlongequal{t=\varphi^{-1}(x)} F[\varphi^{-1}(x)]+C$$

4. 分部积分法

$$\int u\mathrm{d}v = uv - \int v\mathrm{d}u$$

本章复习题

1. 填空,并计算相应的不定积分.

(1) ( )$'=5$, $\int 5\mathrm{d}x=$( );

(2) d( ) $=3x^2\mathrm{d}x$, $\int 3x^2\mathrm{d}x=$( );

(3) ( )$'=\dfrac{1}{\cos^2 x}$, $\int \dfrac{1}{\cos^2 x}\mathrm{d}x=$( );

(4) ( )$'=\sin 2x$, $\int \sin 2x\mathrm{d}x=$( );

(5) $\left(\int \dfrac{\sin x}{x}\mathrm{d}x\right)'=$( ), $\int\left(\dfrac{\sin x}{x}\right)'\mathrm{d}x=$( ).

2. 已知在曲线上任一点处的切线斜率为 $3x^2+1$,并且曲线经过点(1,2),求此曲线的方程.

3. 利用直接积分法求下列不定积分.

(1) $\int(3e^x+2\cos x-1)dx$；

(2) $\int\frac{x^3+\sqrt{x}+3}{\sqrt{x}}dx$；

(3) $\int\frac{x^2}{1+x^2}dx$；

(4) $\int\frac{x^3+1}{x+1}dx$；

(5) $\int\left(\frac{3}{x}+\frac{x}{2}\right)dx$；

(6) $\int\frac{1}{1+\cos x}dx$；

(7) $\int\tan^2 x dx$；

(8) $\int\frac{1}{\sin^2 x\cos^2 x}dx$.

4. 利用换元积分法求下列积分.

(1) $\int\sin 3x dx$；

(2) $\int\frac{\ln x}{x}dx$；

(3) $\int\sin^3 x\cos x dx$；

(4) $\int\cos^3 x\sin x dx$；

(5) $\int\sin(4x+1)dx$；

(6) $\int x\sin x^2 dx$；

(7) $\int e^x\sin e^x dx$；

(8) $\int\frac{1}{x^2}\cos\frac{1}{x}dx$；

(9) $\int\frac{1}{1+\sqrt{x}}dx$；

(10) $\int\frac{1}{1+\sqrt[3]{x}}dx$；

(11) $\int\frac{1}{x+\sqrt{x}}dx$；

(12) $\int\frac{\sqrt{x-1}}{2x}dx$.

5. 利用分部积分法求下列积分.

(1) $\int x\sin x dx$；

(2) $\int x\ln x dx$；

(3) $\int\ln(x+2)dx$；

(4) $\int\arctan x dx$.

第九章　定积分及其应用

不定积分是微分法逆运算的一个侧面，本章要介绍的定积分则是它的另一个侧面．定积分起源于求图形的面积和体积等实际问题．古希腊的阿基米德用“穷竭法”，我国的刘徽用“割圆术”，都曾计算过一些几何体的面积和体积，这些均为定积分的雏形．直到17世纪中叶，牛顿和莱布尼茨先后提出了定积分的概念，并发现了积分与微分之间的内在联系，给出了计算定积分的一般方法，从而使定积分成为解决有关实际问题的有力工具，并使各自独立的微分学与积分学联系在一起，构成完整的理论体系——微积分学．

本章先从几何问题与物理学问题引入定积分的定义，然后讨论定积分的性质、计算方法．

第一节　定积分的概念与性质

一、定积分问题举例

(一)曲边梯形的面积

在初等数学里我们学习了规则图形的面积，如长方形、正方形、圆、梯形等．但对于任意曲线所围成的图形的面积，我们没有学过其面积的计算方法，如图 9-1(a)、(b)、(c)所示．

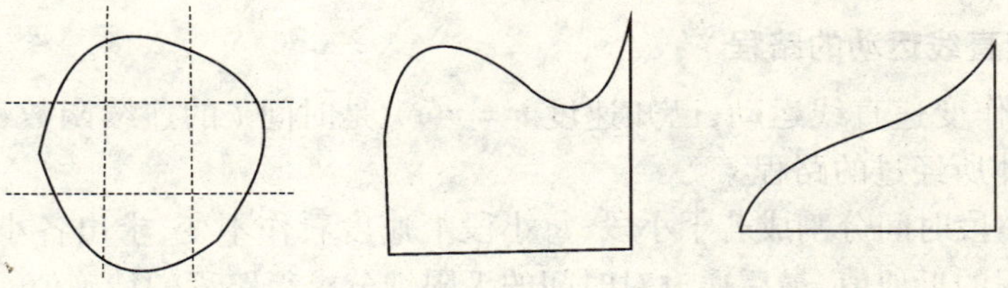

(a)　　(b)　　(c)

图 9-1

对于这类不规则图形，我们可用相互平行与相互垂直的直线将其分割成若干小块，从而把不规则图形转化为由若干个矩形或曲边梯形组成(见图 9-1(a))．所谓曲边梯形即由一条曲线和三条直线(其中两条直线相互平行，并与另一条直线垂直)所围成的封闭的平面图形(见图 9-1(b))．

如何求曲边梯形的面积?

设曲边梯形由连续曲线 $y=f(x)\ (f(x)\geqslant 0)$，$x$ 轴以及两直线 $x=a, x=b$ 所围成，如图 9-2 所示，求其面积 A．

解决步骤：

(1)分割：曲边梯形如图 9-3 所示，在区间 $[a,b]$ 上任意插入 $n-1$ 个分点：

$$a=x_0<x_1<\cdots<x_{n-1}<x_n=b,$$

把区间 $[a,b]$ 分成 n 个小区间 $[x_{i-1},x_i]$，区间长度为：$\Delta x_i = x_i - x_{i-1}$，$i=1,2,\cdots,n$；

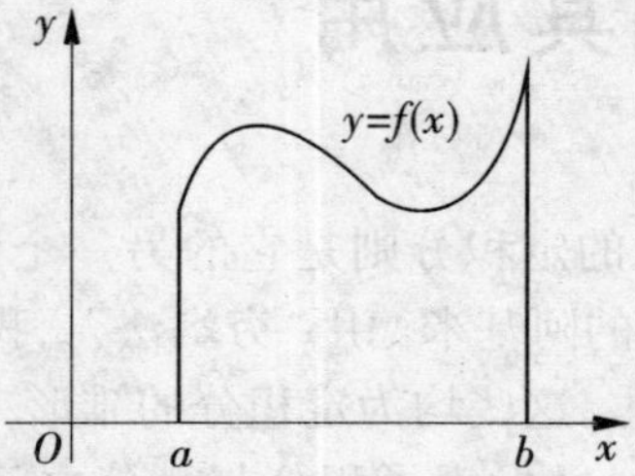

图 9-2

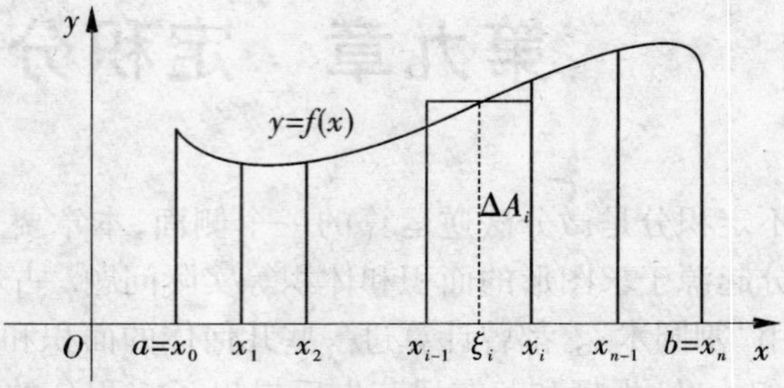

图 9-3

(2)近似代替：在每个小区间 $[x_{i-1},x_i]$ 上任取一点 ξ_i，以 $[x_{i-1},x_i]$ 为底，$f(\xi_i)$ 为高的小矩形面积为

$$f(\xi_i)\Delta x_i,$$

并以此小矩形面积近似代替相对应的小曲边梯形面积 ΔA_i 得：

$$\Delta A_i \approx f(\xi_i)\Delta x_i \quad (\Delta x_i = x_i - x_{i-1}, i=1,2,\cdots,n);$$

(3)求和：曲边梯形面积的近似值为

$$A \approx \sum_{i=1}^{n} f(\xi_i)\Delta x_i;$$

(4)取极限：当分割无限加细，即小区间的最大长度 $\lambda = \max\{\Delta x_1,\Delta x_2,\cdots,\Delta x_n\}$ 趋近于零 $(\lambda \to 0)$ 时，曲边梯形的面积为

$$A = \lim_{\lambda \to 0}\sum_{i=1}^{n} f(\xi_i)\Delta x_i.$$

(二)变速直线运动的路程

设某物体作变速直线运动，已知速度 $v=v(t)$ 是时间 t 的连续函数，求在时间间隔 $[T_1,T_2]$ 内物体所经过的路程 s.

思路：把整段时间分割成若干小段，每小段上速度看作不变，求出各小段的路程再相加，便得到路程的近似值，最后通过对时间的无限细分求得路程的精确值.

(1)分割：在 $[T_1,T_2]$ 上任意插入 $n-1$ 个分点，$T_1=t_0<t_1<\cdots<t_{n-1}<t_n=T_2$，将它分成 n 个小区间 $[t_{i-1},t_i](i=1,2,\cdots,n)$，小区间长度为 $\Delta t_i = t_i - t_{i-1}(i=1,2,\cdots,n)$；

(2)近似代替：任取 $\xi_i \in [t_{i-1},t_i]$ 以 $v(\xi_1)$ 代替变速度，得

$$\Delta s_i \approx v(\xi_i)\Delta t_i;$$

(3)求和：

$$S = \sum_{i=1}^{n}\Delta s_i \approx \sum_{i=1}^{n} v(\xi_i)\Delta t_i;$$

(4)取极限：取 $\lambda = \max\{\Delta t_1,\Delta t_2,\cdots,\Delta t_n\}$，路程的精确值为：$s = \lim_{\lambda\to 0}\sum_{i=1}^{n} v(\xi_i)\Delta t_i$.

上述两个问题的共性：

(1)解决问题的方法步骤相同："分割，近似代替，求和，取极限"；

(2)所求结果都归结为：特殊乘积和式的极限.

二、定积分的概念

定义 1 设 $f(x)$ 在 $[a,b]$ 上有界，在 $[a,b]$ 中任意插入 $n-1$ 个分点：

$$a = x_0 < x_1 < \cdots < x_{n-1} < x_n = b,$$

把区间 $[a,b]$ 分割成 n 个小区间：

$$[x_0,x_1],[x_1,x_2],\cdots,[x_{n-1},x_n],$$

各小区间的长度依次为

$$\Delta x_1 = x_1 - x_0,\Delta x_2 = x_2 - x_1,\cdots,\Delta x_n = x_n - x_{n-1}.$$

在每个小区间 $[x_{i-1},x_i]$ 上任取一点 ξ_i 作函数值 $f(\xi_i)$ 与小区间长度 Δx_i 的乘积 $f(\xi_i)\Delta x_i(i=1,\cdots,n)$，并作和式

$$S_n = \sum_{i=1}^{n} f(\xi_i)\Delta x_i.$$

记 $\lambda = \max\{\Delta x_1,\Delta x_2,\cdots\Delta x_n\}$，如果不论对 $[a,b]$ 怎样的分法，也不论在小区间 $[x_{i-1},x_i]$ 上点 ξ_i 怎样取法，只要当 $\lambda \to 0$ 时，和 S_n 总趋于确定的极限 I，我们就称这个极限 I 为函数 $f(x)$ 在区间 $[a,b]$ 上的定积分，记为

$$\int_a^b f(x)\,\mathrm{d}x = \lim_{\lambda\to 0}\sum_{i=1}^{n} f(\xi_i)\Delta x_i.$$

其中，$f(x)$ 叫作被积函数，$f(x)\,\mathrm{d}x$ 叫作被积表达式，x 叫作积分变量，$[a,b]$ 叫作积分区间.

注意 (1)所谓和式极限存在(即函数可积)是指无论对区间 $[a,b]$ 怎样的分法和 ξ_i 怎么样的取法,极限存在且相等,即区间的分法和 ξ_i 的取法是任意的.

(2)若 $f(x)$ 在 $[a,b]$ 上连续或有有限个第一类间断点,那么定义中的和式极限一定存在,即 $f(x)$ 在 $[a,b]$ 上可积.

(3)定积分仅与被积函数及积分区间有关,与变量用什么字母表示无关,即

$$\int_a^b f(x)\,\mathrm{d}x = \int_a^b f(t)\,\mathrm{d}t = \int_a^b f(u)\,\mathrm{d}u.$$

(4) $\int_a^b f(x)\,\mathrm{d}x = -\int_b^a f(x)\,\mathrm{d}x$.

根据定积分的定义,引例中:曲边梯形的面积 A 是 $f(x)$ 在 $[a,b]$ 上的定积分,即

$$A = \int_a^b f(x)\,\mathrm{d}x.$$

变速直线运动的路程 s 是速度函数 $v(t)$ 在时间间隔 $[T_1,T_2]$ 上的定积分,即

$$s = \int_{T_1}^{T_2} v(t)\,\mathrm{d}t.$$

三、定积分的几何意义

当 $f(x) > 0$ 时,$\int_a^b f(x)\,\mathrm{d}x = A$,表示由曲线 $y=f(x)$,直线 $x=a,x=b,x$ 轴所围成的曲边梯形的面积值.

当 $f(x)<0$ 时，$\int_a^b f(x)\mathrm{d}x=-A$，表示由曲线 $y=f(x)$，直线 $x=a,x=b,x$ 轴所围成的曲边梯形面积值的负值.

如图 9-4 所示，曲边梯形各部分面积的代数和：$\int_a^b f(x)\mathrm{d}x=A_1-A_2+A_3-A_4+A_5$

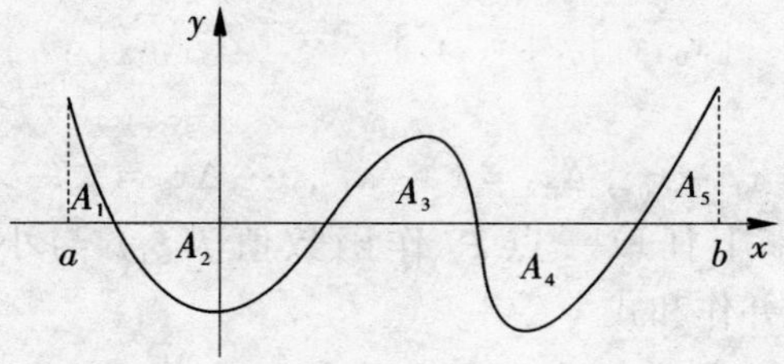

图 9-4

四、定积分的性质

设函数 $f(x)$，$g(x)$ 在所讨论的区间上可积，则定积分有如下性质：

性质 1 两个函数和差的定积分等于它们定积分的和差，即

$$\int_a^b[f(x)\pm g(x)]\mathrm{d}x=\int_a^b f(x)\mathrm{d}x\pm\int_a^b g(x)\mathrm{d}x.$$

推广：

$$\int_a^b[f_1(x)\pm f_2(x)\pm\cdots\pm f_n(x)]\mathrm{d}x$$

$$=\int_a^b f_1(x)\mathrm{d}x\pm\int_a^b f_2(x)\mathrm{d}x\pm\cdots\pm\int_a^b f_n(x)\mathrm{d}x.$$

性质 2 被积函数中的常数可提到积分号前面，即

$$\int_a^b kf(x)\mathrm{d}x=k\int_a^b f(x)\mathrm{d}x\ (k\text{ 为常数}).$$

性质 3（区间可加性） 对任意常数 c，有

$$\int_a^b f(x)\mathrm{d}x=\int_a^c f(x)\mathrm{d}x+\int_c^b f(x)\mathrm{d}x.$$

性质 4 若在 $[a,b]$ 上 $f(x)=1$ 恒成立，那么

$$\int_a^b f(x)\mathrm{d}x=\int_a^b \mathrm{d}x=b-a.$$

性质 5 若在 $[a,b]$ 上 $f(x)\leqslant g(x)$，那么

$$\int_a^b f(x)\mathrm{d}x\leqslant\int_a^b g(x)\mathrm{d}x.$$

特别地，有

$$\left|\int_a^b f(x)\mathrm{d}x\right|\leqslant\int_a^b|f(x)|\mathrm{d}x,(a<b).$$

性质 6（估值定理） 设 M 及 m 分别是函数 $f(x)$ 在区间 $[a,b]$ 上的最大值及最小值，则

$$m(b-a) \leqslant \int_a^b f(x)\mathrm{d}x \leqslant M(b-a).$$

性质7（积分中值定理） 若 $f(x)$ 在区间 $[a,b]$ 上连续，则至少存在一点 $\xi \in [a,b]$，使

$$\int_a^b f(x)\mathrm{d}x = f(\xi)(b-a).$$

积分中值公式的几何解释：

至少存在一点 $\xi \in [a,b]$，使得以区间 $[a,b]$ 为底边，以曲线 $f(x)$ 为曲边的曲边梯形的面积等于同一底边而高为 $f(\xi)$ 的矩形的面积，如图 9-5 所示.

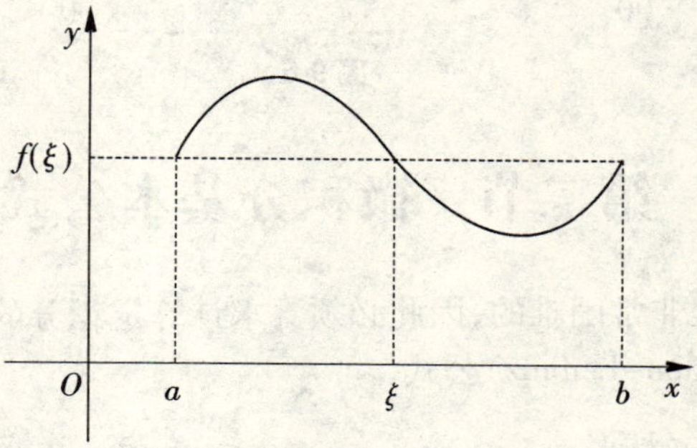

图 9-5

例 1 比较下列各对积分值的大小.

(1) $\int_0^1 x^2\mathrm{d}x$ 与 $\int_0^1 \sqrt{x}\,\mathrm{d}x$； (2) $\int_0^1 6^x\mathrm{d}x$ 与 $\int_0^1 5^x\mathrm{d}x$.

解 (1)因为在 $[0,1]$ 上 $x^2 \leqslant \sqrt{x}$，所以 $\int_0^1 x^2\mathrm{d}x \leqslant \int_0^1 \sqrt{x}\,\mathrm{d}x$.

(2)因为在 $[0,1]$ 上 $6^x \geqslant 5^x$，所以 $\int_0^1 6^x\mathrm{d}x \geqslant \int_0^1 5^x\mathrm{d}x$.

例 2 估计定积分 $\int_{-1}^1 \mathrm{e}^{-x}\mathrm{d}x$ 的取值范围.

解 设 $f(x)=\mathrm{e}^{-x}$，因为 $f'(x)=-\mathrm{e}^{-x}<0$，所以 $f(x)$ 在 $[-1,1]$ 上单调减少，从而

$$f_{\max}(x)=M=\mathrm{e}^{-(-1)}=\mathrm{e},\ f_{\min}(x)=m=\mathrm{e}^{-1},$$

因此，由估值定理得

$$2\mathrm{e}^{-1} \leqslant \int_{-1}^1 \mathrm{e}^{-x}\mathrm{d}x \leqslant 2\mathrm{e}.$$

习题 9-1

1. 由几何意义求定积分 $\int_0^1 \sqrt{1-x^2}\,\mathrm{d}x$.

2. 用定积分表示图 9-6 中阴影部分的面积.

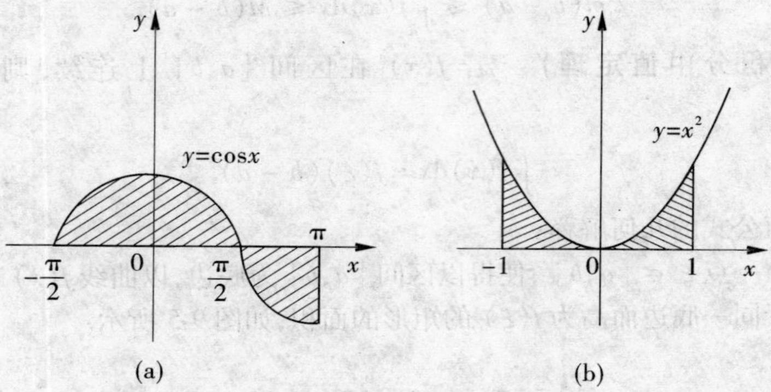

图 9-6

第二节　微积分基本公式

用定义求定积分是非常困难的,因此必须寻求计算定积分的有效而简便的方法,这就是牛顿-莱布尼茨(Newton-Leibniz)公式.

一、变上限积分函数

如图 9-7 所示,设函数 $f(t)$ 在闭区间 $[a,b]$ 上连续,x 是闭区间 $[a,b]$ 上的任一点,则 $f(t)$ 在闭区间 $[a,x]$ 上也连续,从而 $f(t)$ 在闭区间 $[a,x]$ 上可积,即 $\int_a^x f(t)\mathrm{d}t$ 存在. 考虑到积分上限 x 在区间 $[a,b]$ 上可任意变化,因此可把定积分 $\int_a^x f(t)\mathrm{d}t$ 看成关于积分上限 x 的函数,记作 $\varphi(x)$,即

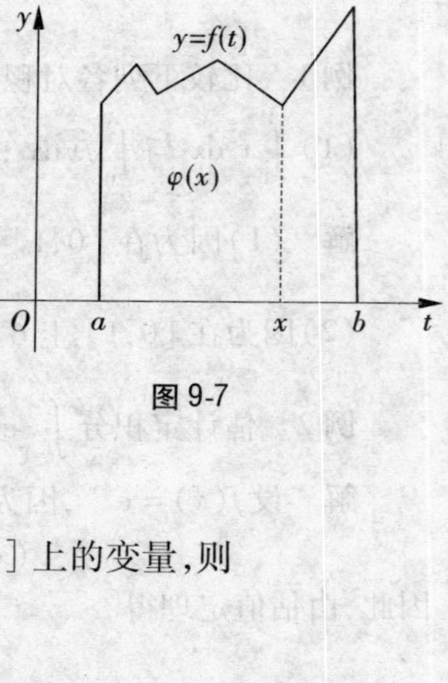

图 9-7

$$\varphi(x)=\int_a^x f(t)\mathrm{d}t, x \in [a,b]$$

为变上限积分函数.

定义 1　设函数 $f(t)$ 在闭区间 $[a,b]$ 上连续,x 是 $[a,b]$ 上的变量,则

$$\varphi(x)=\int_a^x f(t)\mathrm{d}t, x \in [a,b]$$

是定义在区间 $[a,b]$ 上的函数,称为积分上限函数.

显然,$\varphi(a)=0,\varphi(b)=\int_a^b f(t)\mathrm{d}t$.

定理 1　若函数 $f(x)$ 在区间 $[a,b]$ 上连续,则函数 $\varphi(x)=\int_a^x f(t)\mathrm{d}t$ 在 $[a,b]$ 上可导,并且它的导函数等于被积函数,即

$$\varphi'(x)=\left[\int_a^x f(t)\mathrm{d}t\right]'=f(x).$$

该定理表明，$\varphi(x)=\int_a^x f(t)\,\mathrm{d}t$ 是连续函数 $f(x)$ 在区间 $[a,b]$ 上的一个原函数，肯定了连续函数的原函数是存在的，初步揭示了定积分与原函数之间的关系，从而有望通过原函数求定积分.

例 1 求 $\left[\int_0^x \mathrm{e}^{-t}\mathrm{d}t\right]'$.

解 $\left[\int_0^x \mathrm{e}^{-t}\mathrm{d}t\right]'=\mathrm{e}^{-x}$.

例 2 求 $\frac{\mathrm{d}}{\mathrm{d}x}\int_a^x \cos(2t-1)\,\mathrm{d}t$.

解 $\frac{\mathrm{d}}{\mathrm{d}x}\int_a^x \cos(2t-1)\,\mathrm{d}t=\cos(2x-1)$.

例 3 求 $\frac{\mathrm{d}}{\mathrm{d}x}\int_1^{x^2} \sqrt{1+t^2}\,\mathrm{d}t$.

解 由于积分上限 x 的函数，所以变上限定积分是 x 的复合函数，由复合函数求导法则得：

$$\begin{aligned}\frac{\mathrm{d}}{\mathrm{d}x}\int_1^{x^2} \sqrt{1+t^2}\,\mathrm{d}t &= \frac{\mathrm{d}}{\mathrm{d}x^2}\left(\int_1^{x^2} \sqrt{1+t^2}\,\mathrm{d}t\right)\cdot\frac{\mathrm{d}x^2}{\mathrm{d}x}\\ &=\sqrt{1+x^4}\cdot 2x=2x\sqrt{1+x^4},\end{aligned}$$

一般地，$\frac{\mathrm{d}}{\mathrm{d}x}\int_1^{\varphi(x)} f(t)\,\mathrm{d}t=f[\varphi(x)]\cdot\varphi'(x)$.

二、牛顿-莱布尼茨公式

定理 2 若函数 $F(x)$ 是连续函数 $f(x)$ 在区间 $[a,b]$ 上的一个原函数，则

$$\int_a^b f(x)\,\mathrm{d}x=F(b)-F(a).$$

上式称为牛顿-莱布尼茨公式.

在使用上，牛顿-莱布尼茨公式也常写为

$$\int_a^b f(x)\,\mathrm{d}x=F(x)\big|_a^b=F(b)-F(a)$$

或

$$\int_a^b f(x)\,\mathrm{d}x=[F(x)]_a^b=F(b)-F(a).$$

例 4 计算下列定积分.

(1) $\int_0^1 x^3\,\mathrm{d}x$ ；　　(2) $\int_0^1 \mathrm{e}^x\,\mathrm{d}x$ ；

(3) $\int_0^1 \frac{1}{1+x^2}\mathrm{d}x$ ；　　(4) $\int_0^1 \frac{x^2}{1+x^2}\mathrm{d}x$ ；

(5) $\int_0^\pi \cos^2\frac{x}{2}\mathrm{d}x$.

解 (1) 因为 $\frac{1}{4}x^4$ 是 x^3 的一个原函数，由牛顿-莱布尼茨公式得：

$$\int_0^1 x^3 dx = \frac{1}{4}x^4 \Big|_0^1 = \frac{1}{4}.$$

(2) $\int_0^1 e^x dx = e^x \Big|_0^1 = e - 1.$

(3) $\int_0^1 \frac{1}{1+x^2}dx = \arctan x \Big|_0^1 = \arctan 1 - \arctan 0 = \frac{\pi}{4}.$

(4) $\int_0^1 \frac{x^2}{1+x^2}dx = \int_0^1 \left(1 - \frac{1}{1+x^2}\right)dx = x\Big|_0^1 - \arctan x\Big|_0^1 = 1 - \frac{\pi}{4}.$

(5) $\int_0^\pi \cos^2\frac{x}{2}dx = \int_0^\pi \frac{1+\cos x}{2}dx = \frac{1}{2}\left(\int_0^\pi dx + \int_0^\pi \cos x dx\right)$

$$= \frac{1}{2}\left(x\Big|_0^\pi + \sin x\Big|_0^\pi\right) = \frac{\pi}{2}.$$

例 5 设函数 $f(x) = \begin{cases} x^2, & x \leqslant 1, \\ \frac{1}{x}, & x > 1, \end{cases}$ 求 $\int_{-2}^2 f(x)dx.$

解 由定积分的区间可加性知

$$\begin{aligned}\int_{-2}^2 f(x)dx &= \int_{-2}^1 f(x)dx + \int_1^2 f(x)dx \\ &= \int_{-2}^1 x^2 dx + \int_1^2 \frac{1}{x}dx \\ &= \frac{1}{3}x^3\Big|_{-2}^1 + \ln x\Big|_1^2 \\ &= 3 + \ln 2.\end{aligned}$$

习题 9-2

1. 计算下列定积分.

(1) $\int_1^2 (\sqrt{x} - 1)dx$；

(2) $\int_1^2 \left(e^x + \frac{1}{x}\right)dx$；

(3) $\int_0^\pi \cos 2x dx$；

(4) $\int_1^2 \left(x - \frac{1}{x}\right)^2 dx$；

(5) $\int_0^4 \frac{5}{x+2}dx$；

(6) $\int_0^{\frac{\pi}{2}} \sin^2 x dx$.

2. 计算下列定积分.

(1) $\int_{-1}^1 |x|(x+1)dx$；

(2) $\int_0^\pi |\cos x| dx$.

第三节 定积分的换元积分法和分部积分法

一、定积分的换元积分法

定理 1 设函数 $f(x)$ 在闭区间 $[a,b]$ 上连续，函数 $x = \varphi(t)$ 满足条件：

(1) $\varphi(\alpha)=a,\varphi(\beta)=b$，且 $\alpha \leqslant \varphi(t) \leqslant \beta$；

(2) $\varphi(t)$ 在 $[\alpha,\beta]$（或 $[\beta,\alpha]$）上具有连续导数，则有

$$\int_a^b f(x)\mathrm{d}x=\int_\alpha^\beta f[\varphi(t)]\varphi'(t)\mathrm{d}t,$$

上式称为定积分的换元积分公式.

注意 换元必换积分上、下限.

例 1 计算 $\int_0^1 \sqrt{1-x^2}\mathrm{d}x$.

解 应用换元积分法，令 $x=\sin t$ 则 $\mathrm{d}x=\cos t\mathrm{d}t$.

当 $x=0$ 时，$t=0$；当 $x=1$ 时，$t=\frac{\pi}{2}$，则

$$\int_0^1 \sqrt{1-x^2}\mathrm{d}x=\int_0^{\frac{\pi}{2}}\cos^2 t\mathrm{d}t=\int_0^{\frac{\pi}{2}}\frac{1+\cos 2t}{2}\mathrm{d}t=\left(\frac{1}{2}t+\frac{1}{4}\sin 2t\right)\Big|_0^{\frac{\pi}{2}}=\frac{\pi}{4}$$

例 2 计算 $\int_0^4 \frac{1}{1+\sqrt{x}}\mathrm{d}x$.

解 令 $t=\sqrt{x}$，则 $x=t^2,\mathrm{d}x=2t\mathrm{d}t$ 且当 $x=0$ 时，$t=0$；当 $x=4$ 时，$t=2$，则

$$\int_0^4 \frac{1}{1+\sqrt{x}}\mathrm{d}x=\int_0^2 \frac{2t}{1+t}\mathrm{d}t=2\int_0^2\left(1-\frac{1}{1+t}\right)\mathrm{d}t=2(t-\ln|1+t|)\Big|_0^2=4-2\ln 3.$$

例 3 计算 $\int_0^{\ln 8}\frac{\mathrm{e}^x}{1+\mathrm{e}^x}\mathrm{d}x$.

解 令 $t=1+\mathrm{e}^x$ 且 $\mathrm{d}t=\mathrm{e}^x\mathrm{d}x$，当 $x=0$ 时，$t=2$；当 $x=\ln 8$ 时，$t=9$，则

$$\int_0^{\ln 8}\frac{\mathrm{e}^x}{1+\mathrm{e}^x}\mathrm{d}x=\int_2^9 \frac{1}{t}\mathrm{d}t=\ln|t|\Big|_2^9=\ln\frac{9}{2}.$$

例 4 设 $f(x)$ 在 $[-a,a]$ 上连续，求证：

(1) 若 $f(-x)=f(x)$，则 $\int_{-a}^a f(x)\mathrm{d}x=2\int_0^a f(x)\mathrm{d}x$；

(2) 若 $f(-x)=-f(x)$，则 $\int_{-a}^a f(x)\mathrm{d}x=0$.

证

$$\begin{aligned}\int_{-a}^a f(x)\mathrm{d}x&=\int_{-a}^0 f(x)\mathrm{d}x+\int_0^a f(x)\mathrm{d}x\\&=\int_0^a f(-t)\mathrm{d}t+\int_0^a f(x)\mathrm{d}x\\&=\int_0^a f(-x)\mathrm{d}x+\int_0^a f(x)\mathrm{d}x\\&=\int_0^a[f(-x)+f(x)]\mathrm{d}x\\&=\begin{cases}2\int_0^a f(x)\mathrm{d}x, & f(-x)=f(x)\\0, & f(-x)=-f(x)\end{cases}.\end{aligned}$$

例 5 计算 $\int_0^{\frac{\pi}{2}}\cos^5 x\sin x\mathrm{d}x$.

解 令 $t=\cos x$，则 $dt=-\sin x dx$，

$$\int_0^{\frac{\pi}{2}}\cos^5 x\sin x dx=-\int_1^0 t^5 dt=\frac{t^6}{6}\bigg|_0^1=\frac{1}{6}.$$

例 6 利用例 4 的结论求 $\int_{-1}^1 \frac{x}{1+x^2}dx$.

解 因为函数 $\frac{x}{1+x^2}$ 是奇函数，由例 4 的(2)式知 $\int_{-1}^1 \frac{x}{1+x^2}dx=0$.

二、定积分的分部积分法

定理 2 设函数 $u(x),v(x)$ 在区间 $[a,b]$ 上有连续导函数，则

$$\int_a^b u dv=uv\big|_a^b-\int_a^b v du \quad 或 \quad \int_a^b uv' dx=uv\big|_a^b-\int_a^b vu' dx.$$

例 7 计算 $\int_0^1 xe^x dx$.

解 $\int_0^1 xe^x dx=\int_0^1 x de^x=xe^x\big|_0^1-\int_0^1 e^x dx=e-e^x\big|_0^1=1.$

例 8 计算 $\int_0^{\sqrt{3}}\arctan x dx$.

解
$$\begin{aligned}\int_0^{\sqrt{3}}\arctan x dx&=x\arctan x\big|_0^{\sqrt{3}}-\int_0^{\sqrt{3}}\frac{x}{1+x^2}dx\\&=\frac{\sqrt{3}}{3}\pi-\frac{1}{2}\ln(1+x^2)\big|_0^{\sqrt{3}}\\&=\frac{\sqrt{3}}{3}\pi-\ln 2.\end{aligned}$$

例 9 计算 $\int_1^2 \ln x dx$.

解
$$\begin{aligned}\int_1^2 \ln x dx&=x\ln x\big|_1^2-\int_1^2 dx\\&=2\ln 2-x\big|_1^2\\&=2\ln 2-1.\end{aligned}$$

例 10 求 $\int_0^{\pi} x\cos x dx$.

解 $\int_0^{\pi} x\cos x dx=\int_0^{\pi} x d\sin x=x\sin x\big|_0^{\pi}-\int_0^{\pi}\sin x dx=\cos x\big|_0^{\pi}=-2.$

习题 9-3

1. 计算下列定积分.

(1) $\int_1^2 (2x-3)^9 dx$；　　(2) $\int_{\frac{1}{e}}^{e}\frac{(\ln x)^2}{x}dx$；

(3) $\int_4^9 \frac{\sqrt{x}}{\sqrt{x}-1}dx$；　　(4) $\int_1^2 \sqrt{2-x^2}dx$；

(5) $\int_0^{\ln 2} e^x(1+e^x)dx$;　　(6) $\int_{-\pi}^{0} \frac{\arctan x}{1+x^2}dx$;

(7) $\int_1^e x\ln x dx$;　　(8) $\int_0^1 xe^{-x}dx$;

(9) $\int_0^1 e^{\sqrt{x}}dx$;　　(10) $\int_0^{\frac{\pi}{2}} e^x\cos x dx$.

2. 利用例 4 结论求定积分 $\int_{-\frac{\pi}{2}}^{\frac{\pi}{2}} x^2\tan x dx$.

第四节　定积分的应用

一、定积分在几何上的应用

(一) 平面图形的面积

由定积分的定义知图 9-8 中曲边梯形的面积为

$$A=\int_a^b f(x)dx.$$

从而图 9-9 中曲边梯形的面积为

$$A=\int_a^b f(x)dx-\int_a^b g(x)dx=\int_a^b [f(x)-g(x)]dx.$$

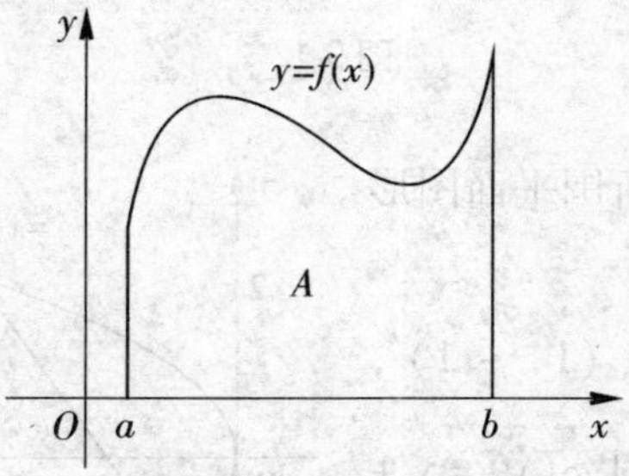

图 9-8

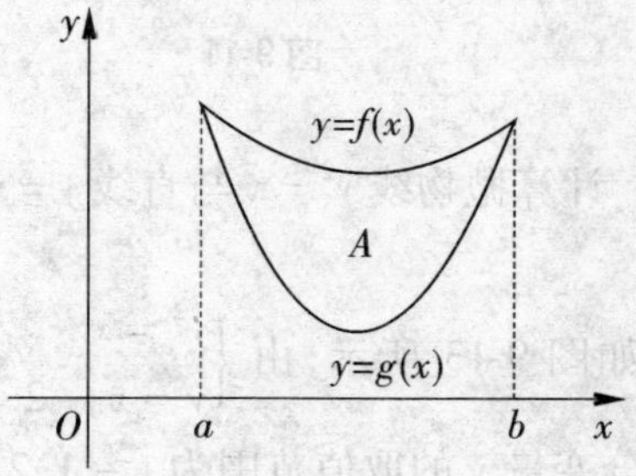

图 9-9

例 1　求曲线 $y=e^x$,直线 $x=0$, $x=1$ 及 x 轴围成的平面图形的面积.

解　如图 9-10 所示. 所讨论图形对变量 x 的变化区间为 $[0,1]$,于是所求面积

$$A=\int_0^1 e^x dx=e^x\big|_0^1=e-1.$$

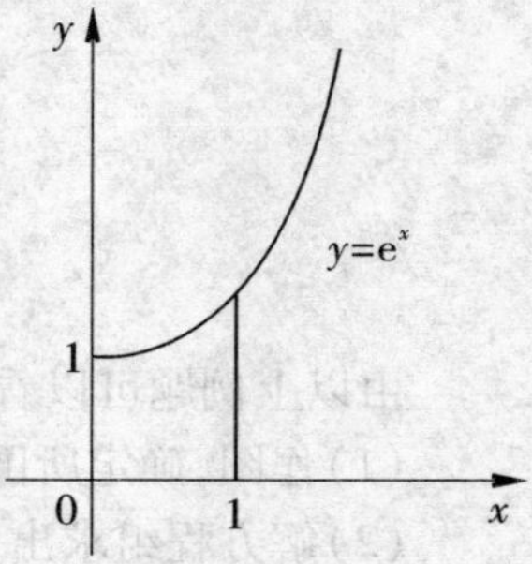

图 9-10

例 2　计算两条抛物线 $y=x^2$, $y=2-x^2$ 所围图形的面积.

解　如图 9-11 所示,由 $\begin{cases}y=x^2\\y=2-x^2\end{cases}$ 得交点 $(-1,1)$、

(1,1) ,积分区间为 $[-1,1]$,于是所求面积

$$\begin{aligned}A &= \int_{-1}^{1}(2 - x^2 - x^2)\mathrm{d}x \\ &= 4\int_{0}^{1}(1 - x^2)\mathrm{d}x \\ &= 4\left(x - \frac{1}{3}x^3\right)\Big|_0^1 = \frac{8}{3}.\end{aligned}$$

若平面图形是由连续曲线 $x=\varphi(y)$, $x=\psi(y)(\psi(y)\leqslant\varphi(y))$, $y=c$, $y=d$ 所围成,如图 9-12 所示,其面积应如何求?

所求面积为

$$A = \int_{c}^{d}[\varphi(y) - \psi(y)]\mathrm{d}y .$$

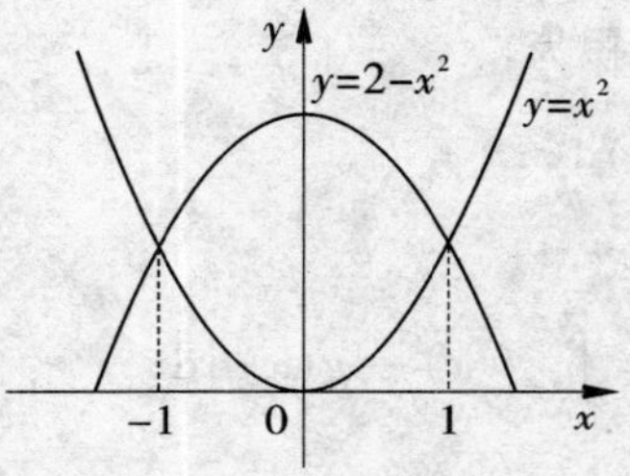

图 9-11

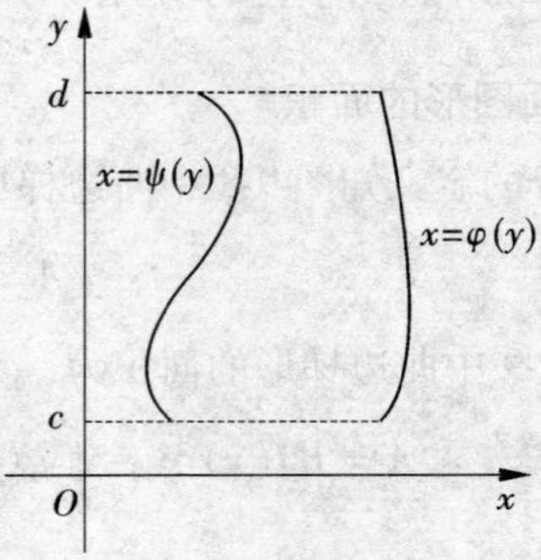

图 9-12

例 3 计算抛物线 $y^2=x$ 与直线 $y=x-2$ 所围平面图形的面积.

解 如图 9-13 所示,由 $\begin{cases}y^2 = x\\ y = x - 2\end{cases}$ 得交点 (1, −1) ,(4,2) 积分变量 y 的取值范围为 $[-1,2]$,此时 $\varphi(y)=y+2$, $\psi(y)=y^2$,于是所求面积

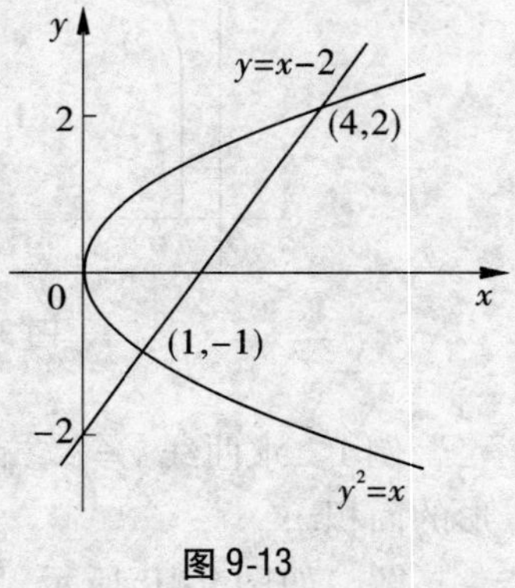

图 9-13

$$\begin{aligned}A &= \int_{-1}^{2}(y + 2 - y^2)\mathrm{d}y \\ &= \left(\frac{1}{2}y^2 + 2y - \frac{1}{3}y^3\right)\Big|_{-1}^{2} \\ &= \frac{9}{2}.\end{aligned}$$

由以上例题可以看出,求平面图形面积的主要步骤:

(1)作图,确定所围的平面图形;

(2)解方程组求出交点坐标,确定积分区间;

(3)选择适当的积分变量和面积公式,求出该平面图形的面积.

(二)旋转体的体积

旋转体就是一个平面图形绕该平面上一条直线旋转一周而成的立体. 这条直线叫旋转轴,如圆柱、球、圆锥等都是旋转体.

(1)由连续曲线段 $y=f(x)(a\leqslant x\leqslant b)$,绕 x 轴旋转一周围成的旋转体(见图9-14),其体积为

$$V=\int_a^b \pi f^2(x)\mathrm{d}x.$$

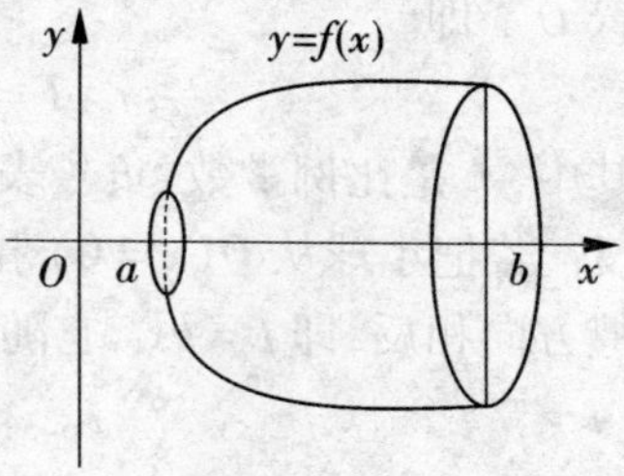

图 9-14

(2)由连续曲线段 $x=\varphi(y)(c\leqslant y\leqslant d)$,绕 y 轴旋转一周围成的旋转体,其体积为

$$V=\int_c^d \pi\varphi^2(y)\mathrm{d}y.$$

例 4 求由 $y=x^2$ 及 $x=1$, $y=0$ 所围成的平面图形绕 x 轴旋转一周而成立体的体积.

解 如图 9-15 所示,积分变量 x 的变化区间为 $[0,1]$,此处 $f(x)=x^2$,则体积为

$$V=\int_0^1 \pi(x^2)^2\mathrm{d}x=\pi\int_0^1 x^4\mathrm{d}x$$

$$=\pi\frac{x^5}{5}\Big|_0^1=\frac{\pi}{5}.$$

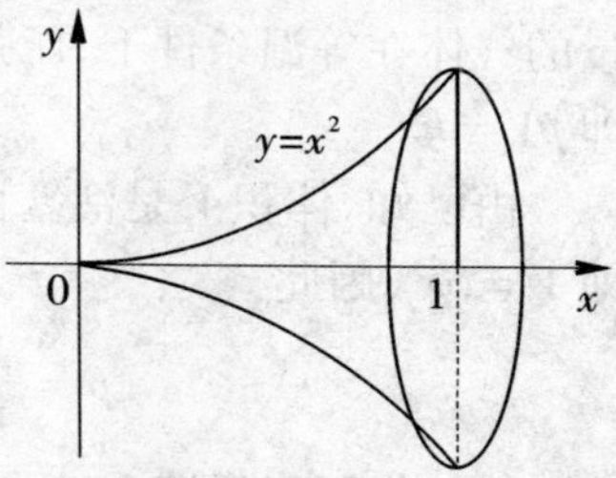

图 9-15

例 5 求椭圆 $\frac{x^2}{a^2}+\frac{y^2}{b^2}=1$ 绕 x 轴旋转而成的椭球体的体积.

解 如图 9-16 所示,若椭圆绕 x 轴旋转,积分变量 x 的变化区间 $[-a,a]$,此处 $y=f(x)=\frac{b}{a}\sqrt{a^2-x^2}$,于是体积

$$V=\int_{-a}^{a}\pi\left(\frac{b}{a}\sqrt{a^2-x^2}\right)^2\mathrm{d}x$$

$$=\pi\frac{b^2}{a^2}\int_{-a}^{a}(a^2-x^2)\mathrm{d}x$$

$$=\pi\frac{b^2}{a^2}\left[a^2x-\frac{1}{3}x^3\right]\Big|_{-a}^{a}=\frac{4}{3}\pi ab^2.$$

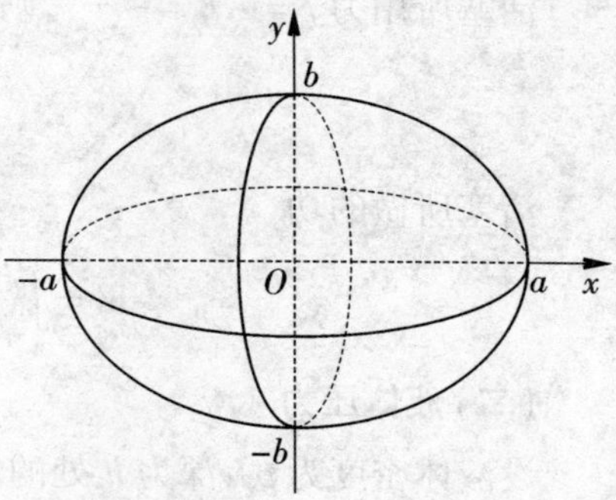

图 9-16

*二、定积分在物理中的应用

(一)变力所做的功

设物体在连续变力 $F(x)$ 作用下沿 x 轴从 $x=a$ 移动到 $x=b$,力的方向与运动方向平行,求变力所做的功. 变力 $F(x)$ 在区间 $[a,b]$ 上所做的功为

$$W=\int_a^b F(x)\mathrm{d}x.$$

例 6 将弹簧一端固定,另一端连一个小球,放在光滑面上,点 O 为小球的平衡位置.

若将小球从点 O 拉到 $M(OM=s)$，求克服弹性力所做的功.

解 如图 9-17 所示，建立数轴 Ox，由物理学知，弹性力的大小和弹簧伸长或压缩的长度 x 成正比，方向指向平衡位置 O，即

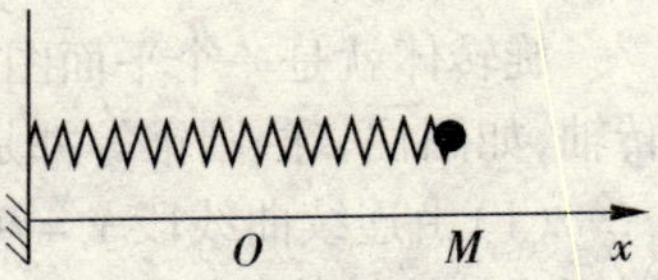

图 9-17

$$F=-kx.$$

其中，k 是比例常数，负号表示小球位移与弹性力 F 方向相反. 若把小球从 $O(x=0)$ 拉到点 $M(x=s)$，克服弹性力 F，所用外力 f 的大小与 F 相等，但方向相反，即 $f=kx$，它随小球位置 x 的变化而变化. 于是克服弹力做的功为

$$W=\int_0^s kx\mathrm{d}x=\frac{k}{2}s^2.$$

例 7 某空气压缩机，其活塞的面积为 S，在等温压缩过程中，活塞由 x_1 处压缩到 x_2 处，求压缩机在这段压缩过程中所消耗的功.

解 如图 9-18 所示，建立数轴 Ox，由物理学知，一定量的气体在等温条件下，压强 p 与体积 V 的乘积为常数 k，即 $pV=k$.

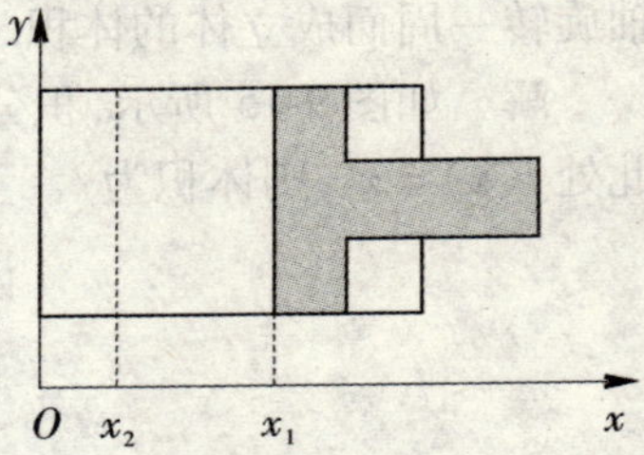

图 9-18

由已知，体积 V 是活塞面积 S 与任一点位置 x 的乘积，即 $V=Sx$，因此

$$p=\frac{k}{V}=\frac{k}{Sx}.$$

气体作用于活塞上的力

$$F=pS=\frac{k}{Sx}S=\frac{k}{x}.$$

活塞所用力 $f=-F=-\frac{k}{x}$，则所做功的微元

$$\mathrm{d}W=-\frac{k}{x}\mathrm{d}x.$$

活塞所做的功

$$W=\int_{x_1}^{x_2}-\frac{k}{x}\mathrm{d}x=k\ln x\Big|_{x_2}^{x_1}=k\ln\frac{x_1}{x_2}.$$

(二)液体压力

设液体密度为 ρ，深为 h 处的压强：$p=\rho gh$. 当平板与水面平行时，平板一侧所受的压力为

$$F=pS=\rho ghS$$

当平板垂直放于该液体时，如图 9-19 所建立的直角坐标系，该平板边缘曲线方程为 $y=f(x)$，在区间 $[a,b]$ 上任取一小区间 $[x,x+\mathrm{d}x]$，其对应的小横条上各点液面深度近似看成 x，且液体对它的压力近似看成长为 $f(x)$、宽为 $\mathrm{d}x$ 的小矩形所受的压力，即压力的微元为

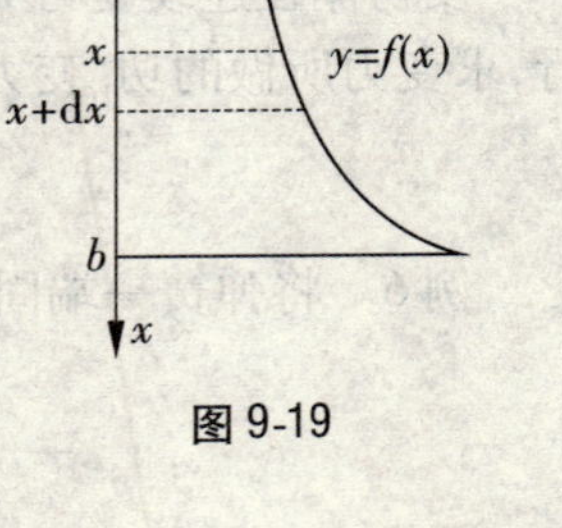

图 9-19

$$\mathrm{d}F=\rho gx\cdot f(x)\mathrm{d}x,$$

于是所求压力

$$F = \int_a^b \rho g x f(x)\,\mathrm{d}x .$$

*例 8　有一底面半径为 1 m、高为 2 m 的圆柱形水桶，里面盛满水，求水对桶壁的压力.

解　如图 9-20 建立坐标系，则积分变量 x 的变化区间 $[0,2]$，在其上任取一小区间 $[x, x+\mathrm{d}x]$，高为 $\mathrm{d}x$ 的小圆柱面所受压力的近似值，即压力的微元

$$\mathrm{d}F = \rho g x \cdot 2\pi \cdot 1\mathrm{d}x = 2\pi\rho g x\mathrm{d}x ,$$

于是所求压力

$$F = \int_0^2 2\pi\rho g x\mathrm{d}x = 2\pi\rho g \frac{x^2}{2}\bigg|_0^2 = 4\pi\rho g ,$$

其中，水的密度 $\rho = 10^3\ \mathrm{kg/m^3}$，$g = 9.8\ \mathrm{N/kg}$.

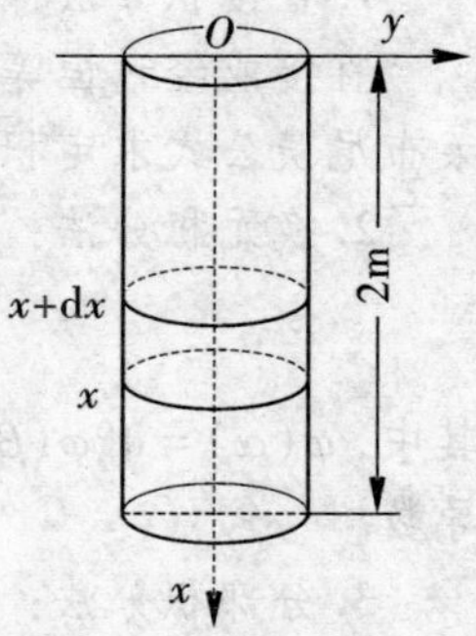

图 9-20

习题 9-4

1. 求由抛物线 $y^2 = 2px(p > 0)$ 与直线 $x + y = \frac{3}{2}p$ 所围成的平面图形的面积.

2. 求由抛物线 $y = x^2$ 及 $y^2 = x$ 所围成图形的面积，并求该图形绕 x 轴旋转所成旋转体的体积.

3. 求由 $y = \sin x$，$y = \cos x$，$x = 0$，$x = \frac{\pi}{2}$ 所围成的图形的面积，并求该图形绕 x 轴旋转所成旋转体的体积.

4. 设一锥形储水池，深 15 m，口径 20 m，盛满水，将水吸尽，问要做多少功?

5. 有一等腰梯形闸门，它的两条底边各长 10 cm 和 6 cm，高为 20 cm，较长的底边与水面相齐，计算闸门的一侧所受的水压力.

本章小结

一、主要内容

1. 定积分的概念.
2. 定积分的性质.
3. 变上限积分函数.
4. 微积分基本定理(牛顿-莱布尼茨公式).

$$\int_a^b f(x)\,\mathrm{d}x = F(x)\big|_a^b = F(b) - F(a) .$$

5. 定积分的换元积分法和分部积分法.
6. 定积分的应用:几何应用，物理应用.

二、主要方法

1. 直接积分法：

直接或经过恒等变形后计算定积分，利用不定积分基本公式、定积分的性质及牛顿–莱布尼茨公式求定积分.

2. 换元积分法：

$$\int_a^b f(x)\,dx = \int_\alpha^\beta f[\varphi(t)]\varphi'(t)\,dt$$

其中，$\varphi(\alpha)=a,\varphi(\beta)=b$，且 $a\leqslant\varphi(t)\leqslant b$；$\varphi(t)$ 在 $[\alpha,\beta]$（或 $[\beta,\alpha]$）上具有连续导数.

3. 分部积分法：

$$\int_a^b u\,dv = uv\Big|_a^b - \int_a^b v\,du .$$

本章复习题

1. 选择题.

(1) 下列等于 1 的积分是(　　).

A. $\int_0^1 x\,dx$　　B. $\int_0^1 (x+1)\,dx$

C. $\int_0^1 dx$　　D. $\int_0^1 \frac{1}{2}dx$

(2) $\int_2^4 \frac{1}{x}dx$ 等于(　　).

A. $-2\ln2$　　B. $2\ln2$

C. $-\ln2$　　D. $\ln2$

(3) $\int_0^1 (e^x+e^{-x})\,dx=$ (　　).

A. $e+\frac{1}{e}$　　B. $2e$

C. $\frac{2}{e}$　　D. $e-\frac{1}{e}$

(4) 已知 $f(x)$ 为偶函数且 $\int_0^6 f(x)\,dx=8$，则 $\int_{-6}^6 f(x)\,dx$ (　　).

A. 0　　B. 4

C. 8　　D. 16

(5) 曲线 $y=\cos x, x\in\left[0,\frac{3}{2}\pi\right]$ 与坐标轴围成的面积为(　　).

A. 4　　B. 2

C. $\frac{5}{2}$　　D. 3

(6)计算$\int_0^{\frac{\pi}{2}}\left(\sin\frac{x}{2}+\cos\frac{x}{2}\right)^2\mathrm{d}x=($　　$)$.

A. $\frac{\pi}{2}$　　　　B. $\frac{\pi}{2}+1$

C. $-\frac{\pi}{2}$　　　　D. 0

2. 填空题.

(1)利用定积分的几何意义,计算:$\int_0^2\sqrt{4-x^2}\,\mathrm{d}x$ ________.

(2)若$f(x)=x$,则$\int_0^1 f(x)\mathrm{d}x+\int_1^2 f(x)\mathrm{d}x+\int_2^3 f(x)\mathrm{d}x+\cdots+\int_{99}^{100} f(x)\mathrm{d}x=$ ________.

(3)如果在区间$[a,b]$上,$f(x)=1$,则$\int_a^b f(x)\mathrm{d}x=$ ________.

(4)设$f(x)=\int_0^x \sin t^2\mathrm{d}t$,则$f'(x)=$ ________.

(5)比较大小,$\int_1^3 x^2\mathrm{d}x$ ________ $\int_1^3 x^3\mathrm{d}x$.

(6)由曲线$y=\mathrm{e}^x$,$x=2$,$x=4$,$y=0$所围成的图形的面积等于________.

3. 计算下列定积分的值.

(1) $\int_{-1}^3(4x-x^2)\mathrm{d}x$;　　(2) $\int_1^2(x-1)^5\mathrm{d}x$;

(3) $\int_0^{\frac{\pi}{2}}(x+\sin x)\mathrm{d}x$;　　(4) $\int_{-\pi}^0(\cos x-\mathrm{e}^x)\mathrm{d}x$;

(5) $\int_0^{\frac{\pi}{2}}\cos^2\frac{\theta}{2}\mathrm{d}\theta$;　　(6) $\int_0^1\frac{1-x^2}{1+x^2}\mathrm{d}x$;

(7) $\int_0^1\frac{\mathrm{e}^x-\mathrm{e}^{-x}}{2}\mathrm{d}x$;　　(8) $\int_0^{\frac{\pi}{3}}\tan^2x\mathrm{d}x$.

4. 用换元法计算下列定积分.

(1) $\int_0^4\frac{\mathrm{d}x}{1+\sqrt{x}}$;　　(2) $\int_{\frac{1}{\mathrm{e}}}^{\mathrm{e}}\frac{1}{x}(\ln x)^2\mathrm{d}x$;

(3) $\int_0^{\frac{\pi}{2}}\cos^5x\sin 2x\mathrm{d}x$;　　(4) $\int_0^1\frac{\arctan x}{\sqrt{1-x^2}}\mathrm{d}x$;

(5) $\int_0^1 x\sqrt{1+x^2}\mathrm{d}x$.

5. 用分部积分法计算下列定积分.

(1) $\int_1^{\mathrm{e}}\ln x\mathrm{d}x$;　　(2) $\int_0^{\frac{\pi}{2}}x\sin x\mathrm{d}x$;

(3) $\int_0^1 x\mathrm{e}^x\mathrm{d}x$;　　(4) $\int_0^{\frac{\pi}{2}}\mathrm{e}^x\sin x\mathrm{d}x$.

6. 求直线$y=2x+3$与抛物线$y=x^2$所围成的图形面积.

第十章　微分方程简介

在很多实际问题中常常需要寻求与问题有关的变量之间的函数关系,这些函数关系有时不能直接找到,但是根据实际问题所提供的条件可以列出要找的有关函数及其导数的方程.这样的方程称为微分方程.微分方程是高等数学的一个重要组成部分,用它可以解决许多几何、物理等方面的问题.本章将介绍常微分方程的一些基本概念和一些常见的微分方程的解法.

第一节　微分方程的概念

一、微分方程的概念

(一)引例

例 1　设一曲线在其上的动点 $P(x,y)$ 处的切线斜率为该点横坐标的 2 倍,且曲线过点 $(1,0)$,求此曲线的方程.

解　设所求的曲线为 $y=f(x)$,由导数的几何意义可知,曲线在点(x,y)处的斜率 $k_P=y'$,依题意,函数 $f(x)$ 应满足方程

$$y'=2x,$$

且满足当 $x=1$ 时 $y=0$,此问题可写成

$$y'=2x\ ,\ y|_{x=1}=0.$$

由不定积分可得

$$y=\int 2x\mathrm{d}x=x^2+C,$$

其中 C 为任意常数.然后把 $x=1,y=0$ 代入得出 $C=-1$,所以所求曲线方程:

$$y=x^2-1\ .$$

(二)微分方程的定义

定义 1　含有未知函数的导数(或微分)的方程叫作微分方程.

未知函数是一元函数的微分方程叫做常微分方程,未知函数为多元函数的微分方程叫做偏微分方程.在本书我们只介绍常微分方程的有关知识.有时微分方程也简称方程.

下面的方程都是微分方程.

(1) $2y'+3xy=0$;　　(2) $y''+xy'+x^2y=\mathrm{e}^x$;

(3) $\dfrac{\mathrm{d}^2x}{\mathrm{d}t^2}+n(t)\dfrac{\mathrm{d}x}{\mathrm{d}t}+m(t)=f(t)$;　　(4) $y'''+x^2yy'=1$;

(5) $(3xy^2+2xy)\mathrm{d}x+(x^3y-y+1)\mathrm{d}y=0$.

定义 2　在微分方程中所含未知函数的导数的最高阶数叫作微分方程的阶.

在上面的四个微分方程中,(1)和(5)是一阶微分方程,(2)和(3)是二阶微分方程,

(4) 是三阶微分方程. n 阶微分方程的一般形式为:

$$t_1(x)y^{(n)}+t_2(x)y^{(n-1)}+\cdots+t_n(x)y'+t_{n+1}(x)y=f(x)\ ,\ x\in(a,b)\ ,$$

其中, $t_1(x)$ 、$t_2(x)$ 、…、$t_n(x)$ 、$t_{n+1}(x)$ 和 $f(x)$ 都是已知函数且 $t_1(x)$ 不恒为 0.

二阶和二阶以上的微分方程统称为高阶微分方程.

二、微分方程的解

定义 3 如果把函数 $y=f(x)$ 代入到微分方程后,方程两边成为恒等式,那么就称这个函数是微分方程的解. 求微分方程解的过程叫作解微分方程.

定义 4 如果一个微分方程的解中含有独立的任意常数,并且任意常数的个数等于微分方程的阶数,则这种解叫作微分方程的通解. 通解中的任意常数每取一组特定的值所得的解叫作微分方程的特解.

在例 1 中, $y=x^2+C$ 和 $y=x^2-1$ 都是微分方程的解,但在解 $y=x^2+C$ 中包含了一个任意常数 C 且微分方程又是一阶的,故 $y=x^2+C$ 是方程的通解. 而 $y=x^2-1$ 则是方程的特解.

又例如,函数 $y=C_1e^{-x}+C_2e^x$ (其中 C_1、C_2 为任意常数)是方程 $y''-y=0$ 的解并且含有两个独立的任意常数,故也是方程的通解,而 $y=e^x$ 和 $y=e^{-x}$ 都是方程的特解.

确定任意常数值的条件叫做定解条件,常用的定解条件称为初始条件. 在例 1 中的初始条件是 $y|_{x=1}=0$.

一般地, n 阶微分方程的初始条件为 $y|_{x=x_0}=y_0\ ,\ y'|_{x=x_0}=y_1\ ,\cdots,\ y^{(n-1)}|_{x=x_0}=y_{n-1}$ (其中 x_0、y_0、y_1、…、y_{n-1} 都是常数).

微分方程的通解的图像是一特定的曲线族且任意两条曲线对应点处的切线的斜率是相等的. 如例 1 中方程 $\frac{dy}{dx}=2x$ 的通解.

例 2 验证函数 $y=C_1\sin2x+C_2\cos2x$ (其中 C_1、C_2 是任意常数)是微分方程 $y''+4y=0$ 的通解,并求方程在初始条件下 $y|_{x=0}=1\ ,\ y'|_{x=0}=2$ 的特解.

解 因为

$$y=C_1\sin2x+C_2\cos2x\ ,$$

所以

$$y'=2C_1\cos2x-2C_2\sin2x\ ,$$

$$y''=-4C_1\sin2x-4C_2\cos2x=-4y\ ,$$

即

$$y''+4y=0\ .$$

所以函数 $y=C_1\sin2x+C_2\cos2x$ 是方程 $y''+4y=0$ 的解,又因为解中包含了两个独立的任意常数 C_1 和 C_2,故 $y=C_1\sin2x+C_2\cos2x$ 是方程 $y''+4y=0$ 的通解.

将条件 $y|_{x=0}=1$ 代入到 $y=C_1\sin2x+C_2\cos2x$ 中, $y'|_{x=0}=2$ 代入到

$$y'=2C_1\cos2x-2C_2\sin2x\ .$$

得 $C_1=C_2=1$,故所求特解为:

$$y=\sin 2x+\cos 2x \quad 或 \quad y=\sqrt{2}\sin\left(2x+\frac{\pi}{4}\right).$$

习题 10-1

1. 选择题.

(1) 下列方程中,不是微分方程的是(　　).

A. $3x^2\mathrm{d}x+(y-1)\sin x\mathrm{d}x=0$　　B. $x^2+2y^3=3x-y$

C. $y''2xy'+4x^2y=\mathrm{e}^x$　　D. $\frac{\mathrm{d}y}{\mathrm{d}x}=\frac{3x+2y-1}{2x+y+2}\frac{\mathrm{d}^2y}{\mathrm{d}x^2}$

(2) 下列函数中,(　　)是微分方程 $y'=2xy^2$ 的通解.

A. $y=\frac{1}{x^2}+C$　　B. $y=\frac{1}{x^2+C}$

C. $y=-\frac{1}{x^2}+C$　　D. $y=-\frac{1}{x^2+C}$

(3) 下列函数中,(　　)是微分方程 $y''+2y'=0$ 的满足初始条件 $y|_{x=0}=1, y'|_{x=0}=-1$ 的特解.

A. $y=C_1+C_2\mathrm{e}^{-2x}$　　B. $y=\frac{1}{2}(1-\mathrm{e}^{-2x})$

C. $y=1+C\mathrm{e}^{-2x}$　　D. $y=\frac{1}{2}(1+\mathrm{e}^{-2x})$

2. 指出下列微分方程的阶数.

(1) $y''+3x(y')^3-2xy=0$;　　(2) $x^3y'''+x^2y''+xy'+y=\mathrm{e}^x$;

(3) $\frac{\mathrm{d}^2y}{\mathrm{d}x^2}+f(x)\frac{\mathrm{d}y}{\mathrm{d}x}+g(x)y=0$;　　(4) $\mathrm{d}y=\sin x\mathrm{e}^{2x}\mathrm{d}x$.

3. 验证下列函数是否为所给微分方程的解.

(1) $y=C_1\cos x+C_2\sin x$, $y''+y=0$;　(2) $x^2+y^2=1$, $x+yy'=0$.

4. 验证函数 $y=C_1\mathrm{e}^{-x}+C_2\mathrm{e}^{2x}$ 是微分方程 $y''-y'-2y=0$ 的通解,并求该方程满足初始条件 $y|_{x=0}=1, y'|_{x=0}=2$ 的特解.

第二节　可分离变量的微分方程

一阶微分方程有许多形式,本节我们只讨论能化为 $\frac{\mathrm{d}y}{\mathrm{d}x}=f(x,y)$ 形式的方程.

一、可分离变量的微分方程

形如

$$\frac{\mathrm{d}y}{\mathrm{d}x}=N(x)M(y) \tag{1}$$

或者

$$M_1(x)N_1(y)\mathrm{d}x + M_2(x)N_2(y)\mathrm{d}y = 0 \tag{2}$$

的一阶微分方程,称为分离变量的微分方程.

对可分离变量的微分方程,我们采用“分离变量”、“两边积分”的方法来求得它的解.

例如方程

$$\frac{\mathrm{d}y}{\mathrm{d}x} = 3x^2y^3$$

就是一个可分离变量的微分方程,可按下面的步骤求解.

(1)分离变量,当 $y^3 \neq 0$ 时,方程可转化为

$$\frac{\mathrm{d}y}{y^3} = 3x^2\mathrm{d}x\ ;$$

(2)两边积分

$$\int \frac{\mathrm{d}y}{y^3} = \int 3x^2\mathrm{d}x\ ,$$

由不定积分公式得

$$\frac{-1}{2y^2} = x^3 + C\ ;$$

(3)对此结果整理可得出微分方程 $\frac{\mathrm{d}y}{\mathrm{d}x} = 3x^2y^3$ 的通解为

$$2y^2 = \frac{-1}{x^3 + C}.$$

需要注意的是在第(2)步的积分中,方程两边积分出来的两个任意常数,只需写出右端的一个即可.

注意 $2y^2 = \frac{-1}{x^3 + C}$ 是方程的隐函数形式的解,我们称为方程的隐式解.以后我们会经常遇到这样形式的解.

例 1 求方程 $y'\tan x - y = 1$ 的通解.

解 方程转化为

$$\frac{\mathrm{d}y}{\mathrm{d}x} = (1 + y)\cot x\ ,$$

分离变量得

$$\frac{\mathrm{d}y}{y + 1} = \cot x\mathrm{d}x\ ,$$

两边积分 $\int \frac{\mathrm{d}y}{y + 1} = \int \cot x\mathrm{d}x$ 可得 $\ln|y+1| = \ln|\sin x| + C$(在微分方程求解过程中,积分求得的对数函数的绝对值号可去掉),经整理可得 $\frac{y + 1}{\sin x} = \pm \mathrm{e}^C$,所以方程 $y'\tan x - y = 1$ 的通解为:

$$y = C_1\sin x - 1\ ,$$

其中,$C_1 = \pm \mathrm{e}^C$.

例 2　求方程 $\frac{dy}{dx}=e^{2x-y}$ 满足初始条件 $y|_{x=0}=0$ 的特解.

解　方程转化为 $\frac{dy}{dx}=e^{2x}e^{-y}$，分离变量得

$$e^{y}dy=e^{2x}dx.$$

两边积分得 $e^{y}=\frac{1}{2}e^{2x}+C$，这就是原方程的通解. 然后把初始条件 $y|_{x=0}=0$ 代入到通解中，求得 $C=\frac{1}{2}$. 故所求特解为

$$e^{y}=\frac{1}{2}e^{2x}+\frac{1}{2}.$$

二、可转化为可分离变量的方程的微分方程

(一) 齐次方程

形如

$$\frac{dy}{dx}=\varphi\left(\frac{y}{x}\right) \tag{3}$$

的方程称为一阶齐次方程.

齐次方程并不是可分离变量的微分方程，但经过适当的变量替换，可以转化为可分离变量的微分方程.

为把一阶齐次方程转化为可分离变量的微分方程，可设 $u=\frac{y}{x}$，或 $y=ux$，两边求导得：$\frac{dy}{dx}=u+x\frac{du}{dx}$，再把 $u=\frac{y}{x}$ 和 $\frac{dy}{dx}=u+x\frac{du}{dx}$ 都代入到(3)中，然后稍加整理可得

$$\frac{du}{dx}=\frac{\varphi(u)-u}{x}, \tag{4}$$

这就是一个可分离变量的微分方程.

例 3　求方程 $\frac{dy}{dx}=\tan\frac{y}{x}+\frac{y}{x}$ 的通解.

解　设 $u=\frac{y}{x}$ 或 $y=ux$，两边求导得：$\frac{dy}{dx}=u+x\frac{du}{dx}$，代入到原方程中得

$$x\frac{du}{dx}=\tan u,$$

这是一个可分离变量的微分方程，分离变量得

$$\cot u du=\frac{dx}{x}.$$

两边积分有 $\ln|\sin u|=\ln|Cx|$，所以原方程的通解为 $\sin u=Cx$. 再把 $u=\frac{y}{x}$ 代回得 $\sin\frac{y}{x}=Cx$，最终我们得到原方程的通解为

$$y=x\arcsin Cx.$$

(二)可转化为可分离变量的其他方程

除此之外,还有个别微分方程也可以经过简单的变量替换化为可分离变量的微分方程.

例4 求方程 $\frac{dy}{dx}=\frac{1}{x+y}$ 的通解.

解 把方程化为 $\frac{dx}{dy}=x+y$,设 $u=x+y$,两边对 y 求导得到 $\frac{du}{dy}=\frac{dx}{dy}+1$,即 $\frac{dx}{dy}=\frac{du}{dy}-1$,把 $u=x+y$ 和 $\frac{dx}{dy}=\frac{du}{dy}-1$ 代入到 $\frac{dx}{dy}=x+y$ 中,得到:

$$\frac{du}{dy}=u+1.$$

这是一个可分离变量的微分方程. 这个方程通解为 $\ln|u+1|=y+C$ 或 $u+1=C_1e^y$,$C_1=\pm e^C$. 最后把 $u=x+y$ 代入,得原方程的通解

$$x+y+1=C_1e^y.$$

习题 10-2

1. 求下列方程的通解.

(1) $y'=e^{2x-y}$;　　(2) $x(1+y^2)dx=y(1+x^2)dy$;

(3) $y'\tan x-\sec x=0$;　　(4) $\ln x\ln y dx-\frac{x}{y}dy=0$.

2. 求下列方程满足初始条件的特解.

(1) $dy=x(2ydx-xdy)$, $y|_{x=1}=4$;

(2) $\frac{dy}{dx}=-\frac{x}{y}$, $y|_{x=0}=1$.

*3. 用变量替换的方法求下列方程的通解或特解.

(1) $\frac{dy}{dx}=\cos^2\frac{y}{x}+\frac{y}{x}$;　　(2) $\frac{dy}{dx}=\frac{\sqrt{x^2+y^2}+y}{x}$;

(3) $\frac{dy}{dx}=(x+y)^3-1$, $y|_{x=0}=1$;　　(4) $\frac{dy}{dx}=\frac{x-y-1}{x-y+1}$, $y|_{x=0}=0$.

4. 已知某曲线过原点,且该曲线上点 $P(x,y)$ 处法线斜率为 $x+y$,求该曲线的方程.

第三节　一阶线性微分方程

一、一阶线性微分方程

对于一阶线性齐次方程

$$\frac{dy}{dx}+P(x)y=0, \tag{1}$$

它是可分离变量的微分方程，分离变量后为 $\frac{dy}{y}=-P(x)dx$，两边积分可得到的通解为

$$y=Ce^{-\int P(x)dx}. \tag{2}$$

对于一阶线性非齐次微分方程

$$\frac{dy}{dx}+P(x)y=Q(x) \tag{3}$$

(其中 $Q(x)$ 不恒为0)来说，如果我们能知道它的一个特解 $y^*(x)$，结合它对应的齐次方程的通解(3)，我们也可以写出通解为

$$y=Ce^{-\int P(x)dx}+y^*(x) \tag{4}$$

例1 已知函数 $y=x^3$ 是非齐次方程 $xy'+y=4x^3$ 的一个特解，试求该方程的通解.

解 微分方程所对应的齐次方程为 $xy'+y=0$，这是可分离变量的方程，它的通解为 $y=Cx^{-1}$，又知 $y=x^3$ 是非齐次方程 $xy'+y=4x^3$ 的一个特解，故原方程的通解为

$$y=Cx^{-1}+x^3.$$

在一般情况下，要知道线性方程的特解也是比较困难的，因此用这种方法求解一阶线性微分方程也是比较困难的. 下面就介绍解一阶线性非齐次微分方程常用的方法——常数变易法.

二、常数变易法

常数变易法是解微分方程时常用的方法之一. 下面以解一阶线性非齐次方程为例介绍此法.

常数变易法的一般步骤为：

第一步 求出与方程(3)对应的齐次方程(1)的通解(2).

第二步 把通解(2)中的常数 C 转换成函数 $C(x)$，并设

$$y=C(x)e^{-\int P(x)dx} \tag{5}$$

为非齐次方程(3)的解. (5)两边对 x 求导得 $y'=C'(x)e^{-\int P(x)dx}-C(x)P(x)e^{-\int P(x)dx}$，即

$$y'+P(x)y=C'(x)e^{-\int P(x)dx}. \tag{6}$$

将(6)与原方程(3)比较可得到 $C'(x)e^{-\int P(x)dx}=Q(x)$，

即

$$C'(x)=Q(x)e^{\int P(x)dx}. \tag{7}$$

第三步 (7)式两边积分求出

$$C(x)=\int Q(x)e^{\int P(x)dx}dx+C. \tag{8}$$

第四步 将(8)代入到 $y=C(x)e^{-\int P(x)dx}$ 中得到方程(1)的通解为

$$y=\left(\int Q(x)e^{\int P(x)dx}dx+C\right)e^{-\int P(x)dx}. \tag{9}$$

注意 上面各式中的 $\int P(x)\mathrm{d}x$ 及 $\int Q(x)\mathrm{e}^{\int P(x)\mathrm{d}x}\mathrm{d}x$ 只表示积分所得到的一个原函数，其中并不含有任意常数.

例 2 用常数变易法求方程 $y'+y\cot x=5\mathrm{e}^{\cos x}$ 的通解,并求满足初始条件 $y|_{x=\frac{\pi}{2}}=-4$ 的特解.

解 先求 $y'+y\cot x=0$ 的通解. 分离变量得 $\frac{\mathrm{d}y}{y}=-\cot x\mathrm{d}x$,两边积分得

$$\ln|y|=-\ln|\sin x|+\ln|C|$$

故原方程所对应的齐次方程的通解为

$$y=C\csc x.$$

设原方程的解为 $y=C(x)\csc x$,

两边求导得 $y'=C'(x)\csc x-C(x)\csc x\cot x=C'(x)\csc x-y\cot x$,

从而有 $y'+y\cot x=C'(x)\csc x$.

与原方程比较可以得到 $C'(x)\csc x=5\mathrm{e}^{\cos x}$,

即 $C'(x)=5\sin x\mathrm{e}^{\cos x}$,

两边积分得 $C(x)=-5\mathrm{e}^{\cos x}+C$.

故原方程的通解为 $y=-5\csc x\mathrm{e}^{\cos x}+C\csc x$.

为求原方程的特解,将初始条件 $x=\frac{\pi}{2}$, $y=-4$ 代入通解中求出 $C=1$,故原方程满足初始条件的特解为

$$y=-5\csc x\mathrm{e}^{\cos x}+\csc x.$$

三、公式法

用公式法解一阶线性非齐次方程的一般步骤为:

第一步 将方程化成标准形式(3), 然后从方程中找出 $P(x)$ 和 $Q(x)$;

第二步 计算 $y=\mathrm{e}^{-\int P(x)\mathrm{d}x}$ 及 $\int Q(x)\mathrm{e}^{\int P(x)\mathrm{d}x}\mathrm{d}x$;

第三步 写出方程的通解.

例 3 求微分方程 $xy'-y-x^3=0$ 的通解.

解 首先把方程化为标准形式 $y'-\frac{y}{x}=x^2$. 从而 $P(x)=-\frac{1}{x}$, $Q(x)=x^2$.

计算 $$\mathrm{e}^{-\int P(x)\mathrm{d}x}=\mathrm{e}^{\int\frac{1}{x}\mathrm{d}x}=\mathrm{e}^{\ln x}=x,$$

再计算积分 $\int Q(x)\mathrm{e}^{\int P(x)\mathrm{d}x}\mathrm{d}x$,并注意到 $\mathrm{e}^{\int P(x)\mathrm{d}x}=\frac{1}{x}$,所以

$$\int Q(x)\mathrm{e}^{\int P(x)\mathrm{d}x}\mathrm{d}x+C=\int x\mathrm{d}x+C=\frac{1}{2}x^2+C.$$

故原方程的通解为

$$y=Cx+\frac{1}{2}x^3.$$

例4 一跳伞队员质量为 m,降落时空气的阻力与下降的速度成正比.设跳伞队员离开飞机时的速度为零,求下降的速度 v 关于时间 t 的函数.

解 设跳伞队员离开飞机 t 时,其速度为 $v=v(t)$,则该时刻的阻力为 $f=-kv(t)$ 。而此时重力为 $P=mg$,由牛顿第二定律可知,此时的速度 $v=v(t)$ 满足方程 $m\dfrac{\mathrm{d}v}{\mathrm{d}t}=mg-kv$.且由题中条件知 $v(0)=0$,所以此问题可化为初值问题

$$\begin{cases} m\dfrac{\mathrm{d}v}{\mathrm{d}t}=mg-kv, \\ v\big|_{t=0}=0. \end{cases}$$

此微分方程为一阶线性微分方程,化为标准方程是 $\dfrac{\mathrm{d}v}{\mathrm{d}t}+\dfrac{k}{m}v=g$.其中 $P(t)=\dfrac{k}{m}$,$Q(t)=g$,求得其通解为 $v=C\mathrm{e}^{-\frac{g}{m}t}+\dfrac{mg}{k}$,将初始条件 $v\big|_{t=0}=0$ 代入,求出 $C=-\dfrac{mg}{k}$.故所求的函数为

$$v=\frac{mg}{k}(1-\mathrm{e}^{-\frac{g}{m}t}).$$

由此我们可分析出,跳伞队员离开飞机后,开始阶段是加速下降,经过一段时间后降落速度接近匀速 $v=\dfrac{mg}{k}$.

习题 10-3

1. 求下列方程的通解.

(1) $y'-\dfrac{y}{x}=x\mathrm{e}^{-2x}$; (2) $y'+y\sin x=\mathrm{e}^{\cos x}$;

(3) $(x^2+y)\mathrm{d}x-xy\mathrm{d}y=0$; (4) $xy'-2y=2x-1$.

2. 求下列方程满足初始条件的特解.

(1) $(1+2y)\mathrm{d}x-2x^2\mathrm{d}y=0,y\big|_{x=1}=\dfrac{1}{2}$; (2) $y'-(2y-x)=1,y\big|_{x=0}=0$;

(3) $y'+3y=8,\ y\big|_{x=0}=2$; (4) $x^2y'+3xy=1,\ y\big|_{x=1}=1$.

3. 一曲线上任意一点处的切线斜率等于自原点到该切点的连线的斜率的2倍与切点的横坐标之差,且曲线经过点 $(1,1)$,求曲线的方程.

第四节 二阶常系数线性齐次微分方程

一、二阶常系数线性微分方程解的结构

形如

$$y''+py'+qy=f(x) \tag{1}$$

的方程叫作二阶常系数线性非齐次微分方程.其中 p,q 为常数,$f(x)$ 不为零.

形如

$$y'' + py' + qy = 0 \tag{2}$$

的方程叫作二阶常系数线性齐次微分方程.(1)和(2)统称为二阶常系数线性微分方程.本节只讨论二阶常系数线性齐次微分方程的解法.

定义 1 设 $y_1(x)$,$y_2(x)$ 为两个函数,如果存在非零常数 k,使得 $y_1(x) = ky_2(x)$,则称 $y_1(x)$,$y_2(x)$ 线性相关.如果对于任意常数 k,$y_1(x) \neq ky_2(x)$,则称 $y_1(x)$,$y_2(x)$ 线性无关.

例如,函数 e^x 与 xe^x,$\sin x$ 与 $\cos x$,1 与 x 线性无关.而函数 $\sin^2 x$ 与 $1 - \cos^2 x$,x^2 与 $2x^2$ 线性相关.

定理 1 设 $y_1(x)$,$y_2(x)$ 是方程(2)的两个线性无关的解,则

$$y(x) = C_1 y_1(x) + C_2 y_2(x)$$

是方程(2)的通解,其中 C_1,C_2 为任意常数.

定理 1 表明,求解方程(2)的关键是找到方程(2)的两个线性无关的解.

二、二阶常系数齐次微分方程的解法

为了求出方程(2)两个线性无关的解,我们观察方程(2)的两端,由于 p,q 为常数,故 y'',y',y 应为同一类函数,且它们的线性组合为零,什么样的函数具有这样的特点呢?我们自然会想到函数 $y = e^{rx}$,r 为常数.将它代入方程(2)得

$$y'' + py' + qy = (r^2 + pr + q)e^{rx} = 0.$$

由于 $e^{rx} \neq 0$,故只能有

$$r^2 + pr + q = 0. \tag{3}$$

方程(3)是 r 的二次代数方程,称为方程(2)的特征方程,其根称为方程(3)的特征根.由此推知,$y = e^{rx}$ 是方程(2)的解的充分必要条件是:常数 r 为方程(3)的根.因方程(3)是二次方程,可能有两个根,记为 r_1,r_2,因此求微分方程(2)的通解时,要根据方程(3)的特征根 r_1 与 r_2 是相异实根、重根和共轭复根三种情况分别讨论.

(1)相异实根.

由二次方程求根公式有:$p^2 - 4q > 0$,而且

$$r_1 = \frac{-p + \sqrt{p^2 - 4q}}{2},\ r_2 = \frac{-p - \sqrt{p^2 - 4q}}{2},$$

为所求的两个相异实根.这时,方程有两个特解:

$$y_1 = e^{r_1 x},\ y_2 = e^{r_2 x}.$$

由于 $\frac{y_1}{y_2} = e^{(r_1 - r_2)x}$ 不等于常数,可知 y_1,y_2 线性无关,所以,方程(2)的通解是

$$y^* = C_1 e^{r_1 x} + C_2 e^{r_2 x}. \tag{4}$$

例 1 求方程 $y'' - 3y' - 10y = 0$ 的通解.

解 特征方程 $r^2 - 3r - 10 = 0$ 的两个根是 $r_1 = -2$,$r_2 = 5$.

所以,原方程的通解是

$$y^* = C_1 e^{-2x} + C_2 e^{5x} \quad (C_1, C_2 \text{ 为任意常数}).$$

(2)重根.

此时有 $p^2 - 4q = 0$,而且 $r_1 = r_2 = -\dfrac{p}{2}$.

因此方程(2)有特解 $y_1 = e^{r_1 x}$. 可以证明 $y_2 = x e^{r_1 x}$ 是方程(2)的另一特解,并且 y_1, y_2 线性无关. 所以,方程(2)的通解是

$$y^* = C_1 e^{r_1 x} + C_2 x e^{r_1 x} = (C_1 + C_2 x) e^{r_1 x} \quad (C_1, C_2 \text{ 为任意常数}). \tag{5}$$

例 2 求方程 $y'' - 4y' + 4y = 0$ 的通解.

解 特征方程 $r^2 - 4r + 4 = 0$ 有重根 $r_1 = r_2 = 2$,

所以,原方程的通解是

$$y^* = (C_1 + C_2 x) e^{2x} \quad (C_1, C_2 \text{ 为任意常数}).$$

(3)共轭复根.

此时 $p^2 - 4q < 0$,而特征方程有两个复根为

$$r_1 = \alpha + i\beta, r_2 = \alpha - i\beta,$$

其中 $\alpha = -\dfrac{p}{2}$, $\beta = \dfrac{\sqrt{4q - p^2}}{2}$, $i = \sqrt{-1}$ (虚数单位).

此时,可以证明 $y_1 = e^{\alpha x} \cos\beta x$, $y_2 = e^{\alpha x} \sin\beta x$ 是方程(2)的两个线性无关的特解,所以方程(2)的通解为

$$y^* = e^{\alpha x}(C_1 \cos\beta x + C_2 \sin\beta x) \quad (C_1, C_2 \text{ 为任意常数}) \tag{6}$$

例 3 求方程 $y'' - 4y' + 13y = 0$ 的通解.

解 特征方程 $r^2 - 4r + 13 = 0$ 的共轭复根是 $r_1 = 2 + 3i, r_2 = 2 - 3i$.

所以,原方程的通解是

$$y^* = e^{2x}(C_1 \cos 3x + C_2 \sin 3x) \quad (C_1, C_2 \text{ 为任意常数}).$$

例 4 求方程 $\dfrac{d^2 s}{dt^2} + 2s = 0$ 满足条件 $s|_{t=0} = 1$, $\dfrac{ds}{dt}\Big|_{t=0} = \sqrt{2}$ 的特解.

解 微分方程的特征方程为 $r^2 + 2 = 0$,其根为 $r_{1,2} = \pm\sqrt{2}i$,其中 $\alpha = 0$, $\beta = \sqrt{2}$,故原方程的通解为

$$s = C_1 \cos\sqrt{2}t + C_2 \sin\sqrt{2}t .$$

把 $s|_{t=0} = 1$ 代入通解中,得到 $C_1 = 1$,即 $s = \cos\sqrt{2}t + C_2 \sin\sqrt{2}t$,求导得

$\dfrac{ds}{dt} = -\sqrt{2}\sin\sqrt{2}t + \sqrt{2}C_2\cos\sqrt{2}t$,再把 $\dfrac{ds}{dt}\Big|_{t=0} = \sqrt{2}$ 代入其中求得 $C_2 = 1$. 所求特解为

$$s = \cos\sqrt{2}t + \sin\sqrt{2}t .$$

现将二阶常系数线性齐次方程的通解形式列表如下(C_1, C_2 为任意常数):

特征方程 $r^2+pr+q=0$ 根的判别式	特征方程 $r^2+pr+q=0$ 的根	微分方程 $y''+py'+qy=0$ 的通解
$p^2-4q>0$	$r_{1,2}=-\frac{p}{2}\pm\frac{1}{2}\sqrt{p^2-4q}$	$y=C_1e^{r_1x}+C_2e^{r_2x}$
$p^2-4q=0$	$r_1=r_2=-\frac{p}{2}$	$y^*=(C_1+C_2x)e^{r_1x}$
$p^2-4q<0$	$r_{1,2}=\alpha\pm i\beta=-\frac{p}{2}\pm\frac{i}{2}\sqrt{4q-p^2}$	$y=e^{\alpha x}(C_1\cos\beta x+C_2\sin\beta x)$

习题 10-4

1. 求下列方程二阶常系数线性齐次方程的通解.

(1) $y''+y'-12y=0$;　　(2) $y''+3y'+2y=0$;

(3) $y''-10y'+25y=0$;　　(4) $9y''+6y'+y=0$;

(5) $y''+5y=0$;　　(6) $y''+y'+y=0$.

2. 求下列二阶常系数线性齐次方程的特解.

(1) $y''-4y'+4y=0,\ y|_{x=0}=1, y'|_{x=0}=1$;

(2) $y''+2y'-3y=0,\ y|_{x=0}=-1, y'|_{x=0}=2$;

(3) $y''-2y'+10y=0,\ y|_{x=0}=1, y'|_{x=0}=0$.

* 第五节　几类特殊的高阶微分方程的解法

求解高阶微分方程一般比较麻烦,这里我们不再详细介绍,而一些有特点的高阶微分方程则可通过降阶方程来解决,本节将介绍几种类型高阶微分方程的解法.

一、$y^{(n)}=f(x)$ 型

方程

$$y^{(n)}=f(x) \tag{1}$$

的通解可以通过逐次积分的方法得到.

例 1　求方程 $y'''=xe^x+\cos x$ 的通解.

解　对方程两边逐次积分得

$$y''=(x-1)e^x+\sin x+C_1,$$

$$y'=(x-2)e^x-\cos x+C_1x+C_2,$$

$$y=(x-3)e^x-\sin x+\frac{1}{2}C_1x^2+C_2x+C_3,$$

从而原方程的通解为

$$y=(x-3)e^x-\sin x+C'_1x^2+C_2x+C_3\quad\left(C'_1=\frac{1}{2}C_1\right).$$

二、$y''=f(x,y')$ 型

方程

$$y''=f(x,y') \tag{2}$$

的特点是方程中不含因变量 y，因此方程只要作变换 $y'=p(x)$，则 $y''=p'(x)$，将其代入(2)式可得

$$\frac{\mathrm{d}p}{\mathrm{d}x}=f(x,p),$$

此为以 $p(x)$ 为未知函数的一阶线性微分方程，若可求得其解 $p=\varphi(x,C_1)$，即 $y'=\varphi(x,C_1)$，从而原方程的通解即为

$$y=\int\varphi(x,C_1)\mathrm{d}x+C_2.$$

例 2 解方程 $y''=\dfrac{6x^2y'}{1+x^3}$，并求满足初始条件 $y|_{x=0}=1$，$y'|_{x=0}=1$ 的特解.

解 设 $y'=p(x)$，则 $y''=p'(x)$，将其代入原方程可得 $\dfrac{\mathrm{d}p}{\mathrm{d}x}=\dfrac{6x^2}{1+x^3}p$.

分离变量有 $$\frac{\mathrm{d}p}{p}=\frac{6x^2}{1+x^3}\mathrm{d}x,$$

两边积分 $$\ln|p|=2\ln|1+x^3|+C.$$

即 $p=C_1(1+x^3)^2$，也就是

$$y'=C_1(1+x^3)^2 \quad (C_1=\pm\mathrm{e}^C).$$

两边再积分，得到原方程的通解为

$$y=C_1(x+\frac{1}{2}x^4+\frac{1}{7}x^7)+C_2.$$

先将 $y|_{x=0}=1$ 代入通解中得到 $C_2=1$，再将 $y'|_{x=0}=1$ 代入到 $y'=C_1(1+x^3)^2$ 中得到 $C_1=1$，故方程所求特解为

$$y=1+x+\frac{1}{2}x^4+\frac{1}{7}x^7.$$

三、$y''=f(y,y')$ 型

方程

$$y''=f(y,y') \tag{3}$$

的特点是方程中不含自变量 x，因此方程只要作变换 $y'=p(y)$，则

$$y''=p'(y)\frac{\mathrm{d}y}{\mathrm{d}x}=\frac{\mathrm{d}p}{\mathrm{d}y}\frac{\mathrm{d}y}{\mathrm{d}x}=\frac{\mathrm{d}p}{\mathrm{d}y}p(y),$$

将其代入(3)式可得

$$\frac{\mathrm{d}p}{\mathrm{d}y}p=f(y,p).$$

此为以 $p(y)$ 为未知函数，以 y 为自变量的一阶微分方程，若可求得其解 $p=\varphi(y,C_1)$，则

有 $\frac{dy}{dx}=\varphi(y,C_1)$,即 $\frac{dy}{\varphi(y,C_1)}=dx$,从而原方程的通解即为

$$\int\frac{dy}{\varphi(y,C_1)}=x+C_2$$

例3 求方程 $y''-3y^2y'^3=0$ 的通解,并求满足初始条件 $y|_{x=0}=1$, $y'|_{x=0}=-1$ 的特解.

解 设 $y'=p(y)$,则 $y''=\frac{dp}{dy}p$,代入方程得

$$\frac{dp}{dy}p-3y^2p^3=0.$$

此为可分离变量的微分方程,当 $p\neq 0$ 时,分离变量为

$$\frac{dp}{p^2}=3y^2dy.$$

两边积分得到 $-\frac{1}{p}=y^3+C_1$,即 $p=\frac{-1}{y^3+C_1}$,也就是

$$\frac{dy}{dx}=\frac{-1}{y^3+C_1},$$

分离变量后积分得 $\frac{1}{4}y^4+C_1y=-x+C_2$,注意到 $y'=p\equiv 0$ 即 $y\equiv C$ 也是方程的一个解,故原方程的通解为

$$\frac{1}{4}y^4+C_1y+x-C_2=0 \text{ 或者 } y\equiv C. (y=C \text{ 不满足初始条件}).$$

首先把 $y|_{x=0}=1$ 和 $y'|_{x=0}=-1$ 代入到 $\frac{dy}{dx}=\frac{-1}{y^3+C_1}$ 中,得到 $C_1=0$,再把 $y|_{x=0}=1$ 和 $C_1=0$ 代入到通解中,得到 $C_2=-\frac{1}{4}$,于是所求的原方程的特解为

$$y^4-4x=1.$$

习题 10-5

1. 求下列微分方程的通解或特解.

(1) $y''=x-\sin 2x$; (2) $y'''=e^{-x}+\cos x-1$;

(3) $y''=1-\ln x, y|_{x=1}=0, y'|_{x=1}=1$; (4) $\frac{d^2s}{dt^2}+te^t=0, s|_{t=0}=100, s'|_{t=0}=0$.

2. 求下列微分方程的通解或特解.

(1) $xy''-y'=x$;

(2) $y''-y(y')^3=0$;

(3) $y''+x=y'$, $y|_{x=0}=0, y'|_{x=0}=0$;

(4) $2y''+y'^2=0$, $y|_{x=0}=0, y'|_{x=0}=1$.

本章小结

一、主要内容

<table>
<tr><td rowspan="3">微分方程的基本概念</td><td colspan="3">方程中含有未知函数及未知函数的导数(或微分)的方程叫作微分方程.未知函数为一元函数的叫常微分方程</td></tr>
<tr><td colspan="3">方程中未知函数的导数的最高阶数称为微分方程的阶数.二阶和二阶以上的微分方程称为高阶微分方程
n 阶微分方程的一般形式:$F(x,y,y',y'',\cdots,y^{(n)})=0$</td></tr>
<tr><td colspan="3">若 $y=\varphi(x)$ 函数代入到方程中,使方程两边成为恒等式,称函数 $y=\varphi(x)$ 为方程的解.如果方程的解中含有任意常数,且任意常数的个数等于方程的阶数,称该解为方程的通解.不含任意常数的解叫特解;确定任意常数值的条件叫定解条件</td></tr>
<tr><td rowspan="2">一阶微分方程</td><td colspan="3">可分离变量的方程 $y'=M(x)N(y)$ 解法步骤:1.分离变量;2.两边求不定积分;3.写出方程的通解</td></tr>
<tr><td colspan="3">一阶线性微分方程:$y'+P(x)y=Q(x)$.对于齐次方程按可分离变量方程来解.对于非齐次线性方程解法有:1.常数变易法;2.公式法.一阶线性非齐次方程通解公式
$y=\left(\int Q(x)e^{\int P(x)dx}dx+C\right)e^{-\int P(x)dx}$</td></tr>
<tr><td rowspan="4">二阶线性常系数微分方程</td><td colspan="3">二阶线性常系数齐次微分方程:$y''+py'+qy=0$</td></tr>
<tr><td rowspan="3">解法</td><td>1.特征方程有两个不同实根 $r_1\neq r_2$</td><td>通解为 $y=C_1e^{r_1x}+C_2e^{r_2x}$</td></tr>
<tr><td>2.特征方程有两个相同实根 $r_1=r_2=r$</td><td>通解为 $y=(C_1+C_2x)e^{rx}$</td></tr>
<tr><td>3.特征方程有一对共轭复根 $r_{1,2}=\alpha\pm\beta i$</td><td>通解为 $y=(C_1\cos\beta x+C_2\sin\beta x)e^{\alpha x}$</td></tr>
<tr><td rowspan="3">几个特殊高阶微分方程的解法</td><td colspan="2">$y^{(n)}=f(x)$ 型</td><td>解法要点:两边逐次积分,直到积出为止</td></tr>
<tr><td colspan="2">$y=f(x,y')$</td><td>解法要点:令 $y'=p(x)$,则 $y''=p'(x)$</td></tr>
<tr><td colspan="2">$y=f(y,y')$</td><td>解法要点:令 $y'=p(y)$,则 $y''=p'(y)p$</td></tr>
</table>

二、主要方法

(1)判别微分方程的阶数;

(2)若方程为一阶方程,再看是否为可分离变量的微分方程,若是则按可分离变量微分方程来求解;

(3)若方程为不可分离变量,看是否为一阶线性微分方程,是则用常数变易法或公式法求解;

(4)若方程不是一阶线性方程,则可考虑做适当变量替换变为上述某种方程求解;

(5)若方程为高阶方程,首先应看是否为特殊类型的($y^{(n)}=f(x)$, $y''=f(x,y')$ 或 $y''=f(y,y')$),若是,按法求解即可;

(6)若不是特殊类型,再看方程是否为二阶线性常系数微分方程,若是找出特征方程,按特征根情况写出通解;

(7)若方程不是上面的几种情况,看能否用适当的变量替换,使方程转化为上述的某种类型,再分类求解.

本章复习题

1. 选择题.

(1)下面方程(　　)不是可分离变量的微分方程.

A. $y' = 3^{3x-2y}$　　B. $(x^3+1)y\mathrm{d}x + x(y+2)\mathrm{d}y = x\mathrm{d}y$

C. $(xy+1)\mathrm{d}x - (x^2+y^2)\mathrm{d}y = 0$　　D. $\dfrac{\mathrm{d}x}{\mathrm{d}y} = \dfrac{x}{y\ln y}$

(2)下面微分方程(　　)是一阶线性微分方程.

A. $y'' + 2y + y = 1$　　B. $\sin x\mathrm{d}x + xy\mathrm{d}y = \mathrm{e}^x$

C. $f(x)y' - g(y) = 1$　　D. $xy' + 2y3^x - 1 = 0$

(3)下面函数(　　)是微分方程 $y'' - y' - 2y = 0$ 的通解.

A. $y = C\mathrm{e}^{-x}$　　B. $y = \mathrm{e}^{-x} + \mathrm{e}^{2x}$

C. $y = C_1\mathrm{e}^{-x} + C_2\mathrm{e}^{2x}$　　D. $y = C_1\mathrm{e}^{x} + C_2\mathrm{e}^{-2x}$

(4)曲线 $y=f(x)$ 经过原点,且曲线上动点 $p(x,y)$ 处的切线斜率为 $3x^2$,则曲线方程是(　　).

A. $y = x^3 + 1$　　B. $y = x^3$

C. $y = x^3 - 1$　　D. $y = 3x^2$

(5)已知二阶常系数线性齐次微分方程的两个解, $y_1 = \sin 2x$, $y_2 = 2\cos 2x$,该方程为(　　).

A. $y'' + 4y = 0$　　B. $y'' - 4y = 0$

C. $y'' + 4y' = 0$　　D. $y'' - 4y' = 0$

2. 填空题.

(1)微分方程 $y' + xy = x$ 的通解是____________.

(2)初值问题 $\begin{cases}\dfrac{\mathrm{d}y}{\mathrm{d}x} - \dfrac{y}{x} = 1 \\ y|_{x=1} = 0\end{cases}$ 的解为____________.

(3)曲线 $y=ax^2+bx+c$ 在点 $A(1,0)$ 处的切线为 $x-y=1$,在点 $B(0,-1)$ 处的切线为 $x+y=-1$. 则该曲线方程为____________.

*(4)微分方程 $y''' = x$ 通解为____________.

*(5)已知微分方程 $y''+py'+qy=f(x)$ 的三个解, $y_1=x$, $y_2=x^2$, $y_3=x^3$,则它的通解为____________.

3. 求下列微分方程的通解或特解.

(1) $y' + \frac{1+2x}{x^2} = 2$;　　(2) $\frac{dy}{dx} = (x+y)^m - 1$ （m 为常数）;

(3) $y' + 3y\tan 3x = \sin 6x, y|_{x=0}=0$;　　(4) $y'' + 2y' + 5y = 0$;

(5) $y'' - 10y' + 25y = 0, y|_{x=0} = 1, y'|_{x=0} = 0$.

4. 应用题.

(1)一曲线上任意点处切线的斜率等于自原点到该切点的连线斜率的2倍,且曲线过点 $A(1,2)$,求该曲线的方程.

(2)一质点作直线运动,其加速度为 $a = 6t + \sin t$,且当 $t=0$ 时 $s=100, v=0$,求该质点的运动方程.

习题参考答案

第一章参考答案

习题 1-1

1. (1) {火药,造纸,指南针,活版印刷};(2) {0,1,2,3,4,5,6,7,8};
(3) {1,4,9,16,25,36,49,64,81,100};(4) {−8, −6, −4, −2,0,2,4,6,8};
(5) $\{(x,y)\mid x<0,y>0\}$.

2. (1) $\in$; (2) $\notin$; (3) $=$; (4) $\subset$; (5) $\subset$; (6) $\neq$.

3. $\varnothing,\{a\},\{e\}\{c\}\{a,e\}\{a,c\}\{e,c\}\{a,e,c\}$.

4. {−1,2,3}, {−1,0,2,3}, {−1,1,2,3}, {−1,0,1,2,3}.

5. {1}, {1,2,5,6}, {5}, {5}.

6. (1) $\left\{-\frac{1}{7}\right\}$; (2) $\left\{\frac{2}{3},-4\right\}$; (3) $\{x\mid x>1\}$.

习题 1-2

1. (1) $[-6,2)$; (2) $\left(\frac{5}{9},+\infty\right)$; (3) $\{(x,y)\mid x\leqslant 1,y>0\}$.

2. (1) $(-\infty,-3)\cup(6,+\infty)$; (2) $[0,3]$; (3) $\left[-\frac{1}{2},\frac{1}{3}\right]$;
(4) $(-\infty,+\infty)$.

3. (1) $\left[\frac{2}{5},2\right]$; (2) $\left(\frac{1}{2},+\infty\right)$; (3) $\left(-\infty,\frac{1}{2}\right)\cup\left(\frac{3}{4},+\infty\right)$;
(4) $(-\infty,1]\cup[9,+\infty)$.

4. 提示:左端的三个括号分别用基本不等式.

5. 提示:用不等式的基本性质.

习题 1-3

1. (1) $[-2,2]$; (2) $\{x\mid x\neq 0\}$;
(3) −1, −2; (4) $-\frac{1}{2}$, $-\frac{x}{x+2}$;
(5) $(-2,+\infty)$, $(-\infty,-2)$; (6) $(0,+\infty)$, $(-\infty,0)$;
(7) 0; (8) −2.

2. (1) D; (2) C; (3) A; (4) A.

3. 提示:只需验证$f(f(x)) \equiv x$即可.

4. (1) $[-\sqrt{3},0) \cup (0,\sqrt{3}]$; (2) $\left\{x \mid x \neq \frac{1}{6}\right\}$; (3) $\mathbf{R}$; (4) $(-2,1]$.

5. $f(x)=\begin{cases}\sqrt[3]{x+1}, & x<0, \\ 1, & x=0, \\ \sqrt{x}, & x>0,\end{cases}$ 定义域为$\mathbf{R}$.

6. 提示:可以考虑分段函数.

7. 略.

本章复习题

1. (1)D; (2)D; (3)C; (4)D; (5)A; (6)B; (7)A; (8)A.

2. (1)正无理数,负无理数; (2) $\left(-\infty,\frac{1}{2}\right)$;

(3)5; (4) $y=(x-1)^{\frac{3}{2}}$, $(1,+\infty)$;

(5) $\left(-\frac{1}{2},1\right)$; (6) $(-2,-\sqrt{3}) \cup (\sqrt{3},2)$.

3. (1) $\left\{x \middle| x<-4 \text{ 或 } -1<x<\frac{1}{2}\right\}$;

(2) $f^{-1}(x)=\begin{cases}\frac{1-x}{2x}, & x \leqslant 1, \\ -\sqrt{x-1}, & x>1;\end{cases}$

(3) $H(a)=\begin{cases}-5, & a<-3, \\ 2a+1, & -3 \leqslant a \leqslant 2, \\ 5, & a>2.\end{cases}$

4. 提示:左端平方后再应用基本不等式.

第二章参考答案

习题 2-1

1. (1)D; (2)D; (3)D.

2. (1) $m=3$; (2) $a<C$; (3) $(3,5)$.

3. (1) $1.3^{0.5}<1.5^{0.5}$; (2) $5.1^{-2}<5.09^{-2}$; (3) $-1.79^{\frac{1}{4}}>-1.81^{\frac{1}{4}}$.

习题 2-2

1. (1)B; (2)C; (3)C; (4)D; (5)D; (6)D; (7)A; (8)D; (9)C.

2. (1)125; (2) $x \in (-\infty,4)$;

(3) $(-\infty,0)\cup(0,3)$; (4) $\left(-\infty,\frac{1}{2}\right)$.

3. (1) 当 $a>1$ 时, $a=\frac{3}{2}$; 当 $0<a<1$ 时, $a=\frac{1}{2}$.

(2) $a=1$.

(3) ①定义域: $\mathbf{R}$, 值域: $\left(0,\frac{1}{256}\right)$.

②单调减区间: $(3,+\infty)$, 单调增区间: $(-\infty,3)$.

习题 2-3

1. (1) D; (2) A; (3) B; (4) C.

2. $\frac{1}{2}$.

3. (1) 2; (2) 2; 2.

4. (1) $a+b$; (2) $\frac{b+2a}{a}$; (3) $b-a$.

5. (1) $\log_2 3.4<\log_2 8.5$; (2) $\log_{0.3}1.8>\log_{0.3}2.7$;

(3) 当 $a>1$ 时, $\log_a 5.1<\log_a 5.9$; 当 $0<a<1$ 时, $\log_a 5.1>\log_a 5.9$.

6. (1) $[1,+\infty)$; (2) $\left(\frac{1}{2},\frac{3}{4}\right]$.

7. $(-3,-1)\cup(3,+\infty)$.

本章复习题

1. (1) C; (2) B; (3) C; (4) D; (5) C; (6) A; (7) B.

2. (1) ① $\sqrt[7]{a}$, ② $\sqrt[6]{a^5}$, ③ $\frac{1}{\sqrt[3]{a^2}}$, ④ $\frac{1}{\sqrt[4]{a^5}}$;

(2) ① $x^3y^{\frac{3}{2}}$, ② $m^{\frac{1}{4}}$, ③ $a^{\frac{7}{12}}$, ④ $a^{\frac{7}{8}}$;

(3) 减少; (4) $\pi-2$; (5) $\frac{1}{9}$; (6) $(0,2)$; (7) $(-\infty,0]$; (8) $<$;

(9) $\log_5 125=3$; (10) 3; (11) 2; (12) $\sqrt{2}$.

3. (1) 0; (2) ab^{-1}; (3) $a-1$; (4) 12.

4. 图形略, 定义域 $(0,+\infty)$, 值域 $[0,+\infty)$, 单调减区间: $(0,1)$, 单调增区间: $[1,+\infty)$.

5. (1) $a=\frac{1}{4}$; (2) 4.

6. (1) $(-\infty,2]$; (2) $(-\infty,-2]\cup[2,+\infty)$.

7. 9 年.

第三章参考答案

习题 3-1

1. (1)第Ⅱ象限； (2)第Ⅰ象限； (3)第Ⅱ象限； (4)第Ⅳ象限.

2. $\{\alpha \mid \alpha=k\pi, k\in \mathbf{Z}\}$.

3. (1)0.63 rad； (2)-2.62 rad； (3)19.11 rad； (4)25.13 rad.

4. $\frac{1\ 600}{3}\pi(\text{cm}^2)$.

习题 3-2

1. (1)第Ⅰ象限,第Ⅱ象限,终边在 y 轴的正半轴上,第Ⅲ象限,第Ⅳ象限,终边在 y 轴的负半轴上；

(2)第Ⅰ象限,第Ⅳ象限,终边在 x 轴的正半轴上,第Ⅲ象限,第Ⅱ象限,终边在 x 轴的负半轴上；

(3)第Ⅰ象限,第Ⅲ象限,第Ⅱ象限,第Ⅳ象限.

2. 略.

3. (1) α 在第Ⅱ象限； (2) α 在第Ⅰ象限；

(3) α 在第Ⅰ象限或第Ⅳ象限； (4) α 在第Ⅰ象限或第Ⅳ象限.

4. (1) 5； (2) $\frac{3}{2}$.

5. (1) $2-\sqrt{2}$； (2) $-\frac{\sqrt{2}}{2}-3$.

习题 3-3

1. (1) $\sin 250° > \sin 260°$； (2) $\cos 515° > \cos 530°$；

(3) $\cot 1\ 992° > \cot 1\ 280°$； (4) $\tan\left(-\frac{1}{5}\pi\right) > \tan\left(-\frac{3}{7}\pi\right)$.

2. (1) $\frac{2}{3}\pi$； (2) 6π； (3) $\frac{4}{3}\pi$； (4) π.

3. (1) $\left\{x \middle| 2k\pi < x < 2k\pi+\frac{\pi}{6} \text{或} 2k\pi+\frac{5\pi}{6} < x < (2k+1)\pi, k\in \mathbf{Z}\right\}$；

(2) $\left\{x \middle| \left(2k+\frac{1}{2}\right)\pi<x<\left(2k+\frac{3}{2}\right)\pi; \text{且 } x\neq 2k\pi+\frac{2\pi}{3}, x\neq (2k+1)\pi+\frac{\pi}{3}, k\in \mathbf{Z}\right\}$；

(3) $\left\{x \middle| k\pi+\frac{\pi}{4} < x < (k+1)\pi, k\in \mathbf{Z}\right\}$；

(4) $\left\{x \middle| x\neq k\pi+\frac{\pi}{6}, x\neq k\pi, k\in \mathbf{Z}\right\}$.

习题 3-4

1. (1) $\frac{5}{\sqrt{34}}$，$\frac{3}{\sqrt{34}}$，$\frac{5}{3}$，$\frac{3}{5}$；(2) $\frac{\sqrt{3}}{2}$，$-\frac{\sqrt{3}}{3}$；(3) 75°；(4) $\frac{4}{7}$.

2. $\frac{36}{85}$.

3. $\frac{19}{169}$，$\frac{120}{169}$，$\frac{120}{19}$.

4. 略.

本章复习题

1. (1) C；(2) C；(3) A；(4) C；(5) B.

2. (1) $-2 \leqslant \alpha \leqslant 2$；(2) $\left[\frac{3}{2}\pi, 2\pi\right]$，$\left[\frac{1}{2}\pi, \pi\right]$；(3) 1；(4) $\frac{1}{8}$；(5) $\frac{1}{3}$.

3. $2+\sqrt{3}$.

4. 略.

5. 提示：利用加法定理 $\left(\tan(\alpha+\beta)=\frac{\tan\alpha+\tan\beta}{1-\tan\alpha\tan\beta}\right)$ 来证明.

第四章参考答案

习题 4-1

1. (1) $-\frac{\pi}{6}$；(2) $\frac{2}{3}$；(3) $\frac{\pi}{2}$；(4) -1.

2. (1) π；(2) $-\frac{2}{3}$；(3) $\frac{\sqrt{3}}{2}$；(4) $\frac{2\pi}{3}$.

3. (1) $\frac{\pi}{6}$；(2) $-\frac{\pi}{4}$；(3) 2.75；(4) $\frac{2\pi}{3}$.

4. (1) 不成立；(2) 成立.

5. 无意义.

习题 4-2

1. (1) $y=\sqrt{1+\sin(\log a^{x})}$；(2) $y=\sqrt{1-x^{2}}$；

(3) $f(x)=\begin{cases} x^{2}, & x \geqslant 0, \\ -x^{2}, & x<0. \end{cases}$

2. (1) $y=\sin^{2}x$；(2) $y=\sin 2x$；(3) $y=e^{\sin(x^{2}+1)}$；(4) $y=\lg 3^{\sin x}$.

3. (1) $y=3^{u}, u=\tan x$；(2) $y=\sqrt[3]{u}, u=5x-1$；

(3) $y=u^2, u=\sin 5x$; (4) $y=\cos u, u=\sqrt{v}, v=2x+1$;

(5) $y=\ln u, u=\sin v, v=e^w, w=x+1$; (6) $y=e^u, u=\sin v, v=\frac{1}{x}$.

本章复习题

1. (1) $-\frac{\pi}{4}$; (2) $\frac{\pi}{6}$; (3) $\frac{2\pi}{3}$; (4) $\frac{\pi}{2}$; (5) $-\frac{\pi}{6}$; (6) $\frac{\pi}{3}$.

2. (1) $-\frac{\sqrt{3}}{2}$; (2) $-\frac{\sqrt{2}}{2}$; (3) $\frac{1}{2}$; (4) $-\frac{\sqrt{3}}{3}$.

3. (1) $-\frac{\pi}{4}$; (2) $\frac{\pi}{6}$; (3) $-\frac{\pi}{4}$; (4) $\frac{\pi}{4}$.

4. (1) $x\in[-2,2], y\in[-3,3]$; (2) $x\in[0,2], y\in[-2,2]$;

(3) $x\in[-1,1], y\in[-1,1]$; (4) $x\in(-\infty,+\infty), y\in\left(-\frac{\pi}{2},\frac{\pi}{2}\right)$.

5. (1) $9x+14$; (2) $(1+x)^2$.

6. (1) $y=u^2, u=1+x$; (2) $y=\sin u, u=\frac{3}{2}x$;

(3) $y=\ln u, u=\tan v, v=\sqrt{x}$; (4) $y=\sqrt[3]{u}, u=\cos v, v=2x+1$.

第五章参考答案

习题 5-1

1. (1) 1; (2) 1; (3) 2.

2. (1) 略; (2) $\lim\limits_{x\to 0^-}f(x)=0, \lim\limits_{x\to 0^+}f(x)=0$;

(3) $x\to 0$ 时, $f(x)$ 的极限存在.

3. 图像略, $\lim\limits_{x\to 0^-}f(x)=1, \lim\limits_{x\to 0^+}f(x)=1$.

4. $\lim\limits_{x\to 1^-}f(x)=2$, $\lim\limits_{x\to 1^+}f(x)=2$, $\lim\limits_{x\to 1}f(x)=2$.

习题 5-2

1. (1) 1; (2) 9; (3) 2; (4) 0; (5) $\frac{2}{3}$; (6) -4; (7) $2x$; (8) $\frac{2}{3}$.

2. (1) $\frac{2}{3}$; (2) 0; (3) $\frac{1}{2}$; (4) 2; (5) ∞; (6) 1.

3. (1) $-\frac{1}{2}$; (2) $\frac{\sqrt{3}}{6}$; (3) 0; (4) 3.

习题 5-3

1. (1) 3; (2) $\frac{5}{3}$; (3) 1; (4) -2; (5) 1; (6) 3.

2. (1) e^{-1}； (2) e； (3) e^{-3}； (4) e^2； (5) e^{-4}； (6) e^{-1}.

习题 5-4

1. (1)无穷小； (2)无穷大； (3)无穷小； (4)无穷小.

2. 略.

3. (1) ∞； (2) 0； (3) $\frac{2}{3}$； (4) $\frac{1}{8}$； (5) 1； (6) $\frac{1}{2}$.

习题 5-5

1. $\Delta y=-1$.

2. $\lim\limits_{x\to 0^-}f(x)=1=\lim\limits_{x\to 0^+}f(x)=f(0)$，在 $x=0$ 点连续.

3. $a=1$.

4. (1)间断点 $x=1$； (2)间断点 $x=0$；
(3)间断点 $x=0$； (4)间断点 $x=-1$.

5. (1) 0； (2) 1； (3) 0； (4) 1.

6. 提示：利用零点定理.

本章复习题

1. (1)D； (2)A； (3)D； (4)A； (5)C.

2. (1) $f(x)=\begin{cases}x^2, & x>0,\\ -x^2, & x\leqslant 0;\end{cases}$ (2)无穷小； (3) 0； (4) e^{-1}.

3. (1) $\frac{1}{3}$； (2) 12； (3) $\frac{4}{5}$； (4) $\frac{3}{5}$； (5) e^2； (6) e^{-1}.

4. 不存在.

5. 不连续，因为 $\lim\limits_{x\to 0}f(x)$ 不存在.

6. $k=2$.

第六章参考答案

习题 6-1

1. (1) $f'(x_0)$； (2) $f'(x_0)$.

2. (1) $10x^9$； (2) $1.6x^{0.6}$； (3) $\frac{7}{2}x^{\frac{5}{2}}$； (4) $-3x^{-4}$.

3. 12.

4. 斜率为 $\frac{1}{4}$，切线方程为 $x-4y+4=0$，法线方程为 $4x+y-18=0$.

习题 6-2

1. (1) $6x+\frac{1}{x^2}$;　　(2) $4x+\frac{5}{2}x^{\frac{3}{2}}$;

(3) $\frac{7}{2}x^{\frac{5}{2}}+\frac{1}{x}$;　　(4) $\tan x+x\sec^2 x$;

(5) $2x\sin x+x^2\cos x$;　　(6) $a^x e^x(\ln a+1)$;

(7) $\frac{-x\sin x-\cos x}{x^2}$.

2. (1) $5\cos 5x$;　　(2) $60x(3x^2-1)^9$;

(3) $\frac{2}{2x-1}$;　　(4) $-\frac{1}{x^2}\sec^2\frac{1}{x}$;

(5) $-3x^2\sin x^3$;　　(6) $\ln 3\ 3^{\sin x}\cos x$;

(7) $\frac{1}{1-x^2}$;　　(8) $\sin^2 x+x\sin 2x+\sin x$;

(9) $-\frac{x\sin x^2}{\sqrt{\cos x^2}}$;　　(10) $3\sin^2 x\cos x\cos 6x-6\sin^3 x\sin 6x$.

3. 切线方程为 $2x-y+1=0$,法线方程为 $x+2y-2=0$.

习题 6-3

1. (1) $-\frac{\sin(x+y)}{1+\sin(x+y)}$;　(2) $\frac{y}{y-2}$;　(3) $\frac{1-e^x}{e^y}$.

2. (1) $x\sqrt{\frac{x-1}{x+1}}\left(\frac{1}{x}+\frac{1}{x^2-1}\right)$;　　(2) $x^{\sin x}\left(\cos x\ln x+\frac{\sin x}{x}\right)$.

3. (1) $\frac{1}{x^3}$;　　(2) $-\frac{1}{4}x^{-\frac{3}{2}}$;

(3) $(x^2+1)^{-\frac{1}{2}}-x^2(x^2+1)^{-\frac{3}{2}}$;　　(4) $-2\sin x-x\cos x$.

4. 3.

习题 6-4

1. (1) $\arctan x+C$;　(2) x^3+C;　(3) $\ln(1+x)+C$;　(4) $\sin x+C$;　(5) $-\frac{1}{3}\cos 3x+C$;
(6) $\sec x+C$;　(7) $\frac{1}{8}$;　(8) $e^{x^2}+C$.

2. (1) $\frac{x}{\sqrt{1+x^2}}dx$;　　(2) $(\sin 2x+2x\cos 2x)dx$;

(3) $\frac{2x\cos x-(1-x^2)\sin x}{(1-x^2)^2}dx$;　　(4) $(1-2x^2)e^{-x^2}dx$;

(5) $\frac{1}{2\sqrt{x(1-x)}}dx$.

3. (1)0. 484 9;　　　　　　　　　(2)0. 01.

本章复习题

1. (1)C; (2)B; (3)B; (4)A; (5)C; (6)D.

2. (1)$-\frac{2}{(1+x)^2}$; (2)$\frac{-2x}{\sqrt{1-x^4}}$; (3)$\frac{4}{1-2x}$; (4)$\frac{x\cos\sqrt{1+x^2}}{\sqrt{1+x^2}}dx$;

(5)(1,1),$x-2y+1=0$.

3. (1)$2\cos x-x\sin x$;　　　　(2)$2x\cos x^2$;

(3)$\ln x+1$;　　　　(4)$2e^x\sin x$;

(5)$-\sin 2x+\cot x$;　　　　(6)$\ln 3\ 3^{\sin x}\cos x$.

4. $\sqrt{82}\approx 9.055\ 6$.

5. 斜率为$\frac{1}{4}$,切线方程为 $x-4y+4=0$,法线方程为 $4x+y-18=0$.

第七章参考答案

习题 7-1

1. 略.

2. (1)$\frac{m}{n}a^{m-n}$; (2)1; (3)2; (4)-1; (5)$-\frac{3}{5}$; (6)0; (7)0; (8)$\frac{1}{2}$.

3. (1)1,不能用洛必达法则;　　　　(2)1,不能用洛必达法则.

习题 7-2

1. (1)单调增加; (2)单调增加; (3)单调增加.

2. (1)单调减区间$(-\infty,-2]$,$[0,2]$,单调增区间$[-2,0]$,$[2,+\infty)$;

(2)单调减区间$\left(0,\frac{1}{2}\right]$,单调增区间$\left[\frac{1}{2},+\infty\right)$;

(3)单调减区间$[-2,0)$,$(0,2]$,单调增区间$(-\infty,-2]$,$[2,+\infty)$.

3. (1)极大值$f(0)=0$,极小值$f(1)=-1$;

(2)极小值$f\left(\frac{1}{\sqrt{e}}\right)=-\frac{1}{2e}$.

4. (1)最大值$f(\pm 2)=13$,最小值$f(\pm 1)=4$;

(2)最大值$f\left(\frac{3}{4}\right)=\frac{5}{4}$,最小值$f(-5)=-5+\sqrt{6}$.

5. 长 18 m,宽 12 m.

本章复习题

1. (1)D; (2)B; (3)C; (4)C; (5)D; (6)A.

2. (1) $\left(\frac{1}{2},+\infty\right)$； (2) 1； (3) 极小值； (4) $x=-\frac{1}{\ln 2}$； (5) $(-1,0),(0,+\infty)$.

3. (1) 108； (2) $\ln\frac{a}{b}$； (3) $\frac{1}{2}$； (4) 极限不存在.

4. (1) 单调增加区间 $(-\infty,0),(0,+\infty)$；

(2) 单调增加区间 $\left(-\infty,-\frac{1}{2}\right),\left(\frac{11}{18},+\infty\right)$，单调减少区间 $\left(-\frac{1}{2},\frac{11}{18}\right)$.

5. (1) 极大值 $f(-2)=21$，极小值 $f(1)=-6$；

(2) 极小值 $f(e^{-\frac{1}{2}})=-\frac{1}{2e}$.

6. 当 $Q=250$ 时，利润最大.

第八章参考答案

习题 8-1

1. (1) C； (2) A.

2. (1) 一个函数的原函数.

(2) ① $x, x+C$； ② x^3, x^3+C； ③ e^x, e^x+C； ④ $\tan x, \tan x+C$； ⑤ $-\cos x, -\cos x+C$.

(3) $\cos x, \sin x+C$； (4) 平行.

3. (1) $y=\frac{x^2}{2}+2x-1$； (2) $y=x^3+1$.

习题 8-2

1. (1) $\frac{x^4}{4}+x^3+x+C$； (2) $\frac{2}{7}x^{\frac{7}{2}}+C$；

(3) $\frac{2}{5}x^{\frac{5}{2}}+\frac{1}{2}x^2+6\sqrt{x}+C$； (4) $\frac{3}{10}x^{\frac{10}{3}}-\frac{15}{4}x^{\frac{4}{3}}+C$；

(5) $x+\frac{\left(\frac{2}{3}\right)^x}{\ln 2-\ln 3}+C$； (6) $e^x-3\sin x+C$；

(7) $\frac{10^x}{\ln 10}-\cot x-x+C$； (8) $\tan x-\sec x+C$；

(9) $e^{x-3}+C$； (10) $\frac{10^x\cdot 2^{3x}}{3\ln 2+\ln 10}+C$；

(11) $\arctan x+\ln|x|+C$； (12) $\sin x+\cos x+C$.

2. $y=-\cos x+\sin x+1$.

习题 8-3

1. (1) $-\frac{1}{6(2x-3)^3}+C$；　(2) $2\sqrt{1+x}+C$；

(3) $-\frac{1}{3}\cos 3x+C$；　(4) $e^x+e^{-x}+C$；

(5) $\frac{1}{2}\ln(1+x^2)+C$；　(6) $\frac{1}{3}(2+x^2)^{\frac{3}{2}}+C$；

(7) $\frac{1}{4}\sin^4 x+C$；　(8) $-2\cos\sqrt{x}+C$；

(9) $\frac{1}{2}\ln^2 x+C$.

2. (1) $2\sqrt{x}-2\ln(1+\sqrt{x})+C$；　(2) $6\sqrt[6]{x}-6\arctan\sqrt[6]{x}+C$；

(3) $x-2\sqrt{1+x}+2\ln(1+\sqrt{1+x})+C$；

(4) $2\arcsin\frac{x}{2}-\frac{x}{2}\sqrt{4-x^2}+C$.

习题 8-4

(1) $-x\cos x+\sin x+C$；　(2) $-e^{-x}(x+1)+C$；

(3) $(x^2-2x+2)e^x+C$；　(4) $x^2\sin x+2x\cos x-2\sin x+C$；

(5) $x\ln(x+1)-x+2\ln|x+1|+C$；　(6) $x\arcsin x+\sqrt{1-x^2}+C$.

习题 8-5

(1) $\frac{1}{2(2+x)^2}-\frac{1}{4}\ln\left|\frac{2+x}{x}\right|+C$；　(2) $\frac{\sqrt{3}}{3}\arctan\left[\frac{\sqrt{3}}{3}(2\tan x+1)\right]+C$；

(3) $\left(\frac{x^2}{2}-1\right)\arcsin\frac{x}{2}+\frac{x^2}{4}\sqrt{4-x^2}+C$；

(4) $\frac{1}{2}\arctan\frac{x+1}{2}+C$；

(5) $\frac{2}{3}\arctan\left(3\tan\frac{x}{2}\right)+C$；　(6) $-\frac{1}{x}-\ln\left|\frac{1-x}{x}\right|+C$.

本章复习题

1. (1) $5x, 5x+C$；　(2) x^3, x^3+C；

(3) $\tan x, \tan x+C$；　(4) $\frac{1}{2}\cos 2x, \frac{1}{2}\cos 2x+C$；

(5) $\frac{\sin x}{x}, \frac{\sin x}{x}+C$.

2. $y=x^3+x$.

3. (1) $3e^x + 2\sin x - x + C$;　(2) $\frac{2}{7}x^{\frac{7}{2}} + x + 6\sqrt{x} + C$;

(3) $x - \arctan x + C$;　(4) $\frac{1}{3}x^3 - \frac{1}{2}x^2 + x + C$;

(5) $-\frac{9}{x} + 3x + \frac{1}{12}x^3 + C$;　(6) $\frac{1}{2}\tan x + C$;

(7) $\tan x - x + C$;　(8) $\tan x - \cot x + C$.

4. (1) $-\frac{1}{3}\cos 3x + C$;　(2) $\frac{1}{2}\ln^2 x + C$;

(3) $\frac{\sin^4 x}{4} + C$;　(4) $-\frac{\cos^2 x}{4} + C$;

(5) $-\frac{1}{4}\cos(4x+1) + C$;　(6) $-\frac{1}{2}\cos x^2 + C$;

(7) $-\cos e^x + C$;　(8) $-\sin\frac{1}{x} + C$;

(9) $2(\sqrt{x} - \ln|1+\sqrt{x}|) + C$;　(10) $\frac{3}{2}\sqrt[3]{x^2} - 3\sqrt[3]{x} + 3\ln|\sqrt[3]{x}+1| + C$;

(11) $2\ln(\sqrt{x}+1) + C$;　(12) $\sqrt{x-1} - \arctan\sqrt{x-1} + C$.

5. (1) $-x\cos x + \sin x + C$;　(2) $\frac{1}{2}x^2\ln x - \frac{1}{2}x^2 + C$;

(3) $x\ln(x+2) - x + 2\ln|x+2| + C$;　(4) $x\arctan x - \frac{1}{2}\ln(1+x^2) + C$.

第九章参考答案

习题 9-1

1. $\int_0^1 \sqrt{1-x^2}\,dx = \frac{\pi}{4}$.

2. (a) $S = \int_{-\frac{\pi}{2}}^{\frac{\pi}{2}} \cos x\,dx - \int_{\frac{\pi}{2}}^{\pi} \cos x\,dx$;　(b) $S = \int_{-1}^{1} x^2\,dx$.

习题 9-2

1. (1) $\frac{4}{3}\sqrt{2} - \frac{5}{3}$;　(2) $e^2 - e + \ln 2$;　(3) 0;　(4) $\frac{5}{6}$;　(5) $5\ln 3$;　(6) $\frac{\pi}{4}$.

2. (1) $\frac{2}{3}$;　(2) 2.

习题 9-3

1. (1) 0;　(2) $\frac{8}{3}$;　(3) $7 + 2\ln 2$;　(4) $\frac{4\sqrt{2}-2}{3}$;　(5) $\frac{19}{3}$;　(6) $\frac{\pi^2}{32}$;

(7) $\frac{e^2+1}{4}$； (8) $1-2e^{-1}$； (9) 2； (10) $\frac{1}{2}(1+e^{\frac{\pi}{2}})$.

2. 0.

习题 9–4

1. $S=\frac{16}{3}p^2$.

2. $A=\frac{1}{3}, V=\frac{3}{10}\pi$.

3. $A=2\sqrt{2}-2, V=\pi$.

4. 57 697.5 kJ.

5. 14 373 kN.

本章复习题

1. (1) C； (2) D； (3) D； (4) D； (5) D； (6) B.

2. (1) π； (2) 5 000； (3) $b-a$； (4) $\sin x^2$； (5) <； (6) e^4-e^2.

3. (1) $\frac{20}{3}$； (2) $\frac{1}{6}$； (3) $\frac{\pi^2}{8}+1$； (4) $e^{-\pi}-1$； (5) $\frac{\pi}{4}+\frac{1}{2}$；

(6) $\frac{1}{2}(e+e^{-1}-2)$； (7) $\sqrt{3}-\frac{\pi}{3}$； (8) $\frac{44}{3}$.

4. (1) $2(2-\ln 3)$； (2) $\frac{2}{3}$； (3) $\frac{2}{7}$； (4) $\frac{\pi^2}{8}$； (5) $\frac{2\sqrt{2}-1}{3}$.

5. (1) 1； (2) 1； (3) 1； (4) $\frac{1}{2}(e^{\frac{\pi}{2}}-1)$.

6. $\frac{32}{3}$.

第十章参考答案

习题 10–1

1. (1) B； (2) D； (3) D.

2. (1) 2； (2) 3； (3) 2； (4) 1.

3. 略.

4. $y=e^{2x}$.

习题 10–2

1. (1) $e^y-\frac{1}{2}e^{2x}=C$； (2) $1+y^2=C(1+x^2)$；

(3) $y=\arcsin\ln|C\sin x|$;　(4) $\ln|\ln y|=\frac{1}{2}\ln^2 x+C$.

2. (1) $y=2(1+x^2)$;　(2) $x^2+y^2=1$.

3. (1) $y=x\arctan(\ln|x|+C)$;　(2) $y+\sqrt{x^2+y^2}=Cx^2$;

(3) $(x+y)^2(2x-1)+1=0$;　(4) $(x-y+1)^2=2x^2+1$.

4. $x+y+e^{-y}=1$.

习题 10-3

1. (1) $y=-\frac{1}{2}xe^{-2x}+Cx$;　(2) $y=(x+C)e^{\cos x}$;

(3) $y=(x+C)x$;　(4) $y=-2x+\frac{1}{2}+Cx^2$.

2. (1) $y=-\frac{1}{2}(1-e^{1-\frac{1}{x}})$;　(2) $y=\frac{1}{4}(2x-1+e^{2x})$;

(3) $y=\frac{2}{3}(4-e^{-3x})$;　(4) $y=\frac{1}{2x^3}(x^2+1)$.

3. $y=x^2(1-\ln x)$.

习题 10-4

1. (1) $y=C_1e^{3x}+C_2e^{-4x}$;　(2) $y=C_1e^{-x}+C_2e^{-2x}$;

(3) $y=(C_1+C_2x)e^{5x}$;　(4) $y=(C_1+C_2x)e^{-\frac{1}{3}x}$;

(5) $y=C_1\cos\sqrt{5}x+C_2\sin\sqrt{5}x$;　(6) $y=e^{-\frac{1}{2}x}(C_1\cos\frac{\sqrt{3}}{2}x+C_2\sin\frac{\sqrt{3}}{2}x)$.

2. (1) $y=(1-x)e^{2x}$;　(2) $y=-\frac{1}{4}(e^x+3e^{3x})$;

(3) $y=e^x(\cos 3x-\frac{1}{3}\sin 3x)$.

习题 10-5

1. (1) $y=\frac{1}{6}x^3+4\sin x+C_1x+C_2$;　(2) $y=-e+\sin x-\frac{1}{6}x^3+C_1x^2+C_2x+C_3$;

(3) $y=\frac{1}{4}x^2(5-2\ln x)-x-\frac{1}{4}$;　(4) $s=(2-t)e^t-t+98$.

2. (1) $y=\frac{1}{2}x^2\ln x+C_1x^2+C_2$;　(2) $2x+C_1y+\frac{1}{3}y^3=C_2$;

(3) $y=x+\frac{1}{2}x^2-e^x+1$;　(4) $y=2\ln\frac{x+2}{2}$.

本章复习题

1. (1)C;　(2)D;　(3)C;　(4)B;　(5)A.

2. (1) $y = 1 - Ce^{-\frac{1}{2}x}$；　　(2) $y = x\ln x$；

(3) $y = 2x^2 - x - 1$；　　(4) $y = \frac{1}{24}x^4 + C_1x^2 + C_2x + C_3$；

(5) $y = x + C_1(x^2 - x) + C_2(x^3 - x)$.

3. (1) $y = -\frac{1}{x} + 2\ln|x| - 2x + C$；

(2) 当 $m \neq -1$ 时，通解为 $(x+y)^{m+1} = (m+1)x + C$，当 $m = 1$ 时，通解为 $x + y = Ce^x$；

(3) $y = \frac{2}{3}(1 - \cos 3x)\cos 3x$；　　(4) $y = (C_1\cos 2x + C_2\sin 2x)e^{-x}$；

(5) $y = (1 - 5x)e^{5x}$.

4. (1) $y = 2x^2$；　　(2) $s = t^3 - \cos t + 100$.

附　录

附录 I　积分表

(一)含有 $ax+b$ 的积分($a \neq 0$)

1. $\int \frac{dx}{ax+b} = \frac{1}{a}\ln|ax+b| + C$.

2. $\int (ax+b)^{\mu} dx = \frac{1}{a(\mu+1)}(ax+b)^{\mu+1} + C \ (\mu \neq -1)$.

3. $\int \frac{x}{ax+b} dx = \frac{1}{a^2}(ax+b-b\ln|ax+b|) + C$.

4. $\int \frac{x^2}{ax+b} dx = \frac{1}{a^3}\left[\frac{1}{2}(ax+b)^2 - 2b(ax+b) + b^2\ln|ax+b|\right] + C$.

5. $\int \frac{dx}{x(ax+b)} = -\frac{1}{b}\ln\left|\frac{ax+b}{x}\right| + C$.

6. $\int \frac{dx}{x^2(ax+b)} = -\frac{1}{bx} + \frac{a}{b^2}\ln\left|\frac{ax+b}{x}\right| + C$.

7. $\int \frac{x}{(ax+b)^2} dx = \frac{1}{a^2}\left(\ln|ax+b| + \frac{b}{ax+b}\right) + C$.

8. $\int \frac{x^2}{(ax+b)^2} dx = \frac{1}{a^3}\left(ax+b-2b\ln|ax+b| - \frac{b^2}{ax+b}\right) + C$.

9. $\int \frac{dx}{x(ax+b)^2} = \frac{1}{b(ax+b)} - \frac{1}{b^2}\ln\left|\frac{ax+b}{x}\right| + C$.

(二)含有 $\sqrt{ax+b}$ 的积分

10. $\int \sqrt{ax+b}\, dx = \frac{2}{3a}\sqrt{(ax+b)^3} + C$.

11. $\int x\sqrt{ax+b}\, dx = \frac{2}{15a^2}(3ax-2b)\sqrt{(ax+b)^3} + C$.

12. $\int x^2\sqrt{ax+b}\, dx = \frac{2}{105a^3}(15a^2x^2 - 12abx + 8b^2)\sqrt{(ax+b)^3} + C$.

13. $\int \frac{x}{\sqrt{ax+b}} dx = \frac{2}{3a^2}(ax-2b)\sqrt{ax+b} + C$.

14. $\int \frac{x^2}{\sqrt{ax+b}} dx = \frac{2}{15a^3}(3a^2x^2 - 4abx + 8b^2)\sqrt{ax+b} + C$.

15. $\int \frac{dx}{x\sqrt{ax+b}} = \begin{cases} \frac{1}{\sqrt{b}}\ln\left|\frac{\sqrt{ax+b}-\sqrt{b}}{\sqrt{ax+b}+\sqrt{b}}\right| + C \quad (b>0), \\ \frac{2}{\sqrt{-b}}\arctan\sqrt{\frac{ax+b}{-b}} + C \quad (b<0). \end{cases}$

16. $\int \frac{dx}{x^2\sqrt{ax+b}} = -\frac{\sqrt{ax+b}}{bx} - \frac{a}{2b}\int\frac{dx}{x\sqrt{ax+b}}.$

17. $\int \frac{\sqrt{ax+b}}{x}dx = 2\sqrt{ax+b} + b\int\frac{dx}{x\sqrt{ax+b}}.$

18. $\int \frac{\sqrt{ax+b}}{x^2}dx = -\frac{\sqrt{ax+b}}{x} + \frac{a}{2}\int\frac{dx}{x\sqrt{ax+b}}.$

(三)含有 $x^2 \pm a^2$ 的积分

19. $\int \frac{dx}{x^2+a^2} = \frac{1}{a}\arctan\frac{x}{a} + C.$

20. $\int \frac{dx}{(x^2+a^2)^n} = \frac{x}{2(n-1)a^2(x^2+a^2)^{n-1}} + \frac{2n-3}{2(n-1)a^2}\int\frac{dx}{(x^2+a^2)^{n-1}}.$

21. $\int \frac{dx}{x^2-a^2} = \frac{1}{2a}\ln\left|\frac{x-a}{x+a}\right| + C.$

(四)含有 $ax^2+b(a>0)$ 的积分

22. $\int \frac{dx}{ax^2+b} = \begin{cases} \frac{1}{\sqrt{ab}}\arctan\sqrt{\frac{a}{b}}x + C \quad (b>0), \\ \frac{1}{2\sqrt{-ab}}\ln\left|\frac{\sqrt{a}x-\sqrt{-b}}{\sqrt{a}x+\sqrt{-b}}\right| + C \quad (b<0). \end{cases}$

23. $\int \frac{x}{ax^2+b}dx = \frac{1}{2a}\ln|ax^2+b| + C.$

24. $\int \frac{x^2}{ax^2+b}dx = \frac{x}{a} - \frac{b}{a}\int\frac{dx}{ax^2+b}.$

25. $\int \frac{dx}{x(ax^2+b)} = \frac{1}{2b}\ln\frac{x^2}{|ax^2+b|} + C.$

26. $\int \frac{dx}{x^2(ax^2+b)} = -\frac{1}{bx} - \frac{a}{b}\int\frac{dx}{ax^2+b}.$

27. $\int \frac{dx}{x^3(ax^2+b)} = \frac{a}{2b^2}\ln\frac{|ax^2+b|}{x^2} - \frac{1}{2bx^2} + C.$

28. $\int \frac{dx}{(ax^2+b)^2} = \frac{x}{2b(ax^2+b)} + \frac{1}{2b}\int\frac{dx}{ax^2+b}.$

(五)含有 $ax^2+bx+c(a>0)$ 的积分

29. $$\int\frac{\mathrm{d}x}{ax^2+bx+c}=\begin{cases}\dfrac{2}{\sqrt{4ac-b^2}}\arctan\dfrac{2ax+b}{\sqrt{4ac-b^2}}+C & (b^2<4ac),\\ \dfrac{1}{\sqrt{b^2-4ac}}\ln\left|\dfrac{2ax+b-\sqrt{b^2-4ac}}{2ax+b+\sqrt{b^2-4ac}}\right|+C & (b^2>4ac).\end{cases}$$

30. $$\int\frac{x}{ax^2+bx+c}\mathrm{d}x=\frac{1}{2a}\ln|ax^2+bx+c|-\frac{b}{2a}\int\frac{\mathrm{d}x}{ax^2+bx+c}.$$

(六)含有 $\sqrt{x^2+a^2}(a>0)$ 的积分

31. $$\int\frac{\mathrm{d}x}{\sqrt{x^2+a^2}}=\operatorname{arsh}\frac{x}{a}+C_1=\ln(x+\sqrt{x^2+a^2})+C.$$

32. $$\int\frac{\mathrm{d}x}{\sqrt{(x^2+a^2)^3}}=\frac{x}{a^2\sqrt{x^2+a^2}}+C.$$

33. $$\int\frac{x}{\sqrt{x^2+a^2}}\mathrm{d}x=\sqrt{x^2+a^2}+C.$$

34. $$\int\frac{x}{\sqrt{(x^2+a^2)^3}}\mathrm{d}x=-\frac{1}{\sqrt{x^2+a^2}}+C.$$

35. $$\int\frac{x^2}{\sqrt{x^2+a^2}}\mathrm{d}x=\frac{x}{2}\sqrt{x^2+a^2}-\frac{a^2}{2}\ln(x+\sqrt{x^2+a^2})+C.$$

36. $$\int\frac{x^2}{\sqrt{(x^2+a^2)^3}}\mathrm{d}x=-\frac{x}{\sqrt{x^2+a^2}}+\ln(x+\sqrt{x^2+a^2})+C.$$

37. $$\int\frac{\mathrm{d}x}{x\sqrt{x^2+a^2}}=\frac{1}{a}\ln\frac{\sqrt{x^2+a^2}-a}{|x|}+C.$$

38. $$\int\frac{\mathrm{d}x}{x^2\sqrt{x^2+a^2}}=-\frac{\sqrt{x^2+a^2}}{a^2x}+C.$$

39. $$\int\sqrt{x^2+a^2}\,\mathrm{d}x=\frac{x}{2}\sqrt{x^2+a^2}+\frac{a^2}{2}\ln(x+\sqrt{x^2+a^2})+C.$$

40. $$\int\sqrt{(x^2+a^2)^3}\,\mathrm{d}x=\frac{x}{8}(2x^2+5a^2)\sqrt{x^2+a^2}+\frac{3}{8}a^4\ln(x+\sqrt{x^2+a^2})+C.$$

41. $$\int x\sqrt{x^2+a^2}\,\mathrm{d}x=\frac{1}{3}\sqrt{(x^2+a^2)^3}+C.$$

42. $$\int x^2\sqrt{x^2+a^2}\,\mathrm{d}x=\frac{x}{8}(2x^2+a^2)\sqrt{x^2+a^2}-\frac{a^4}{8}\ln(x+\sqrt{x^2+a^2})+C.$$

43. $$\int\frac{\sqrt{x^2+a^2}}{x}\mathrm{d}x=\sqrt{x^2+a^2}+a\ln\frac{\sqrt{x^2+a^2}-a}{|x|}+C.$$

44. $$\int\frac{\sqrt{x^2+a^2}}{x^2}\mathrm{d}x=-\frac{\sqrt{x^2+a^2}}{x}+\ln(x+\sqrt{x^2+a^2})+C.$$

(七)含有 $\sqrt{x^2-a^2}\ (a>0)$ 的积分

45. $\int \frac{dx}{\sqrt{x^2-a^2}}=\frac{x}{|x|}\text{arch}\frac{|x|}{a}+C_1=\ln|x+\sqrt{x^2-a^2}|+C.$

46. $\int \frac{dx}{\sqrt{(x^2-a^2)^3}}=-\frac{x}{a^2\sqrt{x^2-a^2}}+C.$

47. $\int \frac{x}{\sqrt{x^2-a^2}}dx=\sqrt{x^2-a^2}+C.$

48. $\int \frac{x}{\sqrt{(x^2-a^2)^3}}dx=-\frac{1}{\sqrt{x^2-a^2}}+C.$

49. $\int \frac{x^2}{\sqrt{x^2-a^2}}dx=\frac{x}{2}\sqrt{x^2-a^2}+\frac{a^2}{2}\ln|x+\sqrt{x^2-a^2}|+C.$

50. $\int \frac{x^2}{\sqrt{(x^2-a^2)^3}}dx=-\frac{x}{\sqrt{x^2-a^2}}+\ln|x+\sqrt{x^2-a^2}|+C.$

51. $\int \frac{dx}{x\sqrt{x^2-a^2}}=\frac{1}{a}\arccos\frac{a}{|x|}+C.$

52. $\int \frac{dx}{x^2\sqrt{x^2-a^2}}=\frac{\sqrt{x^2-a^2}}{a^2x}+C.$

53. $\int \sqrt{x^2-a^2}\,dx=\frac{x}{2}\sqrt{x^2-a^2}-\frac{a^2}{2}\ln|x+\sqrt{x^2-a^2}|+C.$

54. $\int \sqrt{(x^2-a^2)^3}\,dx=\frac{x}{8}(2x^2-5a^2)\sqrt{x^2-a^2}+\frac{3}{8}a^4\ln|x+\sqrt{x^2-a^2}|+C.$

55. $\int x\sqrt{x^2-a^2}\,dx=\frac{1}{3}\sqrt{(x^2-a^2)^3}+C.$

56. $\int x^2\sqrt{x^2-a^2}\,dx=\frac{x}{8}(2x^2-a^2)\sqrt{x^2-a^2}-\frac{a^4}{8}\ln|x+\sqrt{x^2-a^2}|+C.$

57. $\int \frac{\sqrt{x^2-a^2}}{x}dx=\sqrt{x^2-a^2}-a\arccos\frac{a}{|x|}+C.$

58. $\int \frac{\sqrt{x^2-a^2}}{x^2}dx=-\frac{\sqrt{x^2-a^2}}{x}+\ln|x+\sqrt{x^2-a^2}|+C.$

(八)含有 $\sqrt{a^2-x^2}\ (a>0)$ 的积分

59. $\int \frac{dx}{\sqrt{a^2-x^2}}=\arcsin\frac{x}{a}+C.$

60. $\int \frac{dx}{\sqrt{(a^2-x^2)^3}}=\frac{x}{a^2\sqrt{a^2-x^2}}+C.$

61. $\int \frac{x}{\sqrt{a^2-x^2}}dx=-\sqrt{a^2-x^2}+C.$

62. $\int \frac{x}{\sqrt{(a^2-x^2)^3}}dx=\frac{1}{\sqrt{a^2-x^2}}+C.$

63. $\int \frac{x^2}{\sqrt{a^2 - x^2}} dx = -\frac{x}{2}\sqrt{a^2 - x^2} + \frac{a^2}{2}\arcsin\frac{x}{a} + C.$

64. $\int \frac{x^2}{\sqrt{(a^2 - x^2)^3}} dx = \frac{x}{\sqrt{a^2 - x^2}} - \arcsin\frac{x}{a} + C.$

65. $\int \frac{dx}{x\sqrt{a^2 - x^2}} = \frac{1}{a}\ln\frac{a - \sqrt{a^2 - x^2}}{|x|} + C.$

66. $\int \frac{dx}{x^2\sqrt{a^2 - x^2}} = -\frac{\sqrt{a^2 - x^2}}{a^2 x} + C.$

67. $\int \sqrt{a^2 - x^2} dx = \frac{x}{2}\sqrt{a^2 - x^2} + \frac{a^2}{2}\arcsin\frac{x}{a} + C.$

68. $\int \sqrt{(a^2 - x^2)^3} dx = \frac{x}{8}(5a^2 - 2x^2)\sqrt{a^2 - x^2} + \frac{3}{8}a^4\arcsin\frac{x}{a} + C.$

69. $\int x\sqrt{a^2 - x^2} dx = -\frac{1}{3}\sqrt{(a^2 - x^2)^3} + C.$

70. $\int x^2\sqrt{a^2 - x^2} dx = \frac{x}{8}(2x^2 - a^2)\sqrt{a^2 - x^2} + \frac{a^4}{8}\arcsin\frac{x}{a} + C.$

71. $\int \frac{\sqrt{a^2 - x^2}}{x} dx = \sqrt{a^2 - x^2} + a\ln\frac{a - \sqrt{a^2 - x^2}}{|x|} + C.$

72. $\int \frac{\sqrt{a^2 - x^2}}{x^2} dx = -\frac{\sqrt{a^2 - x^2}}{x} - \arcsin\frac{x}{a} + C.$

(九)含有 $\sqrt{\pm ax^2 + bx + c}\,(a > 0)$ 的积分

73. $\int \frac{dx}{\sqrt{ax^2 + bx + c}} = \frac{1}{\sqrt{a}}\ln|2ax+b+2\sqrt{a}\sqrt{ax^2+bx+c}|+C.$

74. $\int \sqrt{ax^2 + bx + c}\, dx = \frac{2ax + b}{4a}\sqrt{ax^2 + bx + c} + \frac{4ac-b^2}{8\sqrt{a^3}}\ln|2ax+b+2\sqrt{a}\sqrt{ax^2+bx+c}|+C.$

75. $\int \frac{x}{\sqrt{ax^2 + bx + c}} dx = \frac{1}{a}\sqrt{ax^2 + bx + c} - \frac{b}{2\sqrt{a^3}}\ln|2ax+b+2\sqrt{a}\sqrt{ax^2+bx+c}|+C.$

76. $\int \frac{dx}{\sqrt{c + bx - ax^2}} = \frac{1}{\sqrt{a}}\arcsin\frac{2ax - b}{\sqrt{b^2 + 4ac}} + C.$

77. $\int \sqrt{c + bx - ax^2}\, dx = \frac{2ax - b}{4a}\sqrt{c + bx - ax^2} + \frac{b^2 + 4ac}{8\sqrt{a^3}}\arcsin\frac{2ax - b}{\sqrt{b^2 + 4ac}} + C.$

78. $\int \frac{x}{\sqrt{c + bx - ax^2}} dx = -\frac{1}{a}\sqrt{c + bx - ax^2} + \frac{b}{2\sqrt{a^3}}\arcsin\frac{2ax - b}{\sqrt{b^2 + 4ac}} + C.$

(十)含有$\sqrt{\pm\frac{x-a}{x-b}}$或$\sqrt{(x-a)(b-x)}$的积分

79. $\int\sqrt{\frac{x-a}{x-b}}\mathrm{d}x=(x-b)\sqrt{\frac{x-a}{x-b}}+(b-a)\ln(\sqrt{|x-a|}+\sqrt{|x-b|})+C.$

80. $\int\sqrt{\frac{x-a}{b-x}}\mathrm{d}x=(x-b)\sqrt{\frac{x-a}{b-x}}+(b-a)\arcsin\sqrt{\frac{x-a}{b-x}}+C.$

81. $\int\frac{\mathrm{d}x}{\sqrt{(x-a)(b-x)}}=2\arcsin\sqrt{\frac{x-a}{b-a}}+C\quad(a<b).$

82. $\int\sqrt{(x-a)(b-x)}\,\mathrm{d}x=\frac{2x-a-b}{4}\sqrt{(x-a)(b-x)}+\frac{(b-a)^2}{4}\arcsin\sqrt{\frac{x-a}{b-x}}+C$

$(a<b).$

(十一)含有三角函数的积分

83. $\int\sin x\mathrm{d}x=-\cos x+C.$

84. $\int\cos x\mathrm{d}x=\sin x+C.$

85. $\int\tan x\mathrm{d}x=-\ln|\cos x|+C.$

86. $\int\cot x\mathrm{d}x=\ln|\sin x|+C.$

87. $\int\sec x\mathrm{d}x=\ln\left|\tan\left(\frac{\pi}{4}+\frac{x}{2}\right)\right|+C=\ln|\sec x+\tan x|+C.$

88. $\int\csc x\mathrm{d}x=\ln\left|\tan\frac{x}{2}\right|+C=\ln|\csc x-\cot x|+C.$

89. $\int\sec^2x\mathrm{d}x=\tan x+C.$

90. $\int\csc^2x\mathrm{d}x=-\cot x+C.$

91. $\int\sec x\tan x\mathrm{d}x=\sec x+C.$

92. $\int\csc x\cot x\mathrm{d}x=-\csc x+C.$

93. $\int\sin^2x\mathrm{d}x=\frac{x}{2}-\frac{1}{4}\sin 2x+C.$

94. $\int\cos^2x\mathrm{d}x=\frac{x}{2}+\frac{1}{4}\sin 2x+C.$

95. $\int\sin^nx\mathrm{d}x=-\frac{1}{n}\sin^{n-1}x\cos x+\frac{n-1}{n}\int\sin^{n-2}x\mathrm{d}x.$

96. $\int\cos^nx\mathrm{d}x=\frac{1}{n}\cos^{n-1}x\sin x+\frac{n-1}{n}\int\cos^{n-2}x\mathrm{d}x.$

97. $\int\frac{\mathrm{d}x}{\sin^nx}=-\frac{1}{n-1}\frac{\cos x}{\sin^{n-1}x}+\frac{n-2}{n-1}\int\frac{\mathrm{d}x}{\sin^{n-2}x}.$

98. $\int \frac{dx}{\cos^n x} = \frac{1}{n-1}\frac{\sin x}{\cos^{n-1}x} + \frac{n-2}{n-1}\int \frac{dx}{\cos^{n-2}x}$.

99. $\int \cos^m x \sin^n x dx = \frac{1}{m+n}\cos^{m-1}x \sin^{n+1}x + \frac{m-1}{m+n}\int \cos^{m-2}x \sin^n x dx$

$= -\frac{1}{m+n}\cos^{m+1}x \sin^{n-1}x + \frac{n-1}{m+n}\int \cos^m x \sin^{n-2}x dx$.

100. $\int \sin ax \cos bx dx = -\frac{1}{2(a+b)}\cos(a+b)x - \frac{1}{2(a-b)}\cos(a-b)x + C$.

101. $\int \sin ax \sin bx dx = -\frac{1}{2(a+b)}\sin(a+b)x + \frac{1}{2(a-b)}\sin(a-b)x + C$.

102. $\int \cos ax \cos bx dx = \frac{1}{2(a+b)}\sin(a+b)x + \frac{1}{2(a-b)}\sin(a-b)x + C$.

103. $\int \frac{dx}{a+b\sin x} = \frac{2}{\sqrt{a^2-b^2}}\arctan \frac{a\tan\frac{x}{2}+b}{\sqrt{a^2-b^2}} + C \quad (a^2 > b^2)$.

104. $\int \frac{dx}{a+b\sin x} = \frac{1}{\sqrt{b^2-a^2}}\ln\left|\frac{a\tan\frac{x}{2}+b-\sqrt{b^2-a^2}}{a\tan\frac{x}{2}+b+\sqrt{b^2-a^2}}\right| + C \quad (a^2 < b^2)$.

105. $\int \frac{dx}{a+b\cos x} = \frac{2}{a+b}\sqrt{\frac{a+b}{a-b}}\arctan\left(\sqrt{\frac{a-b}{a+b}}\tan\frac{x}{2}\right) + C \quad (a^2 > b^2)$.

106. $\int \frac{dx}{a+b\cos x} = \frac{1}{a+b}\sqrt{\frac{a+b}{b-a}}\ln\left|\frac{\tan\frac{x}{2}+\sqrt{\frac{a+b}{b-a}}}{\tan\frac{x}{2}-\sqrt{\frac{a+b}{b-a}}}\right| + C \quad (a^2 < b^2)$.

107. $\int \frac{dx}{a^2\cos^2 x + b^2\sin^2 x} = \frac{1}{ab}\arctan\left(\frac{b}{a}\tan x\right) + C$.

108. $\int \frac{dx}{a^2\cos^2 x - b^2\sin^2 x} = \frac{1}{2ab}\ln\left|\frac{b\tan x + a}{b\tan x - a}\right| + C$.

109. $\int x\sin ax dx = \frac{1}{a^2}\sin ax - \frac{1}{a}x\cos ax + C$.

110. $\int x^2\sin ax dx = -\frac{1}{a}x^2\cos ax + \frac{2}{a^2}x\sin ax + \frac{2}{a^3}\cos ax + C$.

111. $\int x\cos ax dx = \frac{1}{a^2}\cos ax + \frac{1}{a}x\sin ax + C$.

112. $\int x^2\cos ax dx = \frac{1}{a}x^2\sin ax + \frac{2}{a^2}x\cos ax - \frac{2}{a^3}\sin ax + C$.

(十二)含有反三角函数的积分(其中 $a > 0$)

113. $\int \arcsin\frac{x}{a}dx = x\arcsin\frac{x}{a} + \sqrt{a^2-x^2} + C$.

114. $\int x\arcsin\frac{x}{a}\mathrm{d}x=\left(\frac{x^2}{2}-\frac{a^2}{4}\right)\arcsin\frac{x}{a}+\frac{x}{4}\sqrt{a^2-x^2}+C$.

115. $\int x^2\arcsin\frac{x}{a}\mathrm{d}x=\frac{x^3}{3}\arcsin\frac{x}{a}+\frac{1}{9}(x^2+2a^2)\sqrt{a^2-x^2}+C$.

116. $\int\arccos\frac{x}{a}\mathrm{d}x=x\arccos\frac{x}{a}-\sqrt{a^2-x^2}+C$.

117. $\int x\arccos\frac{x}{a}\mathrm{d}x=\left(\frac{x^2}{2}-\frac{a^2}{4}\right)\arccos\frac{x}{a}-\frac{x}{4}\sqrt{a^2-x^2}+C$.

118. $\int x^2\arccos\frac{x}{a}\mathrm{d}x=\frac{x^3}{3}\arccos\frac{x}{a}-\frac{1}{9}(x^2+2a^2)\sqrt{a^2-x^2}+C$.

119. $\int\arctan\frac{x}{a}\mathrm{d}x=x\arctan\frac{x}{a}-\frac{a}{2}\ln(a^2+x^2)+C$.

120. $\int x\arctan\frac{x}{a}\mathrm{d}x=\frac{1}{2}(a^2+x^2)\arctan\frac{x}{a}-\frac{a}{2}x+C$.

121. $\int x^2\arctan\frac{x}{a}\mathrm{d}x=\frac{x^3}{3}\arctan\frac{x}{a}-\frac{a}{6}x^2+\frac{a^3}{6}\ln(a^2+x^2)+C$.

(十三)含有指数函数的积分

122. $\int a^x\mathrm{d}x=\frac{1}{\ln a}a^x+C$.

123. $\int \mathrm{e}^{ax}\mathrm{d}x=\frac{1}{a}\mathrm{e}^{ax}+C$.

124. $\int x\mathrm{e}^{ax}\mathrm{d}x=\frac{1}{a^2}(ax-1)\mathrm{e}^{ax}+C$.

125. $\int x^n\mathrm{e}^{ax}\mathrm{d}x=\frac{1}{a}x^n\mathrm{e}^{ax}-\frac{n}{a}\int x^{n-1}\mathrm{e}^{ax}\mathrm{d}x$.

126. $\int xa^x\mathrm{d}x=\frac{x}{\ln a}a^x-\frac{x}{(\ln a)^2}a^x+C$.

127. $\int x^na^x\mathrm{d}x=\frac{1}{\ln a}x^na^x-\frac{n}{\ln a}\int x^{n-1}a^x\mathrm{d}x$.

128. $\int \mathrm{e}^{ax}\sin bx\mathrm{d}x=\frac{1}{a^2+b^2}\mathrm{e}^{ax}(a\sin bx-b\cos bx)+C$.

129. $\int \mathrm{e}^{ax}\cos bx\mathrm{d}x=\frac{1}{a^2+b^2}\mathrm{e}^{ax}(b\sin bx+a\cos bx)+C$.

130. $\int \mathrm{e}^{ax}\sin^n bx\mathrm{d}x=\frac{1}{a^2+b^2n^2}\mathrm{e}^{ax}\sin^{n-1}bx(a\sin bx-nb\cos bx)+$

$\frac{n(n-1)b^2}{a^2+b^2n^2}\int\mathrm{e}^{ax}\sin^{n-2}bx\mathrm{d}x$.

131. $\int \mathrm{e}^{ax}\cos^n bx\mathrm{d}x=\frac{1}{a^2+b^2n^2}\mathrm{e}^{ax}\cos^{n-1}bx(a\cos bx+nb\sin bx)+$

$\frac{n(n-1)b^2}{a^2+b^2n^2}\int\mathrm{e}^{ax}\cos^{n-2}bx\mathrm{d}x$.

(十四)含有对数函数的积分

132. $\int \ln x \mathrm{d}x = x\ln x - x + C$.

133. $\int \frac{\mathrm{d}x}{x\ln x} = \ln|\ln x| + C$.

134. $\int x^n \ln x \mathrm{d}x = \frac{1}{n+1}x^{n+1}\left(\ln x - \frac{1}{n+1}\right) + C$.

135. $\int (\ln x)^n \mathrm{d}x = x(\ln x)^n - n\int (\ln x)^{n-1}\mathrm{d}x$.

136. $\int x^m (\ln x)^n \mathrm{d}x = \frac{1}{m+1}x^{m+1}(\ln x)^n - \frac{n}{m+1}\int x^m (\ln x)^{n-1}\mathrm{d}x$.

(十五)含有双曲函数的积分

137. $\int \mathrm{sh}x \mathrm{d}x = \mathrm{ch}x + C$.

138. $\int \mathrm{ch}x \mathrm{d}x = \mathrm{sh}x + C$.

139. $\int \mathrm{th}x \mathrm{d}x = \ln\mathrm{ch}x + C$.

140. $\int \mathrm{sh}^2 x \mathrm{d}x = -\frac{x}{2} + \frac{1}{4}\mathrm{sh}2x + C$.

141. $\int \mathrm{ch}^2 x \mathrm{d}x = \frac{x}{2} + \frac{1}{4}\mathrm{sh}2x + C$.

(十六)定积分

142. $\int_{-\pi}^{\pi} \cos nx \mathrm{d}x = \int_{-\pi}^{\pi} \sin nx \mathrm{d}x = 0$.

143. $\int_{-\pi}^{\pi} \cos mx \sin nx \mathrm{d}x = 0$.

144. $\int_{-\pi}^{\pi} \cos mx \cos nx \mathrm{d}x = \begin{cases} 0, & m \neq n, \\ \pi, & m = n. \end{cases}$

145. $\int_{-\pi}^{\pi} \sin mx \sin nx \mathrm{d}x = \begin{cases} 0, & m \neq n, \\ \pi, & m = n. \end{cases}$

146. $\int_{0}^{\pi} \sin mx \sin nx \mathrm{d}x = \int_{0}^{\pi} \cos mx \cos nx \mathrm{d}x = \begin{cases} 0, & m \neq n, \\ \frac{\pi}{2}, & m = n. \end{cases}$

147. $I_n = \int_0^{\frac{\pi}{2}} \sin^n x \mathrm{d}x = \int_0^{\frac{\pi}{2}} \cos^n x \mathrm{d}x$;

$I_n = \frac{n-1}{n} I_{n-2}$;

$I_n = \frac{n-1}{n} \cdot \frac{n-3}{n-2} \cdot \cdots \cdot \frac{4}{5} \cdot \frac{2}{3}$ （n 为大于 1 的正奇数），$I_1 = 1$;

$$I_n = \frac{n-1}{n} \cdot \frac{n-3}{n-2} \cdot \cdots \cdot \frac{3}{4} \cdot \frac{1}{2} \cdot \frac{\pi}{2}\ (n\text{ 为正偶数}),\ I_0 = \frac{\pi}{2}.$$

附录Ⅱ　初等数学常用公式

一、代数

1. $|x+y| \leqslant |x| + |y|$.
2. $|x| - |y| \leqslant |x-y| \leqslant |x| + |y|$.
3. $a^m \cdot a^n = a^{m+n}$.
4. $a^m \div a^n = a^{m-n}$.
5 $(a^m)^n = a^{m \cdot n}$.
6. $\sqrt[n]{a^m} = a^{\frac{m}{n}}$（公式3 ~ 6中，$a > 0, m, n$ 均为任意实数）.
7. $\log_a(M \cdot N) = \log_a M + \log_a N$.
8. $\log_a \frac{M}{N} = \log_a M - \log_a N$.
9. $\log_a M^n = n \log_a M$.
10. $\log_a \sqrt[n]{M} = \frac{1}{n} \log_a M$（公式7 ~ 10中，$a > 0, M > 0, N > 0$）.
11. $x = a^{\log_a x}, (x > 0)$.
12. $1 + 2 + 3 + \cdots + n = \frac{1}{2} n(n+1)$.
13. $1^2 + 2^2 + 3^2 + \cdots + n^2 = \frac{1}{6} n(n+1)(2n+1)$.
14. $a + (a+d) + (a+2d) + \cdots + [a + (n-1)d] = na + \frac{n(n-1)}{2} d$.
15. $a + aq + aq^2 + \cdots + aq^{n-1} = \frac{a(1-q^n)}{1-q}, (q \neq 1)$.
16. $a^2 - b^2 = (a-b)(a+b)$.
17. $a^3 \pm b^3 = (a \pm b)(a^2 \mp ab + b^2)$.
18. $(a \pm b)^2 = a^2 \pm 2ab + b^2$.
19. $(a \pm b)^3 = a^3 \pm 3a^2 b + 3ab^2 \pm b^3$.

二、三角函数

20. $\tan(\alpha \pm \beta) = \frac{\tan\alpha \pm \tan\beta}{1 \mp \tan\alpha \tan\beta}$.
21. $\sin(\alpha \pm \beta) = \sin\alpha\cos\beta \pm \cos\alpha\sin\beta$.
22. $\cos(\alpha \pm \beta) = \cos\alpha\cos\beta \mp \sin\alpha\sin\beta$.
23. $\sin\alpha\cos\beta = \frac{1}{2}[\sin(\alpha+\beta) + \sin(\alpha-\beta)]$.

24. $\cos\alpha\sin\beta = \frac{1}{2}[\sin(\alpha+\beta) - \sin(\alpha-\beta)]$.

25. $\cos\alpha\cos\beta = \frac{1}{2}[\cos(\alpha+\beta) + \cos(\alpha-\beta)]$.

26. $\sin\alpha\sin\beta = -\frac{1}{2}[\cos(\alpha+\beta) - \cos(\alpha-\beta)]$.

27. $\sin\alpha + \sin\beta = 2\sin\frac{\alpha+\beta}{2}\cos\frac{\alpha-\beta}{2}$.

28. $\sin\alpha - \sin\beta = 2\cos\frac{\alpha+\beta}{2}\sin\frac{\alpha-\beta}{2}$.

29. $\cos\alpha + \cos\beta = 2\cos\frac{\alpha+\beta}{2}\cos\frac{\alpha-\beta}{2}$.

30. $\cos\alpha - \cos\beta = -2\sin\frac{\alpha+\beta}{2}\sin\frac{\alpha-\beta}{2}$.

31. $\tan 2\alpha = \frac{2\tan\alpha}{1-\tan^2\alpha}$.

32. $\sin 2\alpha = 2\sin\alpha\cos\alpha$.

33. $\cos 2\alpha = \cos^2\alpha - \sin^2\alpha = 2\cos^2\alpha - 1 = 1 - 2\sin^2\alpha$.

34. $\sin\frac{\alpha}{2} = \pm\sqrt{\frac{1-\cos\alpha}{2}}$.

35. $\cos\frac{\alpha}{2} = \pm\sqrt{\frac{1+\cos\alpha}{2}}$.

36. $\tan\frac{\alpha}{2} = \pm\sqrt{\frac{1-\cos\alpha}{1+\cos\alpha}} = \frac{\sin\alpha}{1+\cos\alpha} = \frac{1-\cos\alpha}{\sin\alpha}$.

37. $\sin(-\alpha) = -\sin\alpha$.

38. $\cos(-\alpha) = \cos\alpha$.

39. $\tan(-\alpha) = -\tan\alpha$.

40. $\cot(-\alpha) = -\cot\alpha$.

41. $\sin(\pi+\alpha) = -\sin\alpha$.

42. $\cos(\pi+\alpha) = -\cos\alpha$.

43. $\tan(\pi+\alpha) = \tan\alpha$.

44. $\cot(\pi+\alpha) = \cot\alpha$.

45. $\sin(\pi-\alpha) = \sin\alpha$.

46. $\cos(\pi-\alpha) = -\cos\alpha$.

47. $\tan(\pi-\alpha) = -\tan\alpha$.

48. $\cot(\pi-\alpha) = -\cot\alpha$.

49. $\sin\left(\frac{\pi}{2}+\alpha\right) = \cos\alpha$.

50. $\sin\left(\frac{\pi}{2}-\alpha\right) = \cos\alpha$.

51. $\cos\left(\frac{\pi}{2}+\alpha\right)=-\sin\alpha$.

52. $\cos\left(\frac{\pi}{2}-\alpha\right)=\sin\alpha$.

参考文献

[1]新世纪高职高专教材编写审委员会. 新编高等数学(理工类)[M]. 大连:大连理工大学出版社,2009.

[2]李文丰,唐仙芝. 高等数学(上、下)[M]. 北京:高等数学出版社,2009.

[3]谢国瑞,等. 高职高专数学教程[M]. 北京:高等数学出版社,2010.

[4]王永森,房阁,徐连俊,等. 高等数学[M]. 北京:北京理工大学出版社,2009.

[5]沈聪,马凤敏,段丽华,等. 高等数学[M]. 北京:首都经济贸易大学出版社,2010.

[6]光峰,等. 高等数学简明教程[M]. 北京:北京邮电大学出版社,2012.

[7]张宁,陈建英,叶红珍,等. 高等数学[M]. 北京:北京理工大学出版社,2008.

[8]霍木瑶,田长申,等. 高等数学[M]. 郑州:黄河水利出版社,2006.

[9]宣立新,等. 高等数学(上、下) [M]. 北京:高等教育出版社,2010.

[10]臧新建,范玉军,等. 高等数学[M]. 长春:吉林大学出版社,2010.

[11]陈水林,等. 工程应用数学[M]. 武汉:湖北科学技术出版社,2007.

[12]陈传璋. 数学分析(上、下)[M]. 北京:高等教育出版社,1983.

[13]华东师范大学. 数学分析(上、下)[M]. 北京:高等教育出版社,2001.

[14]赵树嫄,等. 经济应用数学基础(一)微积分[M]. 北京:中国人民大学出版社,2007.

[15]罗园湘,等. 经济数学基础[M]. 北京:高等教育出版社,2011.

[16]人民教育出版社职业教育中心. 数学基础版[M]. 北京:人民教育出版社,2005.

[17]数学编写组. 数学第一册[M]. 苏州:苏州大学出版社,1998.

[18]普通高中课程标准实验教科书. 数学 1 [M]. 北京:人民教育出版社,2007.

[19]普通高中课程标准实验教科书. 数学 4 [M]. 北京:人民教育出版社,2007.

[20]李少斌. 经济数学[M]. 海口:南海出版公司,2005.

[21]候风波,蔡谋全. 经济数学[M]. 辽宁:辽宁大学出版社,2010.

[22]吕保献. 高等数学[M]. 西安:西北工业大学出版社,2010.